은
학
개론
시리즈

GIS

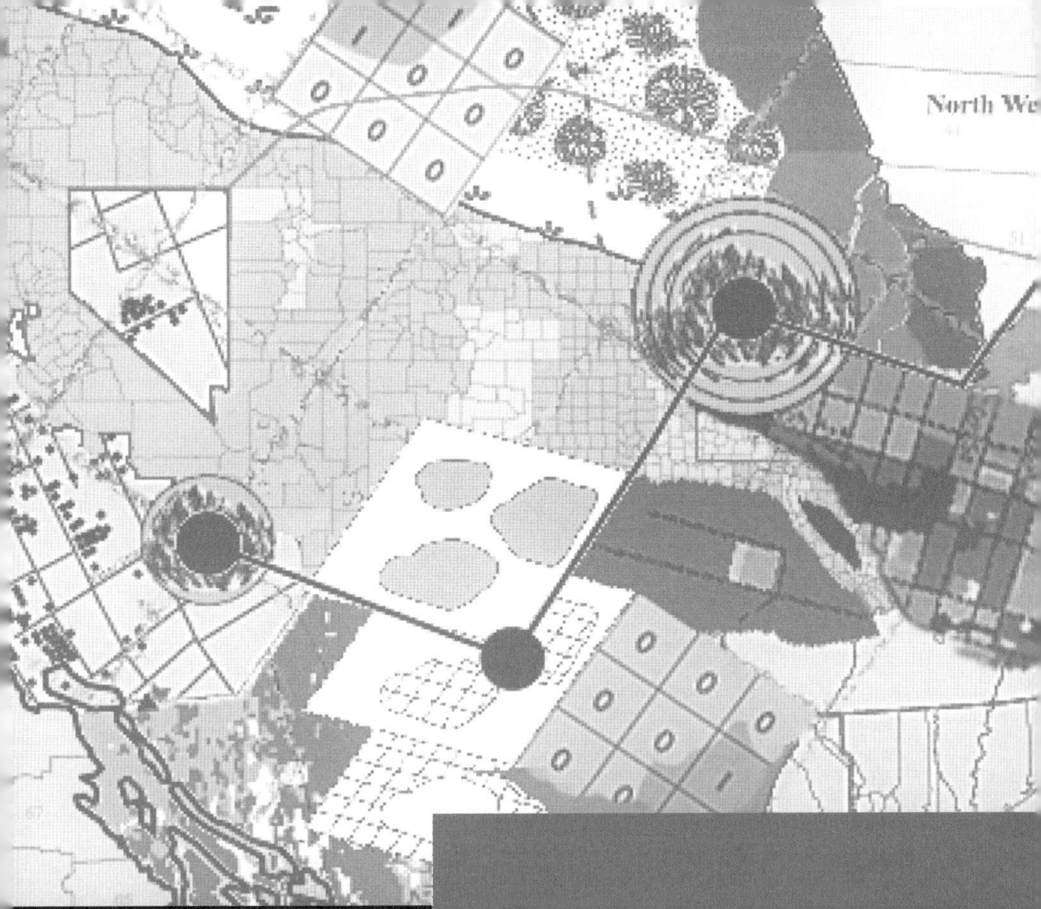

GIS : a short introduction

짧은 지리학 개론 시리즈

GIS

나딘 슈르만 지음
이상일, 김현미, 조대헌 옮김

Σ 시그마프레스

짧은 지리학 개론 시리즈 : GIS

발행일 | 2013년 8월 20일 1쇄 발행
저자 | 나딘 슈르만
역자 | 이상일, 김현미, 조대헌
발행인 | 강학경
발행처 | (주)시그마프레스
편집 | 우주연
교정 · 교열 | 안진숙

등록번호 제10-2642호
주소 서울특별시 영등포구 양평로 22길 21 선유도코오롱디지털타워 A401~403호
전자우편 sigma@spress.co.kr
홈페이지 http://www.sigmapress.co.kr
전화 (02)323-4845, (02)2062-5184~8
팩스 (02)323-4197

ISBN 978-89-6866-077-1

GIS: A Short Introduction

* 책값은 책 뒤표지에 있습니다.
* 이 도서의 국립중앙도서관 출판시도서목록(CIP)은 서지정보유통지원시스템 홈페이지(http://seoji.nl.go.kr)와 국가자료공동목록시스템(http://www.nl.go.kr/kolisnet)에서 이용하실 수 있습니다.
(CIP제어번호: CIP2013013336)

역자 서문

이 번역서는 우여곡절 끝에 세상의 빛을 보게 되었다. 『짧은 지리학 개론*Short Introductions to Geography*』 시리즈를 처음 보는 순간 우리나라의 지리학계를 위해 꼭 필요하겠다는 생각이 들어 출판사에 시리즈 전 권의 번역을 제안했다. 하지만 정작 담당한 책의 번역은 거의 포기할 뻔한 몇 차례의 고비를 넘기고서 이제야 그 끝을 보게 되었다. 이 책의 원본은 2004년에 출간된 것이다. 어떤 독자들은 GIS 관련 테크놀로지가 시시각각 변화하고 진보하는 상황에서, 2004년의 개론서를 번역하는 것이 무슨 의미가 있느냐고 반문할지도 모르겠다(이것이 포기의 첫 번째 이유였다). 물론 원본의 일부 내용은 더 이상의 현실 유관성을 상실한 것이다. 그러나 우리들은 이 책이 여전히 번역할 가치가 있으며 오히려 테크놀로지의 진보가 눈부신 현 시점에 더 중요할 수 있다는 역설적인 생각을 하게 되었다. 이 책은 아마도 GIS라는 단어를 포함하고 있는 책들 중 가장 난해한 책일 것이다(이것이 포기의 두 번째 이유였다). 왜냐하면 이 책은 GIS와 인문지리학(특히 반실증주의적 인문지리학 혹은 비판 인문지리학) 사이의 가교를 놓으려고 하는 다소 괴이한 시도를 하고 있기 때문이다.

이러한 '괴이함' 은 이 책의 저자인 나딘 슈르만Nadine Schuurman의 특이함에 기인한다. 그녀의 박사논문이 '비판 GIScritical GIS' 라는 모순적으로 보이는 개념에 대한 것일 뿐 아니라, 그녀가 쓴 논문 속에는 GIS와 함께 페미니즘, 실재론, 사회구성주의와 같은 전혀 어울릴 것 같지 않는 단어가 함께 등장한다. 그녀는 두 영역 모두에서 상당한 정도의 전문성을 지닌 세계적으로도 몇 안 되는 학자들 중 한 명이다. 그녀의 저작 동기는 감사의 글에 간명하게 잘 나타나 있다. 그녀는 "이 책은 수년에 걸친 나의 분투의 결과물이다. 나는 인문지리학자들에게는 GIS가 하나의 과학임을 말하고 싶었고, GIScience 학자들에게는 GIS가 하나의 사회적 과정임을 말하고 싶었다."라고 말한다. GIS에 대해 태생적 반감을 보이는 인문지리학자들에게는 GIS가 영혼이 없는 사람들이 하는 것이 아니라는 사실을 말하고 싶었고, 테크놀로지로서의 GIS를 무비판적으로 추종하는 GIS 학자들에게는 지금 무엇을 하고 있는지에 대해 좀 더 숙고해보라는 메시지를 던지고 싶었던 것이다. 그러나 결국 슈르만이 주장하고 싶었던 가장 중요한 것은 그 둘 모두를 잘하는 제3의 길이 존재한다는 것을 자신의 연구와 자신과 유사한 길을 가고 있는 학자들의 연구를 통해 보여주는 것이었다.

흥미롭게도 원저자의 이러한 특이함을 우리 세 역자들도 어느 정도는 공유하고 있다. 우리들 모두는 GIS 관련 연구로 박사학위를 받았지만, 학문 인생의 특정 시기에는 (혹은 현재에도 어느 정도는) 이 책에서 인문지리학이라고 묘사되고 있는 분야에 천착한 경험을 가지고 있다. 이상일은 실재론의 지리학적 함의로 석사학위를 받았으며, 유학을 떠나기 전까지 오랜 기간 동안 사회과학철학(포스트모더니즘을 비롯한 사회 이론들)에 심취해 있었다. 김현미는 피에르 부르디외Pierre Bourdieu의 사회공간론으로 석사학위를 받았으며, 이 책에서 인문지리학과 GIS의 가장 성공적인 결합이라고 묘사된 '페미니즘과 GIS 연구'로 박사학위를 받았다(그녀의 지도교수가 바로 그러한 연구의 선구자인 메이-포 콴Mei-Po Kwan 교수이다). 조대헌은 GIS를 통한 지리학의 사회적 기여(특히 공간적 형평성의 고양)에 대해 지속적인 관심을 가져왔을 뿐만 아니라 이 책과 거의 동일한 내용(특히 제2장)을 거의 동일한 입장에서 서술한 리뷰 논문을 2002년에 이미 발표한 바 있다.

이 책에서 다루어지고 있는 내용을 장별로 간략하게 요약하면 다음과 같다. 제1장에서는 GIS가 2개의 정체성을 동시에 보유하고 있다는 점이 강조된다. 이 두 정체성은 GISystems와 GIScience라는 두 용어의 구분을 통해 명확히 드러나는데, 전자는 GIS의 컴퓨터 테크놀로지로서의 정체성, 후자는 학문 혹은 과학으로서의 정체성을 지적하는 것이다. 슈르만은 이 책을 관통하여 이 두 가지 정체성 간의 상호보완성을 강조한다. 제2장에서는 GIS와 인문지리학 간의 관련성이 집중적으로 다루어진다. 흑백논리에 기반을 둔 상호비방에서 점차 건설적인 관계로 나아가는 과정이 묘사된다. 그리고 GIS의 인식론과 존재론(온톨로지)이 다루어지는데, GIS의 혼성적 인식론과 데이터 모델로서의 존재론이 강조된다. 양 진영 간의 화해 가능성의 예시로서 비판 GIS, 페미니즘과 GIS 연구, PPGISpublic participation GIS가 제시된다. 제3장에서는 데이터의 문제가 다루어진다. 데이터의 질이 최종 GIS 산출물의 질에 엄청난 영향을 끼친다는 점이 강조된다. 슈르만은 질 좋은 데이터 하부구조의 구축을 위해 조직화, 메타데이터, 상호운영성interoperability 등이 중요한 것으로 파악한다. 제4장에서는 GIS의 심장에 해당하는 공간분석과 모델링이 다루어진다. 공간분석의 예로 측정measurement, 질의query, 중첩overlay, 변형transformation이 제시되며, 공간분석의 확장으로서의 지오비주얼라이제이션geovisualization이 강조된다. 마지막 제5장에서는 GIS와 관련된 인력 양성이 다루어지는데, GISystems의 소프트웨어 숙련자와 GIScience의 연구자가 대조된다. 슈르만은 이 두 종류의 인력 양성 모두가 필수적임을 역설하고 있는데, 이는 GIS가 가진 두 정체성 간의 상호의존성을 다시 한 번 강조하는 것이다.

우리는 GIS에 대해 불편함을 느끼는 지리학자들이 이 책을 통해 슈르만도 지적하는 것처럼 GIS에 대한 '내재적 비판자'가 되어 주길 기대한다. 이는 GIS는 본질적으로 문제가 있다는 식의 비판이 아니라 GIS에 대한 관심과 애정을 바탕으로 한 비판이다. 우리는 GIS로 대변되는 '지리공간기술 및 과학geospatial technology and science'의 발전에 계통지리학 전문가들이 보다 적극적으로 가담해야만 이 '통섭統攝, consilience'적 영역이 제대로 된 길을 갈 수 있다고 굳게 믿고 있다. 또한 이 책을 통해 GIS를 '실증주의 지리학'이라고 하는 망령의 부활 정도로 치부하는 (혹시 있다면) 비판 인문지리학자들이 사고를 전환하는 계기가 되기를 진심으로 기원한다. 우리 역자들은 지리학(혹은 여러 학문에 널리 퍼져 있는 지리학적 관심을 모두 포괄한다는 입장에서는, 공간학 일반)을 잘하기 위해 우리가 공부한 모든 것을 공부해왔다. 실재론이건, 포스트모더니즘이건, 페미니즘이건, GIS이건, 다른 또 무엇이건, 모두가 다 지리학을 잘하기 위한 수단일 뿐이다. 과학철학적 선명성 혹은 비타협성은 설명과 해결에서의 진정한 성공을 향한 절충 혹은 실용주의를 결코 대체할 수 없다.

사업 환경이 좋지 않은 가운데에서도 기꺼이 출간을 맡아주신 ㈜시그마프레스의 강학경 사장님께 진심으로 감사드리며, 인내와 기다림으로 편집과 교정에 끝까지 정성을 기울여주신 안진숙 님 이하 편집부 직원 여러분께 고개 숙여 감사의 마음을 전한다. 찾아보기 작성에 도움을 준 대학원생 구형모에게도 많은 빚을 졌다. 마지막으로 묵묵히 자신의 길을 가고 있는 적지 않은 수의 한국 GIScience 학자들에게는 이 책이 작은 위로가 되길 진심으로 기원한다.

2013년 8월

이상일

이 시리즈의 편집자 서문

『짧은 지리학 개론Short Introductions to Geography』은 지리학을 공부하는 학생과 관심 있는 다른 분야의 독자에게 지리학의 핵심 개념을 소개하기 위한 목적으로 기획된 것으로 학계를 선도하는 학자들이 참여해 이해하기 쉽게 썼다. 저자들은 전통적인 하위 분과학문을 개관하는 데서 출발하여 지리학과 공간학의 중심 개념을 설명하고 탐색하고자 했다. 이 간략한 개론서들은 지적 생동감, 다양한 관점, 각 개념을 둘러싸고 진전된 핵심 논쟁을 전하고 있다. 독자들은 지리학 연구의 중심 개념에 대해 새롭고 비판적인 방식으로 사고하게 될 것이다. 이 시리즈는 중요한 교육적 기능을 할 것인데, 이를 통해 학생은 개념과 경험적 분석이 서로 어떻게 관련을 맺으며 발전했는지 알게 될 것이다. 또한 강의자는 학생들이 필수적인 개념적 기준을 갖게 되고, 학생들 스스로 사례와 토론으로 이를 보완할 수 있게 되었음을 확인하게 될 것이다. 이 시리즈를 짧은 모듈식의 책자로 구성한 이유는 강의자가 한 개의 강좌에서 이 시리즈 중 여러 개의 책자를 함께 사용하거나, 여러 개의 강좌에서 특정 하위 분과에 초점에 맞춘 책자를 선택해 사용할 수 있도록 하기 위함이다.

제럴딘 프랫Geraldin Pratt

니컬러스 브롬리Nicholas Blomley

감사의 글

이 책은 수년에 걸친 나의 분투의 결과물이다. 나는 인문지리학자들에게 GIS가 하나의 과학임을 말하고 싶었고, GIScience 학자들에게는 GIS가 하나의 사회적 과정임을 말하고 싶었다. 그 어느 쪽도 쉽지 않았으며, 늘 내 주장들을 검토하고, 다듬고, 견고하게 만들기 위해 노력해야만 했다. 이 책은 내가 계속해서 양다리를 걸치고 있는 지리학의 두 영역 모두를 향해 있다.

이 두 하위 분야에 가교를 놓는 일에 도움을 주고 지원을 아끼지 않은 많은 분들께 감사의 마음을 전하고 싶다. 이 시리즈의 편집자인 게리 프랫Gerry Pratt과 닉 브롬리Nick Blomley는 집필을 위한 용기와 계기를 제공해주었다. 톰 포이커Tom Poiker의 통찰력에 많은 감명을 받았으며, 그의 지적인 지원에 감사드린다. 팡 첸Fang Chen은 헤아릴 수 없을 만큼의 많은 가치 있는 연구 자료를 제공해주었다. 그의 연구는 제4장의 나타나 있다. 인구 보건 연구소의 선임 연구원인 마이크 헤이스Mike Hayes는 새로운 아이디어를 개발할 수 있는 개방적이고 역동적인 연구 환경을 제공했다. 그의 연구 역시 제4장에 나타나 있다. 연구 동료인 수자나 드라기세빅Suzana Dragicevic은 다기준평가MCE에서 많은 영감을 주었고, GIS 시스템 분석가인 다린 그룬드Darrin Grund는 몇 번에 걸쳐 가치를 매길 수 없는 도움을 주었다. 동료인 사라 엘우드Sarah Elwood와 르네 시버Renée Sieber는 프로젝트를 위한 아이디어를 제공했다. 학과의 지도 담당자인 존 잉John Ng은 이 책의 그래픽을 제작해주었고, 프로젝트의 착수 시점에 많은 도움을 주었다. 시스템 관리자인 재스퍼 스투들리Jasper Stoodely는 우리가 사이먼프레이저대학교에서 행한 모든 GIS 활동의 근간 역할을 해주었다. GIS 전공 대학원생인 롭 피들러Rob Fiedler는 주요 사례들의 정리를 도와주었고, 매기 이세너Maggie Isenor는 데이터 공유와 관련된 내용을 정리하는 데 기여를 했다. 블랙웰 출판사의 우리 책 담당 편집자인 데비 시모어Debbie Seymour는 원고의 불완전함과 대비되는 완벽함을 보여주었다. 내 눈에는 결코 띄지 않았을 많은 세부 사항들까지 신경을 써준 것에 대해 깊이 감사드린다. 이 책을 집필해야겠다는 최초의 생각은 블랙웰 출판사 지리학 분야의 전 편집자였던 사라 팔쿠스Sarah Falkus와의 점심식사 중에서였다. 그녀의 지원에 감사의 마음을 표하고 싶다. 피터 베어Peter Baehr는 인식론의 탁수를 투명하게 만들어주었다. 내 원고를 열의를 갖고 주의 깊게 읽어준 것에 대해 깊이 감사드린다. 나의 부모님은 새로운 아이디어에 대해 항상 열광적이셨고, 그러한 열정을 나에게 심어주셨다. 늘 감사하게 생각한다. 마지막으로 이 책의 검토자 역할을 해준 에릭 셰퍼드Eric Sheppherd와 스테이시 워렌Stacy Warren에게 감사의 마음을 전하고 싶다. 의심의 여지없이 그들 덕분에 이 책은 훨씬 더 좋은 책이 되었다. 물론 모든 실수, 오류, 단점은 전적으로 나의 것이다.

이 책에서 사례로 제시되어 있는 연구는 캐나다 인구보건계획Canadian Population Health Initiative의 공동연구기금과 사회과학 및 인문학 연구회의Social Sciences and Humanities Research Council의 연구기금의 지원에 의해 이루어진 것임을 밝혀둔다.

차례

제1장

GIS의 정체성

GIS의 성공

GIS 붐이 일고 있다. GIS는 지리학 바깥으로까지 인식 저변을 확장하고 있으며, 많은 사람들 눈에 '현대 지리학'의 전형적인 본보기로 비춰지고 있다. GIS 소프트웨어 매출액이 연간 70억 달러를 넘어서고 있으며, 대학의 GIS 강좌에 수강생들이 몰려들고 있고, 내비게이션의 장착이 고급 자동차의 기본이 되고 있다. 경찰들이 정기적으로 GIS 연수를 받고 있으며, 기증 프로세스의 합리성을 높이는 데 GIS가 활용되고 있다. 역학자들epidemiologists이 전염병 클러스터를 확인할 때나 사학자들이 유적지를 지도화할 때도 GIS가 활용되고 있다. 스타벅스 커피숍의 입지 선정에서 GIS가 활용되고 있는 것은 이미 널리 알려진 사실이다. GIS의 활용 범위는 상상 이상으로 넓다. GIS 기술은 이미 우리 생활의 구석구석에

침투해 있다. GIS의 기술적 진보는 그 잠재력에 대한 우리의 이해 수준을 늘 앞서 간다. GIS의 역할과 영향력에 대한 우리의 이해는 그 기술의 발전과 확산의 속도를 전혀 따라가지 못하고 있다. 많은 사람들은 GIS라는 약자가 무엇을 의미하는지도 모르며, GIS가 자신들의 일상생활에 어떤 영향을 미쳤는지를 조리 있게 얘기할 수 있는 사람은 거의 없다.

이 책은 GIS가 수많은 사회적 프로세스에 어떤 영향을 미쳤는지에 대해서뿐만 아니라 이 책을 읽는 독자 자신들에게 어떤 영향을 미쳤는지에 대해 알려주고자 한다. GIS가 무엇인지, 맥락에 따라 어떻게 달리 이해되고 있는지, 어떻게 작동하는지, 데이터가 얼마나 중요하며 어떻게 저장되고 조작되는지, 현재 어떤 GIS 연구가 진행되고 있는지 등이 소개된다. 그러나 이 책의 핵심은 연구, 계획, 마케팅, 환경 관리 등과 같은 다양한 GIS의 활용 분야를 단순히 기술하는 것이 아니라 GIS를 활용하는 것과 결부되어 있는 철학적 함의를 다룬다. 이는 분명 복잡한 문제들이지만 GIS와 관련된 다양한 측면을 이해하는 것은 매우 중요한 일이다. 이 책은 기술적인 면에 관심이 많은 학생들이 주로 찾는 GIS 활용법 서적이 아니라는 점에서 다른 책들과 구별된다. 이 책의 목적은 다양한 사람들에게 GIS의 지적 영역과 실행을 소개하는 것이다. 실질적으로 이 책의 독자는 자연지리학자, 사회지리학자, GIS 사용자, 학생들 그리고 GIS를 사용해왔거나 GIS에 관심을 가져온 모든 사람들을 포괄한다. 이 책은 GIS가 사람들의 삶에 어떤 영향을 미쳤는지를 보여주도록 디자인되었다. 즉, 사람들이 길 찾기에서부터 데이터 수집에 이르는 일상적인 과제를 수행하는 방식을 GIS가 어떻게 변화시켰는지에 초점을 둔다.

GIS의 편재성ubiquity을 놓고 볼 때, GIS의 가치에 대해서는 논란의 여지가 없어 보인다. 그러나 지리학 분야는 예외인 것 같다. 지리학자들은 GIS와 애증의 관계를 맺고 있다고 할 수 있는데, 이는 GIS의 단점과 편향을 너무 가까이에서 보기 때문일 것이다. 이러한 애증의 관계는 GIS가 물리적 · 사회적 세상을 바라보는 특정한 관점에 경도되어 있을 뿐만 아니라, 특히 지난 10년간을 생각해볼 때 가장 지배적인 관점이었다는 사실 때문에 더욱더 복잡한 사안이 되고 있다. 대학 신입생들은 GIS에 대해서는 알지만, 인문지리학자들이 활용해온 질적 연구방법이나 지형학자들의 지하투과레이더 탐사에 대해서는 거의 알지 못한다. GIS의 편재성이 아마도 지리학에 대한 인식에 영향을 미쳤을 것인데, 결국 이것은 모든 지리학자들의 정체성에 영향력을 갖는다.

놀랍게도 GIS는 고정적이고 안정적인 정체성을 가지고 있지 않다. 사람들은 GIS를 각기 다르게 인식한다. 지방 정부에게 GIS는 도시계획가가 주거지구, 산업지구, 상업지구를 파악하도록 돕는 소프트웨어이다. 세금이 부과되는 토지의 정확한 위치와 측량 좌표를 지도화하고, "170번가와 194번가 사이의 1번 고속도로에 도로를 추가하게 될 때 얼마나 많은 토지가 영향을 받게 되는가?"와 같은 질문에 대한 답을 제공한다. 상이한 보건 상태를 보여주는 커뮤니티의 경계를 설정해야 하는 대학 연구자에게 GIS는 소프트웨어 중 하나라기보다는 다른 종류의 어떤 것이다. 이 경우 GIS는 "모호하고 변화 가능한 현상들을 뚜렷하게 구획해주는 경계선을 어떻게 정의할 것인가?"와 같은 문제에 대한 과학적 접근방법이다. 이 후자의 질문은 근본적으로 철학적인 이슈로 컴퓨팅을 통해 풀어야 한다. 우리는 여기서 앞의 두 가지 질문의 차이점에 주목할 필요가 있다. 전자가 '어디에' 공간적 객체가 있는지 또는 있을지에 관심을 둔다면, 후자는 '어떻게' 공간적 객체들(예 : 커뮤니티, 도시지역/농촌지역, 숲, 도로, 다리, 지도에 표시될 만한 사물들)을 코딩할 것인지, 그리고 서로 다른 분석 기법의 적용이 동일한 문제에 대해 상이한 해답을 제공할 것인지 등에 관심을 둔다. 그렇지만 두 질문 모두 GIS로 묻는 것이고, GIS가 정의되고 이해되는 무수한 방식들이 존재한다는 것을 지적하고 있다. 이것이 GIS의 정체성 논란의 토대가 된다. 그리고 정체성은 오늘날 세계 정치를 통해서도 알 수 있듯이 역사와 밀접히 연관되어 있다.

GIS의 유래 : 테크놀로지로서의 역사

GIS의 정체성 논란의 뿌리는 1960년대로 거슬러 올라간다. 1960년대는 GIS의 토대가 되는 기술과 인식론이 발달하기 시작한 시기였다. 지도학적 절차를 컴퓨터화하는 기법들이 도입되었고, 이와 동시에 지도화가 자연스럽게 분석으로 이어질 수 있다는 인식이 생겨났다. 1962년 조경학자 이안 맥하그Ian McHarg가 '중첩overlay' 기법을 도입하였는데, 이는 이후 GIS에서 필요불가결한 방법론이 되었다. 그는 교외지역 발달에 따른 새로운 고속도로의 최적 노선을 결정하는 연구를 수행했는데, 삼림지대, 목축지역, 기존의 농가 등의 다른 '레이어layers'를 분할하게 되는 상황을 최소화하는 고속도로 노선을 설계하고자 했다. 각 레이어에 해당되는 트레이싱 페이퍼를 라이트테이블 위에 겹치게 놓고 시각적으로 서로 교차되는 부분을 확인하는 과정을 통해 최적 경로를 '볼' 수 있었다. 〈그림 1.1〉은 지도 레이어들을 중첩시키는 과정을 보여주고 있다. 아이러니하게도 맥하그의 초기 분석 중 그 어느 것도 컴퓨터상에서 이루어지지는 않

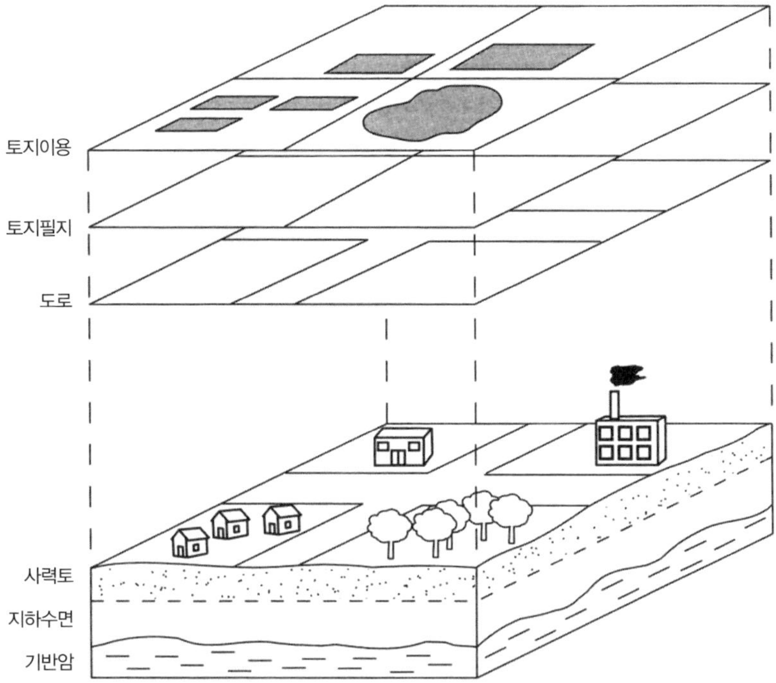

[그림 1.1] **다중 레이어들의 중첩**
정책입안자들은 중첩 과정을 통해 전략 시설물의 입지와 관련된 가능지들과 장애물들을 시각화할 수 있다.

았다. 그 당시의 컴퓨터는 매우 원시적인데다가 그것을 작동시키려면 엄청나게 많은 물리적 · 인적 자원이 요구되었다. 그러나 이 중첩 기법은 초기 GIS에 통합되었고 '공간분석spatial analysis' 으로 널리 알려진 다양한 분석 기법들의 토대가 되었다.

공간분석은 '지도화mapping' 와는 다른 것이다. 공간분석은 지도나 데이터 자체로부터 추출할 수 있는 것보다 더 많은 정보와 지식을 생성할 수 있기 때문이다. 공간분석은 공간 데이터에서 정보를 추출하는 시너지 수단이다. 이와 달리 지도화는 지리적 데이터를 다양한 수준에서 시각적

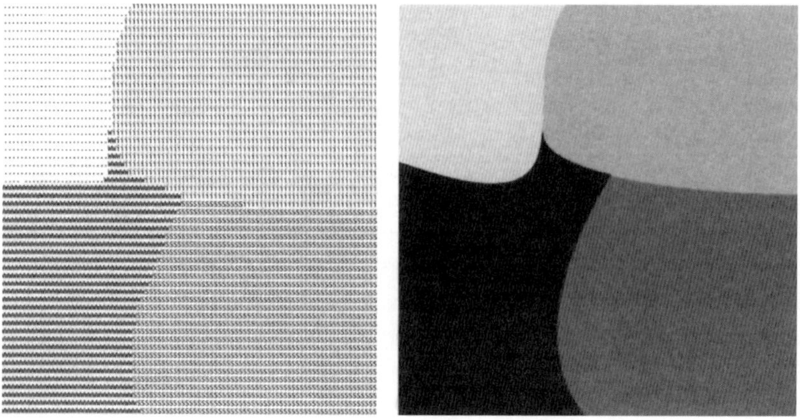

[그림 1.2] **초창기 컴퓨터로 그린 지도와 동일 지역을 현대 기술로 그린 지도**
지리학자들은 초창기 컴퓨터로 그린 지도의 시각적 한계로 인해 GIS 기법의 수용을 꺼렸다.

인 형태로 표현하는 것이다. 지도화는 애초에 제공되었던 정보 이상을 창출하지는 않지만, 두뇌의 패턴 식별을 돕는 유용한 수단을 제공한다. 시각적 감지를 위해 두뇌 뉴런의 50% 이상이 활용된다고 한다. 그렇지만, GIS 발달의 초기 단계에서 GIS의 분석 능력을 인식한 사람은 거의 없었으며, 보통 '컴퓨터 지도학' 정도로 간주되었다. 그런데 GIS에서 만들어진 지도는 형태적으로 매우 조악한 것이었다. 컴퓨터가 그린 초창기 지도들은 손으로 제작된 지도와 비교해볼 때 매우 원시적인 것이었다. 〈그림 1.2〉는 동일한 지역에 대해 그린 초창기 GIS 지도를 오늘날의 기술로 그린 지도와 비교하여 보여준다. 이렇게 두 지도를 비교해보면, 숙련된 지도학자가 손으로 제작한 아름다운 지도에 익숙해 있던 지리학자들이 왜 초기에 GIS에 저항적이었는지 쉽게 수긍이 간다.

그러나 전통적 지도가 보유한 그 시각적 장점으로 말미암아 초창기 컴퓨터화된 공간분석의 힘이 주목받지 못한 측면이 있다. 공간분석의 힘은

1950년대 후반~1960년대 초반에 미국 학자들에 의해 최초로 탐색되었다. 아이오와대학교의 헤럴드 매카티Harold McCarty와 워싱턴대학교의 윌리엄 개리슨William Garrison은 대량의 지리 데이터 분석을 위한 컴퓨테이션 기법을 연구하고 있었다(Nicholas Chrisman 1988, 개인적 인터뷰). 계량혁명quantitative revolution과 컴퓨터의 발전에 영향을 받은 연구자들이 공간 데이터를 분석하고 시각화하는 데 이용할 수 있는 도구들을 개발하기 시작했다.

초창기 컴퓨터 지도학 시스템 중 하나는 캐나다에서 개발되었는데, 로저 톰린슨Roger Tomlinson과 리 프랫Lee Pratt의 작품이었다. 그들의 이야기는 우연히도 비행기 좌석에 나란히 앉게 되면서 시작되었다고 한다(Tomlinson 1988). 톰린슨은 신성장지역을 선정하기 위한 연구를 하면서 항공사진을 바탕으로 삼림지역을 지도화하고 있었다. 리 프랫은 캐나다 농림부Canadian Ministry of Agriculture에서 일하고 있었는데, 그 기관은 캐나다 전 지역에 대해 농업, 임업, 야생동물, 위락지역, 센서스 구역 등 다양한 속성들을 보여주는 토지이용 지도들을 편찬하고자 했다. 톰린슨에 따르면, 토지이용 구역을 인코딩함으로써 도시/시골지역, 토양유형, 지질과 같은 관련 레이어들과 중첩시킬 수 있는 컴퓨터화된 시스템이 최초로 개발되었다. 우연한 만남이 1964년 CGISCanada Geographical Information System(캐나다 GIS)를 탄생시킨 것이다. 이 시스템의 이름은 국회의 한 직원이 제안한 것이라고 한다.

GIS의 역사에서 보면, CGIS와 비슷한 시기에 영국과 미국에서도 GIS는 태동하고 있었다. 영국 육지측량부Ordnance Survey의 데이비드 린드David Rhind(1988)에 의하면 GIS 발달에는 두 가지 혁신 흐름이 있었다고 한다. 첫 번째 흐름은 공간정보를 디지털화하고 비용 효율적인 방식으로 자동화된 지도를 생성하는 GIS의 장점을 서서히 인식하기 시작한 전통적 지도학자들에 의해 추동되었다. 또 다른 흐름은 계량 지리학자들에 의해 추동된 것인데, 초기에는 고립 분산적으로 이루어졌다. 미국의 브라이언 베리Brian Berry, 왈도 토블러Waldo Tobler, 드웨인 마블Duane Marble, 영국의 톰 워Tom Waugh와 레이 보일Ray Boyle은 공간적 문제를 해결하기 위한 알고리즘과 컴퓨터 코드를 개발하기 시작하였다. 이것이 GIS의 공간분석의 토대가 된 것이다(Nicholas Chrisman 1988, 개인적 인터뷰).

미국 하버드대학교 컴퓨터 그래픽 및 공간분석 연구소Harvard Laboratory for Computer Graphics and Spatial Analysis는 GIS 혁명의 발전소였다. 바로 이 연구소에서 폴리곤(벡터) 바운더리를 이용한, 효율적인 컴퓨터화된 중첩 기법이 개발되었다. 또한 이 연구소는 니콜라스 크리스맨과 톰 포이커Tom Poiker를 위시한, 오늘날 GIS 발달에 영향을 미치고 있는 일군의 연구자들을 배출해낸 곳이기도 하다. 1970년대에 이 연구소를 졸업한 수많은 연구자들은 GIS의 보급, 특히 민간 부문의 보급에 큰 기여를 하였다. 스콧 모어하우스Scott Morehouse는 1981년에 하버드 연구소를 떠나 캘리포니아의 한 회사에 취직했는데, 그 회사가 바로 ESRIEnvironmental Systems Research Institute이다. 스콧은 ESRI에서 벡터 중첩을 위한 알고리즘을 재개발하였는데, 이는 ArcInfo® 프로그램의 초석이 되었다. 하버드 연구소에서 만들어진 아이디어들의 이러한 확산이 바로 GIS 정체성 중 하나(즉, 소프트웨어 패키지, 하드웨어 시스템, 일반적인 테크놀로지에 연결되어 있다는 점)의 시발점이 되었다(Chrisman 1998).

GIS의 뿌리 : 지적 선조들

GIS의 발전이 온전히 20세기 중반의 컴퓨터 실험실에만 뿌리를 둔 것은 아니다. 그것은 확실히 계산을 자동화하려고 했던 19세기의 인간 노력의 산물이고, 1890년 미국 인구 조사 데이터를 코딩하려는 노력에서 그 예를 찾을 수 있다. 저명한 GIS 학자 마이클 굿차일드Michael Goodchild (1992)는 정보의 디지털화와 확산이 급격히 진전되던 시기에 GIS도 발전하게 되었다고 지적한 바 있다. 만약 지리학자들이 공간적 데이터의 디지털 조작 가능성을 탐구하지 않았더라면 다른 학문 영역에서 이를 시도했을 것이다. 이처럼, GIS는 조경학과 측량학과 같은 지리학 이외에 영역에도 많은 뿌리를 두고 있다. 많은 GIS 학자들은 GIS의 발전이 필연적인 것이라고 생각한다. 이것은 수많은 영역에서 정보 기술들이 급속하게 수렴되고 있고 공간적으로 지향된 양적 연구가 지리학의 최근 경향을 대변하고 있다는 점을 염두에 두면 쉽게 이해할 수 있다. 인구를 집계하고 통제하려는 사회적 · 정치적 움직임의 일환으로 계산 및 분석의 규모가 커지게 되었다. 모든 기술이 그러했듯, GIS도 사회 발전과 기술 발달의 공동 산물이라 할 수 있다.

모든 학문 영역들에는 그것들만의 지적인 뿌리 또는 현상에 대한 사유 양식이 존재한다. 그리고 우리는 그것을 통해 왜 특정 방법론이 사용되는지, 그리고 특정 지식이 특권적 지위에 놓이는지를 알게 된다. GIS가 지리학에서 상대적으로 새로운 영역임을 놓고 볼 때, GIS의 지적 선조들을 파악하는 것이 쉬울 거라고 생각할 수 있지만, 사실은 그렇지 않다. 일부 인문지리학자들은 GIS가 계량혁명의 직계 후손이라고 주장하기도 한다. 그러나 GIS 연구자들은 이와 같은 단순한 계보를 받아들이지 않으며, GIS의 선조가 훨씬 복잡하다고 주장한다. GIS의 선조는 다양한 갈래로 구성되어 있으며, 수많은 갈래들이 학문과 기술의 발달 과정에서 GIS로 통합되었다고 주장한다. 한편 또 다른 사람들은 GIS가 양적 모델링을 위한 수단이기는 하지만 기법들의 단순한 총합을 훨씬 뛰어넘는 것으로 간주한다. 어떤 연구자들은 GIS가 시각적 직관력visual intuition을 포함함으로써 계량혁명을 뛰어넘었다고 주장한다. GIS가 국민들에 대한 통계 정보 수집이 처음으로 이루어지던 19세기에 태동했다고 보는 관점도 존재하는데, 이는 GIS의 역사를 이해하는 데 별다른 도움이 되지 않는다.

GIS는 공간적 기법들을 지리학 속으로 도입한 매개체이기도 하지만 거꾸로 양적 방법론에 의존적이라고도 할 수 있다. 이 두 가지 접근법은 1970년대 공간적 문제들을 해결하기 위한 컴퓨터 프로그래밍의 도입과 함께 통합되었다. 그렇지만, 많은 지리학자들은 GIS가 지리학에 양적 기법들을 가져다 준 매개체 이상이라고 주장한다. 낸시 오버마이어Nancy Obermeyer에 의하면, GIS와 계량혁명의 관계는 계산기와 수학의 관계와 같은 것이다. 그녀는 "한편으로는 깔끔한 오퍼레이션이 훨씬 간단하게 이뤄지긴 하지만, 여러분은 여전히 그 저변의 모델과 개념을 이해할 필요가 있다."라고 말한다(Schuurman 1999a, 24). 다시 말해서, GIS는 계량혁명에서 개발된 모델들에 기반하고 있지만, 이를 유의미하게 실행하기 위해서는 이러한 모델들이 공간적 맥락이나 알고리즘 맥락에서 어떻게 기능하는지에 대해 이해하고 있어야 한다. 컴퓨터에 GIS가 설치된 것만으로는 양적 모델들을 실행하는 데 충분하지 않다. GIS 이용자들은 여전히 자신들의 질문들에 프레임을 설정하고, 데이터의 이용가능성 측면에서 그 질문들이 어느 정도 적절한 것인지에 대해 가늠하는 법을 이해해야 한다.

GIS와 양적 분석과의 연계를 강조하는 사람들과 GIS를 지도제작의 연장으로 보는 사람들 사이에 구분이 존재한다. 아주 초창기 GIS는 단순히 데이터 분포를 지도화하는 컴퓨터 지도제작법을 활용한 것이었다. 데이비드 린드(1988)는 공간 데이터를 분석하기 위해 컴퓨터를 이용한 사람들과 데이터를 그래픽 형태로 프린트하기 위해 컴퓨터를 이용한 사람들을 구분한 바 있다. 공간분석과 지도학 두 분야에서 모두 전설적인 인물인 왈도 토블러는 투영법을 적용하고 지도를 그리기 위해 컴퓨터를 이용하였는데, 이러한 변환(공간분석) 자체를 목적으로 하기보다는 그래픽 재현을 위한 하나의 수단으로 보았다는 점에서 진정한 지도학자로 남았다(Schuurman 1999b). 1970년대 이후 분석 오퍼레이션의 결과물이 디스플레이를 위해 프린터로 전송됨에 따라(이는 현대 GIS의 기반이다) 공간분석과 지도제작 사이의 이분법은 점점 설득력을 잃어갔다.

지도학과 양적 방법론에 GIS의 선조들이 존재한다는 점은 앞에서 밝혔지만, GIS가 양적 기법들의 확장을 이끌어왔다는 새롭지만 꽤 강력한 생각들이 연구자들 사이에 존재한다. 많은 사람들은 GIS로 인해 양적 기법들이 보다 접근가능하게 되었으며, 그 때문에 보다 직관적인 형태로 표현되고 있다고 느끼고 있다. GIS의 주요 장점 중 하나는 퍼지fuzzy 데이터를 사용할 수 있는 수단을 제공할 뿐만 아니라 공간 데이터의 시각화를 허락한다는 것이다. 양적 과학이 깔끔하고 정확한 '사실'을 선호하는 반면, GIS는 깔끔하지 않은 데이터를 다룰 수 있는 방법을 제공한다. GIS

는 지리학자에게 공간적 배열을 시각화하는 방법들을 제공해주고, 그 과정에서 계량혁명 동안 밀려나 있었던 직관을 되찾아왔다. '과학적' 시각화 분야 연구자들은 자신의 방법론을 특별한 것으로 만들어주는 것이 바로 그래픽 디스플레이와 정보 커뮤니케이션의 관계라고 주장한다. 사실상 과학적 시각화 방법론은 이미지의 힘에 관한 것이다. 이 주제는 제4장에서 더 상세하게 다루어지는데, 〈그림 4.17〉은 이미지가 정보의 의미를 전달하는 데 있어서 가지는 영향력을 잘 보여준다. 이 사례를 통해, 결핵 발병의 공간적 변이를 시각적으로 표현한 것이 우편구역별로 발병 수를 표의 형태로 제시하는 것보다 훨씬 강력한 정보 전달 방식임을 알게 될 것이다.

GIS 분야 내에서 시각화는 인간이 시각적 이미지를 해석하는 방식, 데이터 조작을 위한 알고리즘, 그리고 인간-컴퓨터 상호작용 패턴에 초점을 맞추는 하나의 하위 분야로 부상하고 있다. 지표 고도를 표현하는 면지도surface map는 고도 값이 그리드 셀에 할당된 표보다 경관을 보다 쉽게 해석할 수 있게 해준다. 시각화는 데이터를 이미지 형태로 전환함으로써 그 데이터로부터 의미를 생성해낸다. GIS는 시각화에 대한 이러한 현행 연구를 지리적 시각화와 결합시켰다. 그러나 보다 중요한 것은 GIS가 최근에 과학적 시각화를 부상시킨 바로 그 원리들에 기반하고 있다는 점이다. 지리학자들은 공간적 패턴을 '보기' 위해서 그래픽 재현을 항상 활용해왔다.

GIS 연구자들은 GIS의 시각성visuality을 공간분석의 의미와 그것에 대한 접근성 제고 수단으로 본다. 예를 들어, 의사결정 시 시각적 디스플레이는 주어진 사건에 대한 공동 인자cofactors에 대해 직관적 결론을 내릴 수 있도록 해준다. 이처럼 시각적 직관에 대한 의존은 언뜻 보기에는 '비과학적' 접근처럼 보이지만, 표나 문자보다 시각적 디스플레이를 통해서 정보를 더 잘 파악해낼 수 있다. 더 나아가 많은 과학자들이 사람들이 이미지를 활용하여 '사고한다'는 점을 밝혀내고 있다. 시각적 이미지는 숫자나 문자와 달리, 보는 사람에 의한 처리 과정을 거친다.

최근 직관과 시각화가 GIS 기능에 포함되었다곤 하지만, GIS 연구자와 양적 지리학자 사이에 '문화적 친밀성'이 존재한다는 점을 반박하기는 쉽지 않다. GIS를 '단순한' 양적 분석과 차별화하려는 노력은 수학적 모델화에 쏟아졌던 비판과 동일한 것을 받고 싶지 않아서 일 것이다. 이것은 GIS가 시각성을 통해 기존의 분석 한계를 뛰어넘었다는 GIS 개발자의 확고한 신념을 표현하는 것이기도 하다. GIS를 양적 지리학으로부터 분리하려는 경향은 최근 GIS의 명칭 변화와도 연관되어 있다. 즉, GIS는 최근 지리정보시스템이라기보다는 지리정보과학으로 일컬어지고 있다. 이러한 명칭 변화는 학문 내 맥락의 변화뿐만 아니라 기술상의 질적 변화와도 관련되어 있다.

GIS는 무엇의 약자인가? GIS의 두 얼굴

GIS에 대한 정의를 살펴보면, 기술과 연관된 하드웨어와 소프트웨어의 총합이라는 관점에 초점을 두는 경향을 발견할 수 있다. 지리정보시스템이 무엇인가에 대한 일반적인 설명 방식을 보면 공간 데이터의 입력, 분석, 지도화, 산출과 같은 필수 구성요소들에 대한 내용으로 채워진다. 이러한 정의는 GIS를 실행, 하드웨어, 소프트웨어의 총체로 보는 관점에 기반한 것이다. 알고리즘, 금속 부품들, 컴퓨터 코드 각각은 그들만의 에스노그래피를 가지고 있지만, 그것들 간의 일체화된 결합은 사용자들에게는 하나의 '블랙박스'로 인식된다. 블랙박스라는 용어는 브뤼노 라투르Bruno Latour(1987)에 의해 대중 문학을 통해 알려진 용어이다(물론 학계에서도 유명하다). 브뤼노 라투르에 따르면, 새로운 과학적 지식이 처음으로 제시되었을 때에는 논쟁에 휩싸이지만, 그것에 대한 참조가 엄청난 인용을 통해 이루어지면 마침내 정당성을 획득하게 된다. 개념(또는 기술)이 확립되어감에 따라, 그것이 사실이고 좋은 것이라는 점이 단순히 가정되기 시작하고, 참고문헌과 정당화는 더 이상 필요하지 않게 된다. 블랙박스라는 용어는 GIS의 정체성 중 한 측면인 시스템 정체성에 적합한 용어이다. 유명한 GIS 프로그램인 ArcInfo®에서 제공되는 수문학적 모형을 사용하는 대부분의 사용자들은 그 정당성에 대해 묻지 않는다. GIS 소프트웨어가 도시 내 상이한 소득 수준 지역을 나타내주는 다양한 색상의 폴리곤 경계가 어떻게 결정되었는가에 대해서 질문하는 사람은 거의 없다. 택배회사의 배송경로를 결정하는 공간분석 루틴도 논란거리가 되는 경우는 거의 없다. 대부분의 사람들은 GISystems에 의한 결과가 참일 것으로 간주한다.

지리정보시스템의 동전의 양면과도 같은 것이 지리정보과학인데, 정확히 앞서 제기한 질문들에 관심을 가진다. GIScience란, 가장 단순하게 말해, GISystems의 토대를 이루는 이론이다. 그렇지만, 이와 같은 대안적인 GIS 정체성이 모습을 드러내기까지는 수십 년이 걸렸다. GIS가 새로운 지적 영역을 구축했다는 생각이 1990년대 초까지 많은 학계 연구자들 사이에 팽배하였다. 이를 처음으로 시사한 것은 캘리포니아대학교 샌

타바버라 캠퍼스 지리학과 교수인 마이클 굿차일드로, 1990년 7월 취리히에서 개최된 공간 데이터 핸들링 컨퍼런스와 다시 1991년 4월 브뤼셀에서 개최한 EGISEuropean GIS 회의에서이다(Goodchild 1992). 각 연설에서 굿차일드는 GIS 커뮤니티가 GIS의 본질에 대한 지적 호기심을 가져야 한다고 지적하였다. 그는 GIS 연구자들이 기존 기술 적용보다는 기술의 토대를 이루고 있는 근본적인 원리에 초점을 맞추어야 한다고 주장하였다. 더 나아가 지리적 데이터에는 독특한 성격이 존재하고 데이터 분석과 관련해서도 특수한 문제들이 존재하는데, 이는 모두 GIS를 다른 정보시스템과 차별시켜주는 특성이라고 주장했다. 이 특이성에는 공간에 대한 개념적 모델 개발의 필요성, 공간 데이터의 구형성sphericity, 공간 데이터의 획득 관련 문제점들, 공간 데이터의 불확실성 및 오차 증식error propagation, 알고리즘과 공간 데이터 디스플레이 등이 포함된다. 지리적 데이터 분석의 특수성과 GIS와 관련된 기술적 · 이론적 문제 해결에 집중하는 연구자 공동체의 성장을 염두에 두고서, 굿차일드는 "GIS는 하나의 학문 분야로 인정될 만큼의 과학적 질문들의 세트를 보유하고 있다."고 주장하였다(Schuurman 1999b, 재인용). GISystems를 구성하고 있는 것은 코드인데 이러한 코드 속에 내재되어 있는 토대 가정들에 대한 질문들이 GIScience의 기반이 된다.

GIScience 학자는 수문학적 모델의 전제에 실제로 의문을 가질 수 있다. 누가 이 모델을 고안했는지, 습지와 대조적으로 빙하 환경에서 이 모델이 얼마나 효과적으로 작동하는지, 이 모델이 벡터(폴리곤) 데이터를 사용하도록 디자인된 것인지 래스터(그리드) 데이터를 사용하도록 디자인된 것인지 질문할 수 있다. 어떤 GIScience 학자는 폴리곤의 경계가 어떻게 정의되었는지, 어떻게 상이한 입력 변수나 측정 방법이 상이한 경계 정의를 가져오는지, 어떻게 이러한 사소한 변이가 GIS 분석 결과에 영향을 미치게 되는지에 관심을 가진다. 배송이나 수리 경로를 최적화하는 네트워크 분석 루트 또한 보다 심층적인 분석의 대상이 된다. GIScience 학자는 특정 지역이 다른 지역보다 서비스를 덜 받고 있는 것은 아닌지, 이동 시간이 날씨 및 교통 조건의 변화를 정확하게 반영하고 있는지에 대해 알아보고 확인하고자 한다. 이러한 종류의 질문들은 GISystems의 알고리즘의 효율성과 정당성을 뒤흔들고 있다. GIScience 연구자들이 제시하는 해결책들은 일반 사용자들의 GIS에 대한 신뢰도를 고양시킬 것이다. 그러나 이것이 GIScience의 전부는 아니다.

공간 데이터의 수집 및 입력으로부터 저장, 분석, 지도의 출력에 이르는 GISystems의 각 단계는 공간적 현상의 디지털적 전환에 기반하고 있다. GIS의 각 단계에서 데이터는 디지털 환경에서 활용하기에 용이하도록 조작되며, 이러한 (통상 미미한) 변화는 분석 결과에 심대한 영향을 미친다. 이러한 변환transformation은 공간적 개체의 재현에서의 미미한 변화 같은 것을 의미한다. 이러한 수정과 그것이 가지는 함의에 대한 설명을 제시하는 것이 GIScience의 중요한 부분을 구성한다. 세상에 대한 물리적 · 사회적 정보는 일단 디지털 형태로 전환되면, 세상에 대한 연구자의 해석에 부합하도록 조작되고 분석되는 경향이 있다. 따라서 GIScience 연구자들이 데이터에 대해 변환이 미치는 영향력을 모니터하고 설명하는 방법을 이해하는 것은 본질적으로 중요한 것이다. 마지막으로 GIS 연구자들은 분석 결과를 어떻게 제시할 것인지에 대해 숙고해야만 한다. 왜냐하면 시각적 디스플레이와 데이터베이스상의 결과물 간에 일관성이 유지되어야 하기 때문이다.

GIScience 연구자의 작업은 데이터가 디지털적으로 코딩되기 이전부터 시작된다. 데이터 테이블 입력을 위한 준비 과정으로서, 공간적 현상은 상세히 기술되고 분류되어야 한다. 그런데 분류 체계는 데이터 테이블과 호환성을 갖추어야 하며 이는 카테고리 개발에 제약을 가한다. 수많은 공간적 현상들은 다중적 특성을 가지는데, 이 경우 모든 특성이 하나의 데이터베이스 속에 포함되지 못할 수 있고, 모두 포함시킨다면 데이터의 용량이 커질 수도 있다. 데이터 조작은 (기록되는) 속성이나 (정의되는) 객체에 따라 달라진다. 예를 들어, 커뮤니티 경계를 다르게 규정하면 주민 보건 평가에서 다른 결과를 얻게 된다. GIS 결과를 시각화하는 것도 마찬가지로 디지털 환경에 의존적인데, 인간의 지각 용량에 부합하도록 실행되어야 한다. 예를 들어, 소축척 지도의 경우 매우 제한된 수의 속성만을 디스플레이하지 않으면 지도가 과도하게 복잡해진다. 대축척 지도에서는 보다 많은 수의 속성이 포함될 수 있다. 이 모든 이슈들 각각은 공간 데이터가 분석되고 해석되는 방식에 영향을 준다.

광의로 볼 때, GIScience는 GISystems의 이론적 토대를 의미하며, 연구 범위는 공간적 사상의 재현과 공간적 사상들 간의 관련성(비트와 바이트의 측면에서)이다. 디지털 환경에서 작업하는 것은 근본적으로 다른 구성요소를 사용하는 또 다른 언어로 말하는 것과 비슷하다. 영어라는 언어가 26개의 알파벳으로 구성되고 이것을 조합하여 다양한 방식으로 단어, 문장, 생각을 형성하는 것이라면, GIS는 2개의 문자(0과 1)에 기반하며 이것을 조합하고 조작하여 지리적 현상과 관계를 표현하고 분석하는 것이다. 그런데 지리적 객체들을 조작하는 것과 관련된 환경과 규칙들은 문자나 전통적 그래픽에 대한 것과는 상당히 다르다. GIScience 학자들은 공간적 객체들이 어떻게 디지털 개체가 되는지, 변환은 존재론에 어떤 영향을 미치는지, 상이한 인식론들이 GIS 내에서 어떻게 구현되는지, 공간적 개체들 간의 관계를 어떻게 모델화하는지, 결과 해석을 위한 시각화는 어떻게 이루어지는지를 탐색한다. 이러한 노력은 데이터 모델링, 컴퓨터 과학, 인지 · 과학적 시각화 그리고 수많은 정보시스템 관련 분야의 발전에 의존함과 동시에 그것에 기여한다.

GIScience는 프로세스 지향 이슈에만 국한된 것이 아니다. GIScience는 사람들이 지리적 환경을 어떻게 재현하는가, 그리고 누가 공간을 재현할 권한을 가지는가에 대해서도 다룬다. PPGISPublic Participation GIS(공공참여 GIS)는 스스로의 재현과 변화의 모색을 위해 GIS를 활용하는 수많은 비영리 단체 및 비정부 기관을 연구할 뿐만 아니라 그들의 활동과 결부되어 있다. 또 다른 GIScience 학자들은 페미니즘과 GIS에 관하여, 그리고 기술이 내재적으로 젠더화된 것은 아닌지에 대해 의문을 제기한다. 스테이시 워렌Stacy Warren(2003)은 PPGIS 연구와 페미니즘과 GIS 연구는 우리로 하여금 GIS의 분석과 재현으로부터 관심을 돌려 GIS를 "사람과 기계 모두를 포괄하는 협력적 프로세스"로 보도록 해준다고 설명한다. 사용자, 주민, 기술 간의 사회적 상호작용에 대한 이러한 강조는 인문지리학의 해방적 어젠다와 이론을 GIScience와 융합시켜온 비판 GIScritical GIS 학자들이 점점 늘어나고 있는 것에서 명확히 드러난다.

많은 학자들은 GIScience는 단순한 정보시스템을 초월한 것이며, 사용자들이 공간적 관계에 대해 기존에는 불가능했었던 질문을 할 수 있게 해준다고 주장한다. GIScience의 주창자들은 지리정보과학이 공간분석을 확장시킨다고 주장하는데, 이는 더 넓은 지리적 영역에 대한 데이터 집약적 분석을 가능하게 한 컴퓨터 프로세싱 능력의 향상 덕분이다. 또한 GIScience는 이전에는 탐지할 수 없었던 공간적 관계와 우연성contingencies을 조사하는 수단이라고 주장한다. GIS 학자들과 일반적인 지리학자들 사이에는 긴장이 존재한다. GIS 학자들은 GIS를 과학적 방법론상의 전환을 촉진할 수 있는, 새롭게 부상하는 현상으로 바라보는 반면에, 일반적인 지리학자들은 GIS를 단순히 지리학적 개념을 위한 수단으로 간주한다. 물론 GIS는 둘 다에 해당된다. 또한 GISystems는 GIScience에서 생성된 아이디어들을 위한 매개체이다. 이 글에서 대부분의 경우 'GIS'는 시스템과 과학 둘 다를 가리키는 것이다. 이와 같은 용어의 융합은 둘 간의 모호한 경계, 그리고 두 용어가 추구하는 바의 상호관련성 두 가지 모두를 반영하는 것이다. 이 둘 간의 차별성이 중요한 경우에는 용어의 의미를 구분하여 사용하도록 하겠다.

데이터 투입, 정보 산출 : GIScience와 GISystems의 공통분모

GIScience와 GISystems 간의 차이에 대해 자세히 설명하긴 했지만 실질적인 활동이라는 측면에서 보면 둘 사이에 차이는 없다. GISystems가 분류, 디지털 인코딩, 공간분석, 산출과 같은 프로세스들을 소프트웨어화한다면, GIScience는 이러한 프로세스가 수행되는 방식에 대한 이론적 기반과 정당화를 제공한다. 둘 다 공간 데이터에서 시작하며 그것에 의존한다. 어떤 공간적 개체(주택, 커뮤니티, 삼림, 도로, 다리 등)를 데이터로 정의할 것인지에 대한 파악이 끝나면 정보를 수집하고 분류해야 한다. 분류classification는 공간적 객체에 카테고리를 할당하는 것인데, 상이한 카테고리가 주어지면 공간적 객체에 대한 재현도 달라져야 한다는 의미에서 까다로운 작업이다(제3장 참조). 공간적 객체의 경계에 대한 사람들 간의 합의된 정의를 갖는 것은 쉽지 않다. 심지어 그 경계를 범주화하는 데는 더 큰 어려움이 있을 수 있다. 예를 들어, 다음과 같은 질문을 상정해보자. 산이 끝나고 구릉이 시작되는 곳은 어디인가? 이것이 확정될 수 있다 해도, 어떻게 산을 범주화할 것인가에 대한 문제는 여전히 남아 있다. 해발고도 1,000m가 임계 고도인가? 5,000m 이하의 모든 산은 동일 범주에 포함되는가? 이러한 범주화 문제는 자원과 결부될 때 더욱 중요해진다. 예를 들어, 정부가 특정 소득 수준 이하의 커뮤니티에만 보건 지원을 한다고 하면, 소득을 정의하는 방식이 매우 중요해질 것이다.

경계가 포괄하는 영역 또한 중요하다. 커뮤니티를 정의하는 경계는 합역 수준level of aggregation에 따라 매우 다양할 수 있다. EAEnumeration Districts 단위를 소득 수준 분석에 사용하는 경우와 여러 EA의 합역으로 구성되는 CMACentral Metropolitan Areas 단위를 사용하는 경우는 상당히 다른 결과를 낳을 것이다. GIS 소프트웨어는 깔끔한 선형 경계에 최적화되어 있기 때문에, 확실한 경계 설정이 어려운 연구의 수행자들, 예를 들어 흑곰과 회색곰의 서식지 간의 불명확한 구분선을 다루어야 하는 연구자들에게는 어려움이 야기될 수 있다. 실로 지리적 영역과 사건들의 특징이기도 한 이러한 퍼지 경계를 깔끔한 선형 객체를 이용하여 재현하는 방법을 찾는 것이 GIScience 학자들의 근본적인 도전과제 중의 하나이다.

이보다 더한 도전과제는 GIS를 이용하여 공간적 현상들을 모델링하는 것과 관련된 것이다. 공간분석과 모델링은 결과를 예측하고 미래 발전이나 자연 재해에 대비한 계획을 세우기 위해 점점 더 많이 이용되고 있다. 과거에는 GIS가 주로 데이터를 관리하고 분포 지도를 제작하는 데 사용되었다. GIS의 능력은 공간적 객체의 상이한 속성들(특징들) 간의 상호작용을 모델화하는 능력에 의해 확장되어 왔으며, 이러한 정보를 미래 사건을 예측하는 데 활용한다. 예를 들어, 토지 이용 관리자 및 도시 계획가의 경우, 인구 밀도, 사회경제적 지표, 지리적 제약조건(예 : 도시가 산이나 바다에 의해 막혀 있는가?), 도로망, 현행 토지 이용과 같은 여러 가지 요인들에 기반을 두어 미래 도시 성장을 연구하는 데 GIS를 활용한다. 일단 데이터가 분류되고 공간적 경계가 결정되고 분석이 끝나면, 사용자가 그 정보를 해석할 수 있도록 결과를 시각화하여야 한다.

지리적 시각화geographic visualization는 두 가지 모두를 가리키는데, 하나는 전통적인 지도학이고 또 다른 하나는 시각적 형태로 공간과 공간적 관계에 대한 지식을 표현하는 능력이다. GIS의 힘은 시각적인 공간적 관계를 만들고 사용자들이 패턴을 해석할 수 있도록 공간적 객체를 이미지화하는 능력으로부터 나온다. A형 간염 고위험군 보육시설 아동과 관련된 센서스 구역을 목록화한 표를 만드는 대신, GIS는 위험 수준별로 색상을 달리하여 센서스 구역을 그래픽적으로 표현한다. 〈그림 1.3〉은 질병 확산과 관련된 패턴을 평가하는 데 있어서 시각적 디스플레이의 가치를 잘 보여주고 있다. 분석 수준에서는 통계 결과와 GIS 간에 인지할 만한 차이가 그다지 존재하지 않는다. 그렇지만 결과의 시각성은 공동 인자에 대한 직관적 또는 구조화된 설명을 가능케 한다. 지도화와 관련된

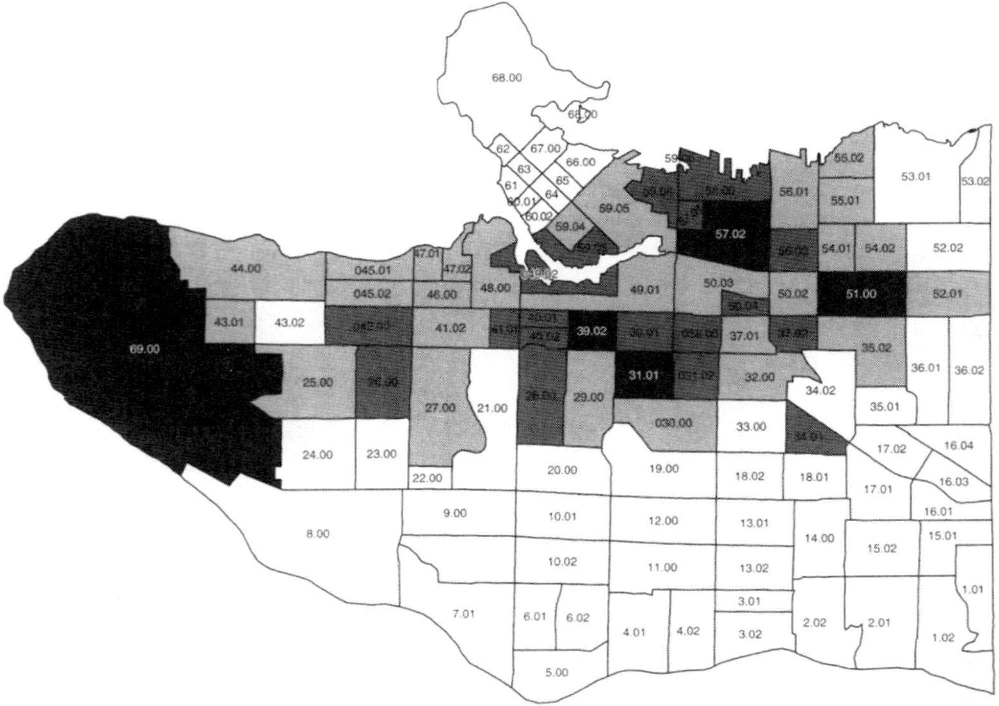

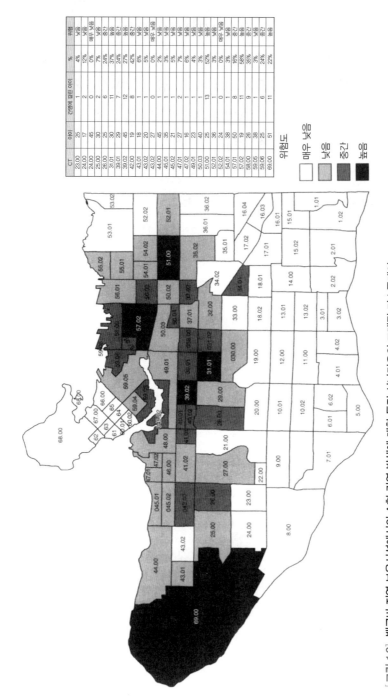

CT	아이	간염에 걸린 아이	%	위험
23,00	25	1	4%	낮음
24,00	17	2	12%	낮음
24,00	45	0	0%	매우 낮음
25,00	30	2	7%	낮음
26,00	25	6	24%	중간
31,01	30	11	37%	높음
39,01	29	7	24%	중간
39,02	45	12	27%	높음
42,00	19	8	42%	중간
43,01	18	1	6%	낮음
43,02	20	1	5%	낮음
43,02	27	0	0%	매우 낮음
44,00	45	1	2%	낮음
45,01	35	1	3%	낮음
45,02	21	1	5%	낮음
47,01	27	2	7%	낮음
47,02	16	1	6%	낮음
49,01	23	1	4%	낮음
50,03	40	1	3%	낮음
51,00	25	13	52%	높음
52,01	36	1	3%	낮음
52,02	24	0	0%	매우 낮음
54,01	38	1	3%	낮음
57,01	50	8	16%	중간
57,02	19	11	58%	높음
58,00	26	9	35%	중간
59,05	38	1	3%	낮음
59,06	25	6	24%	중간
69,00	51	11	22%	높음

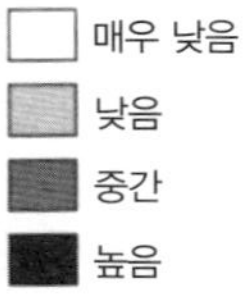

[그림 1.3] **밴쿠버 지역 보육시설에서의 A형 간염 발생에 대한 특정 시나리오의 그래픽 디스플레이**
표보다는 지도상에서 고발생지가 더 쉽게 파악 가능하다는 점에 주목할 것

[그림 1.4] **1854년 런던의 콜레라 발병지**
별은 펌프를, 점은 콜레라 발생지를 나타낸다. 각 발생지를 지도화함으로써 존 스노우 박사는 상수도 펌프와 콜레라 확산 간의 관련성을 밝혀낼 수 있었다.

시각적 직관의 가장 유명한 예로 역학자 존 스노우John Snow의 가설을 들 수 있는데, 그는 1854년 런던의 콜레라 창궐에 대해 공중 우물 근처에서 콜레라 발병이 가장 높다는 가설을 세웠다. 〈그림 1.4〉는 1854년 런던시 소호 지역 내 공공 상수도 펌프와 콜레라에 의한 사망자 분포를 보여준다. 이 지도를 근거로 스노우 박사는 공공 우물의 사용과 콜레라가 연계되어 있다는 점을 파악해내었다. 사망자가 전혀 없었던 브로드 스트리트 펌프 주변 지역에 높은 인구 밀도를 보이는 몇몇 건물들이 존재함에 따라 이러한 결론의 신빙성이 모호해졌다. 스노우는 자신의 현지 지역 지식에 입각해 폴란드 스트리트에 위치한 구빈원을 방문하여, 주민에게 어느 펌프에서 물을 끌어오는지 물었다. 그 결과 구빈원은 자체 우물이 있어 135명 주민 모두 브로드 스트리트 펌프를 사용한 적이 없다는 점이 밝혀졌다.

이 이야기는 패턴을 파악하는 데 있어 지도와 함께 현지 지식을 활용하는 것의 가치를 잘 보여준다. GIS에 기반을 둔 시각화를 활용하는 것은 패턴을 이해하고 궁극적으로는 인과 관계를 이해하는 데 시각적 디스플레이를 활용하는 과학의 트렌드와 연계되어 있다. 과학에서 시각화의 파워를 보여주는 사례로, X-ray 결정학을 통해 개발된 이미지에 기반을 두어 DNA의 이중 나선 구조를 발견한 것을 들 수 있다. 보다 최근에는 염색체들 간의 관계를 이해하는 데 도움이 될 수 있도록 인간 게놈의 지리가 지도화되었다.

시각적 직관, 지식 발견 그리고 컴퓨터 기술 간의 연계는 지난 세기 동안 집약적으로 연구된 주제라 할 수 있다. 그러나 신뢰할 수 있는 시각적 디스플레이를 생성하는 것은 상상하는 것보다 훨씬 더 복잡한 과업이다. 가장 초보적인 수준에서 보자면, 각 공간적 객체는 다양한 수준의 색상과 채도를 가진 일련의 픽셀들로 번역되어야 한다. 그러나 공간 데이터를 시각화하는 것은 인간이 다양한 맥락 속에서 특정 기호들, 현상 간의 관계, 지도 재현을 어떻게 인지하는지에 대해 이해할 것 또한 요구한다. 천막 그림은 모든 국가의 모든 사람들에게 캠핑 시설을 의미하는 것일까? 어떤 색상이 대축척 지도상에서 고도를 가장 잘 표현할 것인가? 지도 사용자에게는 다리와 강의 재현적 정확성보다 그것들의 관련성이 더 중요한 것일까? 이러한 질문들은 지오비주얼라이제이션geovisulaization 전문가들이 GIS의 원대한 프로젝트를 지향하는 과정에서 반드시 제기해야만 하는 질문들 중 일부이다.

세상 속의 GIS : 누가 무엇을 위해 사용하는가?

GIS는 일상생활 속으로 들어와 있다. GIS는 사람들에게 지역 정보에 관한 표에 담긴 데이터를 지도로 전환하는 수단을 제공한다. 이렇게 GIS가 생성한 지도들은 정부, 기업, 커뮤니티 그룹, 대학, 병원 등에서 공간적 의사 결정을 내리는 데 있어서 토대가 된다. 그러나 GIS가 미치는 범위는 기술을 활용하는 사람을 훨씬 넘어서서, 수백만 명 사람들의 삶에 수많은 방식으로 영향을 미친다.

당신이 무엇을 먹는지, 그것이 어디서 왔는지, 근처 슈퍼마켓까지 어떤 경로를 거쳐 도착하게 되었는지 등의 모든 것이 GIS 기술에 의존한다. 대규모 기업식 농업 분야가 성장하면서, 식량 생산과 농업에서 GIS의 역할 또한 성장하게 되었다. 기업농은 이상적인 미래의 작물 위치와 지역 및 원거리 시장과의 관계를 시각화하기 위해서 정기적으로 원격탐사 영상과 토양 분석을 결합하는 작업을 실시한다. 통상적인 농업은 '정밀농경기술' 에 기반을 두어 이루어지는데, 이를 통해 농부는 농경지의 세세한 부분들에 대한 분석과 그것에 적합한 대응책을 모색할 수 있다. 밀농사 지역 일부가 병충해 피해를 입은 예를 생각해보자. GPS를 이용해 병충해 피해 지역의 위치를 저장한 후에, 왜 특정 구역이 피해를 입게 되었는지를 알아내기 위해 토양형, 토양화학, 밀 품종, 농약량, 관개 정보 등의 다른 레이어들과 이 병충해 피해 지역을 결합시킨다. 이와 유사하게, 목축 관련 데이터를 이용해 토지가 해당 목초지에서 지탱할 수 있는 육우의 수를 추정할 수 있다. 작물 관리는 냉해, 화재, 홍수, 가뭄에 취약한 작물을 보호하기 위한 계획을 포함한다. GIS는 이러한 요인들 각각을 모델화하고 농사 및 작물 유형(예 : 유기농법/일반농법, 인력수확/기계수확)별로 각 요인에 어떤 위험 요소가 결부되어 있는지에 대한 정보를 제공한다. 수확된 곡물은 다양한 시장으로 수송되는데, 여기에는 구매 가격, 지역 선호도, 운송비 등의 요소가 개입된다. 마지막으로 현대 농법은 시장에 민감하다. 작물을 소비자에게 연결시켜주는 최적의 모델을 개발하기 위하여 시장, 가격, 운송비에 대한 프로파일을 작성하는 데 GIS가 활용된다.

농업의 경우와 유사하게 지자체의 행정도 GIS를 활용하는 첨단기술 분야로 변모하였다. 거의 모든 지자체가 보유하고 있는 공간 데이터 목록에는 조사지점 정보와 함께 부동산 아웃라인, 세금산정액, 지구 및 지역 경계, 도로, 수로, 대중교통노선, 자전거도로, 항공사진, 공원, 공공건물, 쓰레기 수거 경로 등의 정보가 담겨 있다. 이러한 공간적 개체들은 특정 GIS 기능과 관련된다. 예를 들어, 세금산정액은 개별 주택과 관련되고, 이는 세금 납부 이력을 추적하는 데도 활용되지만 특정 근린지구에 대한 서비스 수준을 평가하는 데도 활용된다. 표면 재료, 제방 여부, 등급 등의 정보를 포함하고 있는 도로 파일들을 고도, 날씨, 교통량에 대한 데이터와 결합함으로써 도로 불량화가 발생되는 지점들을 확인할 수 있다. 도로를 보수해야 할 경우 교통 혼란을 최소화할 수 있도록 도로 폐쇄 및 경로 수정을 디자인한다(교통 체증으로 오도 가도 못하는 상황에 놓여 있다면 이것이 별로 와 닿지 않겠지만). 점점 더 많은 지자체에서 자전거 사용 및 녹색 통근이 권장되고 있다. 1993년부터 브리티시컬럼비아 주의 밴쿠버 시는 도시 전반에 135km의 자전거도로망을 지정해왔다. 이 중 자전거 전용도로는 5km에 불과하기 때문에, 밴쿠버 시는 상대적으로 안전한 자전거도로를 지정하기 위한 노력을 해야 했는데, GIS를 이용하여 통근시간 대에 자동차와 자전거의 교통량을 추산하였다. 다양한 근린지구는 도서관과 같은 공공 서비스 기관이나 공원에 대해 상이한 접근성을 보유하는데, 이를 분석하기 위해 GIS 질의를 사용한다. 쓰레기 수거 경로를 설계하는 데 GIS 네트워크 분석을 활용함으로써, 쓰레기 수거 차량이 교통에 방해되는 것을 최소화하고 각 수거 경로에서 모아진 쓰레기의 양을 최적화할 수 있다. 이러한 사례들을 통해, GIS가 도시 계획에서 얼마나 중요한 역할을 하고 있는지를 엿볼 수 있다.

도시 생활 또한 보다 미묘한 방식으로 GIS에 의존하고 있다. 광범위하고 복합적인 관망을 통해 전력, 연료, 물이 도시 거주자들에게 공급되고 있다. 전력을 운송하는 전기 그리드를 설계하고 관리하는 데 GIS가 활용된다. 각 회로가 지도화되고 회로 방향이 기록된다. 회로를 개별 사용자 수준까지 추적할 수 있고, 과부하가 발생하는 곳을 개별 주택 수준에서 또는 전체 근린지구 수준에서 시각화할 수 있다. 특정 회로 하나를 닫아야 할 경우, 위치들을 전환하고 정전을 최소화할 수 있도록 모든 전원 공급 방향들을 검토할 때 이러한 데이터가 활용된다. 이러한 데이터들과 함께 전문 소프트웨어를 사용하여 변압기 로드의 균형을 맞추고 전선 통과 시의 누출에 따른 전력 손실을 최소화한다. 최근 유럽과 북아메리카의 공공 기업체 민영화 경향으로 효율성 극대화에 대한 압력이 증대되었다. GIS는 이러한 최근 경향 속에서 중요한 역할을 담당해오고 있다. 하부구조의 관리뿐만 아니라 스위치 및 컨트롤 시스템을 위한 가상 모델의 생성에 이르는 범기능 시스템을 GIS가 제공한다. 이 가상 모델을 이용하여 전력 전달과 부하와 관련된 복잡한 시나리오가 테스트될 수 있는데, 여기에는 '공동발전기' 나 여분의 전력을 주 전력망에 되파는 소기업의 경우가 포함될 수 있다. 저수 및 분배 시스템, 천연가스연료선, 전화 및 케이블 선 등도 마찬가지로 GIS에 기반하며 관리된다.

웹기반 판매가 확산되면서 GIS에 의해 용이해진 g-상거래g-commerce 또는 전자상거래e-commerce가 급성장하게 되었다. g-상거래는 기업들이 기업 대 기업(B2B), 기업 대 고객(B2C) 포털을 만들 수 있도록 해주는 지도화 및 데이터 분석 도구들에 기반하고 있다. 전형적인 B2C 포털로는 도서, 음악, 심지어 제약품까지 가정에 있는 고객에게 직접 판매하는 Amazon.com을 들 수 있다. B2B 포털도 그만큼 흔하다. B2B 포털은 '적시관리just-in-time' 배송 시스템의 토대로, 생산이 되자마자 곧장 판매되도록 하여 제품이 진열대에 오래 머물러 있지 않도록, 그래서 수익이 지연되지 않도록 한다. 또한 g-상거래는 사회경제 및 '라이프스타일' 데이터를 활용하여 고객, 판매, 성과에 대한 데이터를 분석할 수 있는 도구를 판매자에게 제공한다. 이러한 데이터를 활용하여 고객 트렌드를 시각화하고 판매 증가를 위한 계기를 탐색한다. 이러한 변화는 마크 포스터Mark Poster(1996)가 '디지털 페르소나digital personae' 의 탄생이라 칭한 것에 기여하였는데, 여기서 각 개인은 스캔된 디지털 데이터와 그것으로부터 도출된 소비자 프로파일에 기반을 둔 정부 및 마케팅 데이터베이스상에서 불완전하게 묘사된다. 이러한 데이터 및 수반되는 프로파일들은 불완전할 수밖에 없으며 우리들 개개인에 대한 대략의 근사치만을 만들어낼 뿐이다. 그렇지만, 이는 수많은 마케팅의 토대가 되며, 또한 신규 영업점을 어디에 열 것인지, 당신의 우편함에 광고물이 배달될지의 여부를 결정한다.

개인이나 커뮤니티에 대한 디지털 데이터를 활용하는 것은 비단 민간 기업뿐만이 아니다. 이는 전자정부 혹은 e-거버넌스e-governance를 위한 토대를 구축한다. e-거버넌스는 국가나 지방정부가 서비스를 제공하고 대중의 정보 접근을 허용하기 위해 웹을 활용하게 되면서 급성장하고 있다. e-거버넌스는 비공간적이고 행정적인 것이긴 하나, GIS와 '공간적인spatially aware' 소프트웨어에 의해 작동된다. 시 행정 수준에서의 e-거버넌스는 측량 라인, 부동산 상황, 세금산정 정보와 관련되어 있다. 웹에 공고를 게시하고, 애완견 소유 허가증에서부터 공사 계약 입찰까지 모든 문서가 온라인상에서 관리된다. 주 수준에서의 e-거버넌스는 자동차 등록 및 캠핑지 예약, 여권 갱신, 우편서비스, 주민투표 등의 여타 서비스를 위한 매개체가 된다. e-거버넌스의 매력은 보다 효율적이고 투명한 서비스 제공에 대한 약속이라 할 수 있다. 그렇지만 이것의 성공은 높은 수준의 웹 접근성에 달려 있다고 할 수 있는데, 문제는 이것이 대부분의 국가에서는 여전히 현실적이지 않은 상태라는 점이다. 흥미롭게도 인도네시아는 e-거버넌스 기술과 실천의 최전선에 위치한 국가이다. 이는 도약할 수 있는 기술력과 더불어 이 나라가 보유한 뛰어난 지적 자본을 말해준다. 사하라 이남의 아프리카 지역에서 유선전화기를 한 번도 소유해본 적 없던 사람들에 의한 핸드폰 사용이 급격히 증가한 것은 기술

도약의 한 예라고 할 수 있다. 인도네시아의 경우 e-거버넌스 옹호자들은 이것이 정부 서비스 제공을 최적화하면서 높은 수준의 공무원 부패를 척결하는 수단이 된다고 주장한다. 비판하는 입장에 있는 사람들은 e-거버넌스가 소수에게 권력이 집중되는 수단이 되며, 사생활 보호 부재 시 개인에 대한 디지털 정보의 무분별한 수집이 발생한다고 반박한다. 이러한 주장이 나오는 중에도, e-거버넌스는 수많은 나라에서 거의 모든 수준의 정부에서 활발히 추진되고 있다. e-거버넌스의 성패는 공간 데이터와 GIS 기능성에 의해 결정될 것이다.

명확히 GIS는 일상생활 속에 파고들어와 있다. GIS의 컴퓨테이션 및 지적 기반에 대해 이해하는 것은 현대성을 위한 기술적 기반을 보다 잘 파악하기 위해 필요한 훌륭한 첫걸음이다. 이러한 이해는 어떻게 디지털 영역이 그렇게 많은 현대 사회의 기능들을 조직하고 통제하게 되었는지에 대한 통찰력을 갖기 위한 시발점이다. 이 책의 나머지 부분에서는 GIS 기술뿐만 아니라, GIS의 지적 · 학문적 연계를 살펴봄으로써 이 임무를 완수하도록 할 것이다.

제2장에서는 지리학의 영역 내에서 GIS와 인문지리학자 간의 관계를 살펴볼 것인데, 이를 통해 그들 간의 공유된 지적 영토를 확인할 수 있을 것이다. 두 분야 각각의 시각에서 과거 언쟁이 오가던 관계에 대한 설명이 제시된다. GIS 학자와 사회과학자들 간의 초창기 차이점들 중 많은 것이 인식론 또는 연구 방법론과 관련된 공식적 · 비공식적 시각들과 연계되어 있다. 실행과 개발을 위해 적용된 인식론이 GIS를 형태 지은 주된 요인이겠지만, 무수한 맥락적 요인들 역시 존재한다. 제2장의 두 번째 절에서는 지적 전통, 언어, 정치적 목적이 GISystems와 GIScience의

발전에 어떠한 방식으로 영향을 끼쳤는지에 대해 살펴볼 것이다.

GIS 활용은 적절한 소프트웨어와 함께 데이터(혹은 정보)를 요구한다. 사실상 데이터는 GIS 분석에 있어 타당성의 1차적 결정요인이다. GIS의 사용자와 학생들은 종종 소프트웨어의 능력에 매료되어 데이터의 적절성에 대해서는 의문을 제기하지 않는다. 제3장에서는 공간 데이터가 다루어지는데, 데이터 수집의 정치, 그 정치와 재현의 관련성, 데이터가 조직되는 방식, 데이터 공유의 문제점 등이 다루어진다. 데이터에 관한 논의의 범위는 데이터 수집의 사회정치적 맥락에서부터 데이터 세트 간의 상호운용성interoperability과 관련된 기술적 문제들에 이르기까지 다양하다. 결론 부분에서는, 데이터의 수집 및 공유와 관련된 사례가 제시되는데, 이것은 GIS 발전을 가로막는 제약 조건을 잘 보여준다. 덧붙여 실행의 정치학이 언급될 것이다.

데이터는 그 자체가 목적이라기보다는 GIS 분석의 시녀이다. 제4장에서는 GIS에 능력을 부여하는 오퍼레이션, 즉 공간분석의 구성요소들을 살펴볼 것이다. 제4장 전반부에서는 공통적으로 사용되는 공간분석 오퍼레이션들과 그 오퍼레이션들의 변수 및 그것들의 기저에 있는 논리에 대한 기초 사항을 주로 설명하도록 한다. 후반부에서는 환경 관리 및 공공 보건에서의 GIS의 분석 사례에 대해 살펴보도록 한다. 마지막으로 GIS 분석의 합리성을 GIS도 통계처럼 특정 행위주체와 어젠다를 강화시켜준다는 관점에 의거에 설명할 것이다.

마지막 장에서는 GISystems와 GIScience 간의 구분을 다시 다룰 것이다. 이를 통해 독자들은 GISystems와 GIScience 각각에서 매일매일 행해지는 일들이 우리에게 어떤 의미가 있는지를 좀 더 명확하게 이해하게 될 것이다. 현행 GISystems의 재현 능력을 향상시키기 위한 GIScience 연구가 가지고 있는 잠재력에 대해 작지만 중요한 두 가지 연구 영역(온톨로지, 페미니즘과 GIS)에 대한 간략한 설명을 통해 다루도록 하겠다. 이 두 영역은 모두 인문지리학자들의 관심 영역이기도 하다. 온톨로지 연구의 목적은 재현의 한 형태로서 GIS가 다중적 시각에 기반을 두어 세계를 보다 더 잘 모델화할 수 있도록 하는 데 있다. 페미니즘과 GIS는 페미니즘 정치의 목적을 인정하고 확장하려고 하는데, 이러한 과업에 GIS가 우군으로써 더 잘 작동할 수 있게 그것을 인정하고 변화시키려고 한다. 마지막 절에서는 GISystems와 GIScience의 상호연관성과 그 양자 모두의 가치에 대해 다시 한 번 강조할 것이다.

제2장

GIS와 인문지리학, 그리고 그 둘 사이의 지적 영토

GIS의 시스템적 요소이건 과학적 요소이건, 그것들은 특정한 지적 영토를 구성하고 있으며, 그 지적 영토 속에서는 항상 한 부류의 가정들이 다른 부류의 가정보다 우위에 있다. 지적 추구와 그것이 잉태한 기술적 산출물 사이에는 시간적 간극도 실행적 간극도 없다. 해당 학문의 문화와 관습은 이러한 지적 영토에 깊숙이 내재되어 있다. 이 장의 첫 부분에서는 인문지리학자와 GIS 학자들이 맺어온 관계에 대해 살펴볼 것이다. 이 관계는 GIS의 발전을 논하는 데 있어서뿐만 아니라 지리학이라는 학문 분야를 논하는 데 있어서도 중요한 사안이다. 그 관계를 살펴봄으로써, 인문지리학자와 GIS 학자들이 지적 문화와 실행이라는 측면에서 서로 다르다는 사실을 인식하게 될 것이다. 더 나아가 두 학문 영역이 서로에게 영향을 미친 방식, 그리고 현재도 계속해서 영향을 미치고 있는 방식을 이해하게 될 것이다. 두 번째 절에서는 GIS의 고유한 지적 영토가 소개된다. 공간과 공간적 개체에 대한 재현을 위한 개념적 토대뿐만 아니라 그러한 재현이 출현하게 된 철학적 공간에 대한 내용도 다루어진다. GIS에서 사용되는 주요 데이터 모델들에 대한 설명이 주어진다. 이를 통해 공간적 세상을 재현하는 데 있어 GISystems가 어떻게 매개 역할을 하는지 논의될 것이다. 기술은 결코 사회와 분리될 수 없으므로 마지막 절에서는 GIS에 대한 사회적 영향력이 다루어진다. 그리고 그러한 이해가 어떻게 더 나은 GIS를 창출하는 데 기여할 수 있는지가 언급된다.

지리학은 두 가지 관심을 가진 과학자와 경험주의자들의 느슨한 집합체로 시작되었다. 하나는 지표면상의 물리적 속성에 관심을 가진 부류였고, 또 다른 하나는 정치를 구성하고 행동을 형태 지우는 기제로서의 지리에 관심을 가진 부류였다. 지리학은 20세기 초반이 되어서야 학문으로서의 형태를 갖추게 되었다. 인문지리학은 1920년대에 이르러서야 하나의 학문 영역으로 성립되었는데, 이러한 과정에서 미국의 칼 사우어Carl Sauer가 주도적인 역할을 담당하였다. 그는 공간적 변화의 문화적 차원을 이해하기 위해 다중의 지적 도구들을 사용하였다. 제2차 세계대전이 발발할 무렵, 인문지리학자들은 지리학의 중요한 구성요소가 되어 있었다. 이와는 대조적으로 GIS는 1964년까지는 그 이름조차 존재하지 않았다. 물론 그 뿌리는 계량혁명과 장구한 역사를 가진 지도학에 있긴 하지만 말이다. 지리학 내의 이 두 학문 분야는 (외견상으로는) 공통 분모가 거의 없었고, 그렇기에 최근까지 불편한 관계로 지내왔다.

간격을 조심하라 : 인문지리학과 GIS 간의 거리

1980년대 말까지 GIS와 인문지리학은 지리학 내에서 이렇다 할 공적인 상호작용 없이 서로 분리된 영역으로 존재하고 있었다. 1980년대 말 일부 인문지리학자와 문화지리학자들이 GIS에 관심을 갖기 시작했다. 인문지리학자들의 GIS에 대한 초기 비판은 GIS의 방법론적 · 인식론적 단점들에 초점이 맞춰졌다. GIS 연구자들은 대부분 방어적 태도를 취했으며, 두 분야 간의 격렬한 언쟁이 지속되었다(Schuurman 2000). 사람들이 시차를 두고 논쟁에 가담했을 뿐만 아니라 쟁점에 대해서도 간접적인 방식으로 알려져 왔기 때문에 이 논쟁을 정확하게 검토해보는 것은 가치 있는 작업이다. GIS와 관련된 논쟁들은 GIScience가 연구 질문을 구조화하는 방식에 영향을 주었을 뿐만 아니라 지리학이라는 학문 자체에도 영향을 미쳤다. 또한 이러한 논쟁은 인문지리학과 GIS 간의 역사적 간극을 보여주는 것이기도 하다. 그러나 이 간극은 양 집단의 연구자들 간의 협력적 노력에 의해 점차 좁혀지고 있다.

두 진영 간의 긴장 관계를 보여주는 문헌상의 첫 번째 증거로 1988년 미국지리학회의 학회장이었던 테리 조단Terry Jordan(1998)이 GIS를 '단순 기법'이라고 특징화했던 사례를 들 수 있다. 당시 이는 공통된 정서였으며 GIS는 단순히 자동화된 지도학의 한 형태에 불과하고 지적인 내용은 전무하다는 생각이 팽배했다. 그 후 인문지리학자들과 GIS 연구자들 간의 상호 논박이 **정치지리학계간지***Political Geography Quarterly*에 게재되었다. 인문지리학자들 사이에서 GIS는 개별 사실은 잘 다루지만 유의미한 분석은 불가능한 것이기 때문에 정보 관리에는 적합할지 몰라도 지식 생산의 영역에서는 부적절하다는 정서가 만연해 있었다. GIS는 이론이나 추상화와는 무관한 것으로 간주되었으며, '실질적인real' 지식보다는 '사실facts' 에 기반을 둔 지리학으로 여겨졌다. 더 나아가 GIS 학자들은 실증주의와 소박한 경험주의에 젖어 있는 것으로 간주되었다. 그리고 그러한 지리학이 오래 지속될 것으로 보는 인문지리학자들은 그리 많지 않았다.

저명한 GIS 연구가인 마이클 굿차일드Michael Goodchild는 인문지리학자들의 초기 비판에 대한 반응을 내놓았다. 굿차일드는 GIS의 장점들을 찬미하는 방식으로 대응하지는 않았다. 그는 GIS의 기술적 측면은 컴퓨터 과학에 의해 주도되고 있지만, 지리학 역시 GIS의 발달에 특별한 방식으로 기여하고 있다고 주장했다. 즉, 데이터베이스와 공간분석이 불확실성에 취약하고, 따라서 부정확할 수 있다는 점을 깨닫게 된 것은 지리학의 공헌이라고 주장하였다. 또한 GIS가 자체적인 한계점을 수십 년 동안 가장 중요한 연구 주제 중의 하나로 삼아왔다는 점을 지적하였다. 더 나아가 그는 GIS는 지리학자에 의해 안내될 때 가장 유용하고 정확하다는 점과 GIS가 지식에 대한 대체물이라기보다는 지식과 함께 사용되도록 설계되었다는 점을 주장하였다(Goodchild 1991). 굿차일드의 대응에도 불구하고 논쟁은 학술지 **환경과 계획 A***Environment and Planning A*의 지면을 통해 지속적으로 전개되었다. GIS 학계와 인문지리학자들 간의 적의가 표출되는 수많은 논문들이 그 학술지에 게재되었다.

스탠 오펜쇼우Stan Openshaw의 논문은 GIS의 가치에 대한 이러한 열띤 의견 개진과 가시 돋친 코멘트가 난무하는 상황을 잘 보여준다. 오펜쇼우는 GIS 연구자들이 다른 지리학자들에 의해, 그리고 "GIS가 무엇이며 무엇을 하는지, 그리고 GIS가 얼마나 지리학에 적합한 것인지에 대한 그들의 억측"에 의해 공박당하고 있는 것으로 느끼고 있다고 주장했다(Openshaw 1991, 621). 그는 지도나 공간적 프로세스와는 거의 관련이 없는 질적 방법론을 상정한 상태에서 GIS를 비판한 것에 대해 힐난하였다. 이러한 오펜쇼우의 GIS에 대한 옹호는 설득력이 있는 것이었다. 그는 디지털 프로세스를 전혀 또는 거의 이해하지 못하는 인문지리학자들이 GIS의 장점을 올바르게 평가하는 것은 거의 불가능하다고 보았다. 오펜쇼우의 주장은 선동적이었지만, 학문 내 긴장을 정확히 반영한 것이었으며 참신하기까지 한 솔직한 의견 개진이었다.

GIS에 대한 비판이 초기에는 눈에 보이는 단점들에 대한 것이었다면, 이후에는 실증주의, 보다 일반적으로는 인식론과 관련된 면밀한 검토에 기반을 둔 것이었다. 인문지리학자들은 GIS가 지리적 이슈들에 대한 직관적 분석을 수용하지 못한다는 점과 GIS의 방법론이 그 본질상 다양한 탐구를 배제한다는 점을 비판하였다. 이러한 비판은 GIS 학자들에게는 정당한 것으로 비춰지지 않았는데, GIS가 왜 그러한 모습을 띠고 있는지에 대한 기본적인 이해도 없이 GIS 기법의 가치를 과도하게 폄하하고 있다고 느꼈기 때문이다. GIS의 예측력이나 설명력은 GIS의 단점들을 상쇄할 수 있을 만큼 가치 있는 것임에도 불구하고 인문지리학자들이 이를 인정하지 않는 것에 불편한 감정을 가졌다. 이러한 이분법적 공방이 3년간 지속된 끝에, 1993년 11월 워싱턴 주 프라이데이 하버에서 개최된 컨퍼런스를 계기로 GIS 학자들과 인문지리학자들 간의 협력을 위한 실마리가 찾아지게 되었다.

프라이데이 하버 컨퍼런스Friday Harbor Conference는 논쟁의 성격 변화를 가져왔다. GIS에 대한 다양한 입장들이 프라이데이 하버 컨퍼런스에서 다루어지면서 간학문적인 소통의 장이 만들어졌다. 컨퍼런스에 참석한 인문지리학자들은 GIS의 발달에 대한 자신들의 비판적 견해를 명확히 개진하였는데, 크게 세 가지로 요약된다. 첫째는 GIS의 기술적 디자인과 논리가 보유한 지속적이고 지대한 영향력에 대한 것으로, 세상에 대한 특정한 개념화의 지배력에 대한 우려이다. 둘째는 GIS 발달이 민간기업에 의해 주도된다는 점과 소프트웨어가 사회적 불평등을 제기하기보다는 민간 기업의 고민(예 : 어떻게 택배 배송 경로를 설계할 것인가?)을 해결하도록 디자인된다는 점이다. 셋째는 GIS가 대부분의 세상 사람들에게는 접근불가능하고, (설사 접근가능하다 하더라도) 매우 제한적이고 단선적인 문제 해결 방식만을 계속해서 표현할 것이라는 점이다.

존 피클스John Pickles가 편집한 **그라운드 트루스***Ground Truth*는 GIS에 대한 비판적 관점들을 잘 정리한 책이다. 존 피클스는 프라이데이 하버 컨퍼런스의 참석자이자 가장 유명한 GIS 비판가 중 한 명이다(Pickles 1995). **그라운드 트루스**는 원래 브라이언 할리Brian Harley와 함께 기획한 프로젝트로, 이론적으로 할리의 지도와 권력 간의 관계에 대한 연구에 영향을 받았다. 할리의 연구에 따르면, 지도는 항상 사회적 관계를 묘사하고 생산하는 메커니즘으로 작동하였다. 봉건 시대 왕의 성은 지도상에 매우 크게 그려지는 반면, 일반 가옥들은 생략되는 것이 당연시되었다. 지도는 영토의 중립적 재현이 아니라 특정한 사회적 관계의 재현이다. 피클스는 할리의 연구 내용을 GIS로 확장하여, 일상생활의 '식민지화colonization' 라는 프로세스를 통해, 그들 자신과 다른 사람들의 삶에 대한 이해를 고양하고 이에 대한 통제를 강화할 수 있다고 하면서 GIS

소프트웨어와 연구 프로그램들을 마케팅하고 있다고 주장하였다. 그렇지만 GIS 전문가들이 지도가 권력의 이해관계 속에서 이용될 수 있는 방식들에 대해 무지했던 것은 아니다. 마크 몬모니어Mark Monmonier의 책 **지도와 거짓말***How to Lie With Maps*[1]은 정확히 이 문제를 다루고 있으며, 지도가 권력 관계를 발현하고 강화하는 수단임을 설명하고 있다(Monmonier 1996).

1995년까지 GIS에 대한 비판적 입장은 할리의 주장에서 한 단계 더 나아가서 GIS가 특정 권력 관계를 단순히 재현할 뿐만 아니라 그 관계를 영속화시킨다는 주장으로 발전되었다. 이 관점은 사회학자 존 로John Law(1994)의 주장과 일치하는데, 그에 따르면 모더니티의 비전이 사회적 질서를 창출하면 그 질서를 강화하기 위한 기술이 자연스럽게 수반된다. GIS가 사회 질서를 유지하는 데 일조한다고 여기는 데에는 역사적 뿌리가 있다. 존 로는 1400~1800년경 사회 조직에 대한 새로운 접근법이 유럽에 도입될 당시 지도가 '진리'의 재현과 시행에 핵심적인 역할을 담당했다고 주장한다. 권력이 지도에 내재되어 있다는 것이 사실일지는 모르겠으나, GIS 비판자들은 권력과 GIS 연결고리를 명명백백한 것으로 간주하였다. 지도와 권력 간의 관계에 대한 문화지리학자들의 지속적인 관심은 할리의 유산이라 할 수 있다. GIS가 부상하면서 지리학 학문 분야에서 GIS가 미치는 영향에 대한 통제 필요성을 자각하게 되면서 이러한 관심이 더욱 커졌다.

프라이데이 하버 컨퍼런스는, GIS에 대한 비판가와 GIS 학자들을 한

---

1) 지도와 거짓말로 번역 출간되었으므로 그 번역어를 따르기로 함(역주)

데 모아준 반면, 아이러니하게도 GIS 내부의 분열을 초래하기도 했다. GIS 내부는 GIS 비판에 대응하는 사람들과 그들 자신의 일과 별 상관없다고 생각하는 사람들로 나뉘게 되었다. 그런데 GIS 전문가들이 일사 분란하게 움직이지 못했던 것처럼, GIS 비판가들 사이에서도 정치적 · 전략적 입장 차이가 드러나기 시작했다. 많은 인문지리학자와 GIS 연구자들이 실천적 개입 수단에 대해 관심을 두기 시작하였다. PPGISPublic Participation in GIS(공공참여 GIS)가 GIS를 민주화하는 분야로 등장하게 된 것이다. 많은 GIS 비판가와 GIS 연구자들이 GIS를 이용해서 '반지도화counter-map' 하거나, 기업이나 국가 어젠다에 도전하기 위하여 커뮤니티와 로컬의 문제를 재현하는 대안적 수단을 만들어내고자 하는 커뮤니티 집단 및 비영리 단체들과 함께하였다.

한편에서는 기술은 선도 악도 아니며 시간에 따라 진화하는 사회적 프로세스의 일부일 뿐이라는 인식이 커져가고 있었다. 당시 지리사상사를 공부하는 학생이었던 마이클 커리Michael Curry(1997)가, GIS는 대규모 공간 데이터 분석을 통해, 우리의 사적인 습성들을 노출시키는 나쁜 기술이 아니며, 오히려 사생활 보호에 대한 역사적 · 맥락적 의미가 기술적 진보와 조응하면서 변화하고 있다고 주장했다. 법, 기술, 문화가 서로 맞물리는 과정에 대한 일련의 관찰을 통해, GIS에 책임을 전가하던 분위기에 문제를 제기했으며, 디지털 재현에 내재된 복잡성과 모순들을 타개하고자 했다. 또한 디지털 개인들에 대한 잘못된 정보가 데이터베이스에 저장되어 있는 경우, 스스로를 교정할 수 있는 방식들을 탐색하였다.

커리는 공적인 것과 사적인 것의 경계 자체가 정치적 · 법적 담론 속에서 협상되는 것임을 보여줌으로써, 책임의 소재를 GIS에서 사회적 맥락으로 이전시켰다. 그는 디지털이건 아날로그건 모든 시스템 내에 저항의 가능성들이 존재함을 환기시켜주었을 뿐만 아니라 우리의 정체성(실질적인 정체성이건 가상적인 정체성이건 간에)에 대한 책임은 우리 자신에게 있음을 주장하였다. 커리는 사회에 대한 저항성과 사회적 조건에 적응하는 개인의 능력 모두를 인식함으로써 책임 소재를 GIS에서 (GIS가 그 속에서 생성되고 작동하는) 법, 문화, 정치, 과학 영역의 복합적 매트릭스로 이전하였다. GIS 비판가들의 중요한 공헌은 GIS 기술에 의해 가능해질 수 있는 억압 방식들을 제기한 것이다. 그러나 권력은 유연적이고 순환적인 성격을 갖기 때문에 기술 독재는 개인적 · 사회적 수준의 저항에 맞닥뜨리게 될 수밖에 없다는 점 또한 사실이다.

오늘날에는 GIS의 비판가와 옹호자 모두 상대편 연구의 어젠다와 함의에 대해 더 잘 알게 되었다. GIS의 인식론적 기반뿐만 아니라 GIS의 파급력에 관한 대화와 논쟁을 통합하고자 하는 노력들은 제도적 틀 속에서 이루어져왔다. 그러나 GIS의 가치와 완결성에 관한 최근의 논쟁사는 이 두 영역 사이에 담론적 분리가 심각하다는 사실을 보여주고 있다. 언어의 절대적 명확성이란 존재하지 않는다. 특히 GIS의 옹호자와 비평가 사이처럼 드넓은 간극을 가진 두 진영 사이의 대화에서는 이러한 불명확성이 두드러진다. **인식론**이나 **윤리**와 같은 용어는 GIS 학자들과 GIS 비판가들 사이에서 매우 다르게 해석된다. 사회이론가들은 GIS 연구자들이 실증주의, 인식론, 존재론과 같은 단어를 이상한 방식으로 사용하는 것에 대해 불만인데, 그 반대 상황 역시 존재한다. 문화적 · 사회적 현상을 논할 때 인문지리학자들은 **지도화**나 **공간**과 같은 용어를 종종 사용하곤 한다. 그런데 '문화적 공간', '지식 지도'와 같은 개념들은 물리적 공간에 대한 복합적이고 비선형적인 변형을 수반하게 되는데, 그러한 개념들은 궁극적으로 '지도화될 수 없는' 것이다. 과학자들은 명백한 정의를 제시함으로써, 그리고 사용자를 정밀하게 범주화하는 **공식화**formalization와 정보기술을 제공함으로써 이 문제를 해소하고자 노력해왔다. 그렇지만, 서로 다른 과학적 분류 시스템을 통합하는 것의 어려움은 정밀성precision을 위해 언어에 의존하는 것이 헛된 노력임을 말해준다. 과학도 사회과학도 완전한 소통을 주장할 수 없다. GIS에 대한 오해들을 불식시키려는 노력의 일환으로 GIS 담론과 인문지리학의 담론을 중재하는 것은 가치 있는 일이다. 이러한 관점에서 인문지리학자와 GIS 학자들 사이에서 쟁점이 되었던 인식론과 존재론과 관련된 철학적 이슈들과, 그러한 이슈들을 GIS의 관점에서 명료화하는 것은 좋은 출발점이 될 것이다.

GIS의 인식론과 존재론

인문지리학자와 GIS 학자 모두 2개의 철학적 축에 기반을 두어 지리적 관계를 다룬다. 이 2개의 철학적 축이 바로 **인식론**epistemology과 **존재론**ontology이다. GIS에서 이러한 철학적 이슈들이 어떻게 다루어지는지 이해하는 것은 GIS와 인문지리학의 지적 영역을 중재하는 하나의 방도가 될 수 있다. 그렇지만 우선 관련 용어들, 그리고 이 용어들이 GIS에서 어떻게 해석되는지에 대해 간단히 설명하도록 한다. 인식론은 넓은 의미로는 세상을 연구하기 위해 우리가 사용하는 방법, 그리고 그 방법이 수반하는 렌즈를 가리킨다. 인식론은 연구자가 개체와 현상을 해석하기 위해 그들이 입각해 있는 시각을 일컫는다. 존재론은 특정 사물이 실제로 무

[그림 2.1] **인식론은 공간 현상을 관찰하고 연구하는 렌즈이다.**
실증주의, 실재론, 사회구성주의와 같은 상이한 인식론은 상이한 개체나 존재론으로 이어지는 경우가 많다(http://www.blackwellpublishing.com/schuurman에서 컬러 버전을 볼 수 있음).

엇인지, 즉 사물의 근본적 본질을 일컫는다. 산불을 연구하는 지리학자는 현상(화재)과 이에 영향을 받은 공간적 개체(나무들)를 해석하기 위해 인식론적 렌즈를 사용한다. <그림 2.1>에서 보는 바와 같이, 숲, 화재, 개별 나무라는 존재론은 특정 지리학자가 사용하는 렌즈와는 독립적으로 존재한다. 그럼에도 불구하고, 존재론(사물)을 해석하기 위해 사용한 인식론이나 렌즈는 해석에 엄청난 영향을 미친다. 모든 인식론적 관점은 관찰에 서로 다른 의미를 부여하고, GIS 사용자의 인식론에 따라 상이한 존재들이 시야에 들어오게 된다. 존재론은 그것을 연구하기 위해 사용되는 방법으로부터 독립되어 있지만, 인식론 또는 연구 시각을 통해서 해석된다. 인식론과 존재론을 명확히 구분지어 정의하면 방법, 어젠다, 공간적 개체 간의 차이를 부각시키는 것이 용이해지지만, 인식론과 존재론은 실질적으로 밀접히 관련되어 있는 것이어서 서로 중첩되어 있는 경우가 많다. 어떤 경우에는 인식론과 존재론이 한 몸인 것으로 드러나기도 한다. 세상을 연구하고 이해하는 방식 자체가 관찰자의 존재론에 심대한 영향을 끼칠 수 있는 것이다(그림 2.1 참조).

존재론과 존재를 재현하는 것은 다른 것이다. **재현**representation은 인식론적 관점을 통해 해석이 이루어지고 난 이후에 현상이 묘사되는 방식을 일컫는다. 재현은 그림, 텍스트, 또는 GIS의 경우 지도의 형태를 띤다.

인식론

GIS에 대한 비판 중 가장 민감한 부분은 GIS의 인식론에 관한 것이었다. GIS 비판가들은 실증주의가 GIS의 활용과 구축의 인식론적 토대가 되었음을 비판하였으며, GIS 연구자들은 GIS가 실증주의라는 비난에 대해 방어적이었다. GIS가 실증주의적인가 그렇지 않은가에 대한 GIS 전문가와 비판가들 간의 의견 차이는 좁혀지지 않고 있다. GIS의 인식론에 대한 논쟁은 매우 복잡한 양상을 띠게 되었는데, 이는 GIS 연구자들의 몰이해와 GIS 비판가들의 호도때문이다. 인식론이 '타협가능한 solvable' 쟁점은 아니지만, 인식론이 의미하는 바가 무엇인지를 검토하는 것은 양 진영의 오랜 긴장관계를 이해하기 위한 출발점이 될 수 있을 것이다.

'실증주의positivism'는 부유하는 기표floating signifier가 되어왔다. 실증주의가 너무나 많은 것을 의미하기 때문에 GIS와 관련하여 실증주의를 논하기가 쉽지 않다. 실증주의는 정의하기 어렵다. 데릭 그레고리Derek Gregory(1994b)에 따르면, 실증주의는 다양한 버전으로 존재하며 각 버전은 특정한 역사적 · 철학적 맥락과 연관되어 있다. 그러나 관찰이 이론에 선행한다는 것은 실증주의의 핵심 내용이라 할 수 있다. 관찰은 반복가능한 것이어야 하며, 이론은 이러한 관찰의 토대 위에서 구축되어야 한다. 실증주의의 한 버전인 논리실증주의logical positivism는 세상에 대한 진술은 검증가능한 것이어야 한다는 점을 강조한다. 그러나 이러한 관점은 증거가 항상 인식의 영향을 받기 때문에 근본적인 문제점을 내포하고 있다. 상이한 상황에 처한 상이한 사람들은 동일한 산불, 다리 붕괴, 바위 층, 토양을 보고도 상이한 내용을 보고할 수 있다. 실증주의는 또한 관찰된 현상을 자연의 반영이라고 보는 경험주의와 동일한 것으로 오해받기도 한다. 가장 일반적인 의미에서 말하자면, 실증주의는 검증가능성verifiability에 기반을 둔 과학적 엄정성을 추구한다. 실증주의는 사실상 과학 또는 과학적 방법과 같은 뜻으로 사용되곤 한다. 그렇지만, 수많은 형태의 엄정성이 존재하며 실증주의는 그중 하나일 뿐이다. 그런데도 실증주의라는 과학적 상상력은 거의 한 세기 동안 지배적인 지위에 있었으며, 실증주의가 신뢰할 수 있고 반복가능한 결과와 동일시되는 결과를 낳았다.

과학적 방법은 전통적으로 가설검정을 필요로 하는 문제 정의를 일컫는다. 관계나 사실이 참이 아니라는 귀무가설을 설정한 다음, 귀무가설이 거짓임을 밝히기 위해 과학자는 데이터를 수집하고 분석한다. 증명에 성공할 경우, 그리고 다른 과학자들이 그 증명을 받아들일 경우, 이 실험은 다른 가설과 이론의 기반이 될 수 있다. 과학은 누적적인 경향이 있어서 이미 증명된 사실을 바탕으로 새로운 가설과 실험을 설정한다. 과학에 대한 이러한 접근법에는 두 가지 단점이 존재한다. 첫째, 실험이 잘못 이뤄질 수 있으며, 그 결과로서의 과학이 잘못된 가정 위에서 만들어질 수 있다. 가장 놀라운 사례 중의 하나가 한 시대를 풍미했던 천동설이라는 신념일 것이다. 둘째, 과학적 방법론은 오래 전 제한된 데이터만 존재하던 상황에 부합하도록 만들어진 것이라는 점이다. 과학적 방법의 발달은 제한된 데이터 이용가능성이라는 재정적 · 기술적 제약조건하에서 만들어진 산물이다. 과학적 방법을 이용함으로써 과학자들은 소량의 데이터와 제한된 관찰 결과를 가지고도 광범위한 현상에 대한 설명으로 나아갈 수 있었다. 역사적 맥락에서, 과학적 방법은 고비용의 데이터 수집 및 실험실 분석에 대한 대응책이라 볼 수 있다. 제한적인 샘플과 엄밀하게 구축된 가설을 바탕으로 보다 광범위한 상황에도 적용될 수 있는 연구 결과를 이끌어내는 것이다. 데이터가 제한적이었던 시기를 지나 이제 데이터가 풍부한 시대가 도래했다. 데이터에 선행하는 것이 아니라 데이터에 기반을 두어 다양한 가설을 생성해주는 도구들이 제공되고 있다. 전대미문의 '데이터 풍요data rich' 환경 속에서 GIS를 운용할 수 있게 된 것이다. 더욱이, 실증주의에 입각한 과학적 방법이라는 가정하에서 수행된 GIS 연구도 거의 없는 실정이다.

GIS에 대한 비판이 왜 그렇게 실증주의에 집중되었던 것일까? 부분적으로 이것은 초기 GIS가 과학 단계로 진입하기 위한 수단으로 실증주의의 외피를 걸치고자 했기 때문이다. 아이러니하게도, GIS가 실증주의라는 달갑지 않은 꼬리표를 갖게 된 것은 GIS가 스스로를 과학적인 것으로 홍보한 결과라고도 볼 수 있다. 이는 객관성을 강조하는 문화가 반영된 것이다. 과학적 '객관성objectivity' 에 대한 요구는 우리 사회의 정치적·법적 토대의 기저를 이룬다. 공식적 언어와 기록 관리를 강조하는 문화가 GIS 아키텍처에도 그대로 반영되었다. 데이터 기록을 위한 기준은 NSDINational Spatial Data Infrastructure(국가공간데이터인프라), 개방 GIS 컨소시엄Open GIS Consortium 등 GIS 상호운용성을 위한 프로토콜을 지정하고 모니터링하는 기구들에 의해 제도적으로 지속적으로 강화된다. GIS는 그러한 기구적 구조가 부과하는 기준들을 절대로 무시할 수가 없다.

실증주의라는 비판을 받고 있는 한편에서 상당히 많은 GIS 연구자와 학자들이 자신들의 인식론적 경향을 실재론적이라고 생각하고 있다는 점은 아이러니가 아닐 수 없다. 실재론realism은 실증주의와 마찬가지로 엄밀하게 정의하기 어렵다. 실재론은 이미지의 활용을 통해 실세계를 표상하는 그림이나 조각과 같은 재현의 형태를 의미하기도 한다. 그런데 철학자들은 실재론에 대해 보다 엄밀하게 정의한다. 철학적 맥락에서, 실재론은 세계와 사건들이 구조와 연결되어 있다고 보는데, 이 구조들은 명확하게 보이지는 않지만 사건들 간의 관계에 대한 연구를 통해 밝혀질 수 있는 것들이다. 과학에서 실재론은 특정 상황에서의 현상들의 인과 구조를 확인하고 설명하는 추상화abstraction를 의미한다. 예를 들어, 산불은 화재가 발생토록 한 환경적 관련성과 사회 정책(구조)과 연결되어 있는 하나의 사건이라 할 수 있다. 실재론은 의식과는 독립적으로 존재하지만(즉, 절대적인 의미에서 참 또는 거짓) 연구와 관찰을 통해 파악하는 것이 가능한 사실들(화재를 일으킨 구조)이 존재한다고 주장한다(Sismondo 1996). 실재론은 증거가 암시하는(또는 증거가 암시한다고 과학자들이 믿는) 이론과 동의어이다. 실증주의와 비교해볼 때 실재론은 조건들에 더 많은 관심을 가진다. 그러므로 원인들(무엇이 이 화재를 일으켰는가?)을 찾기 위해 반드시 데이터에만 의존하지는 않는다. 따라서 보다 제한된 형태의 경험주의에 의존한다. 실재론자는 특정 화재를 유발한 구조를 다른 모든 화재들에 적용하지는 않는다. 실재론은 개체들을 특정 상황과 연계시킴으로써 개체들의 시공간적 위치를 보다 더 잘 설명한다. 따라서 실재론은 보다 계기성을 강조하는 인식론이라 할 수 있다.

GIS 커뮤니티는 기본적으로 철학적 논의를 싫어하지만, 실재론과의 철학적 친화성은 분명히 존재한다. 그리고 GIS가 설명보다는 주로 예측과 관련되며 구조적 · 인과적 메커니즘의 파악이 중요시된다는 점에서(두 가지 모두 실재론의 전형적 특징이라고 할 수 있다), GIS 사용자들이 내재적으로 실재론자라고 할 수 있을 것이다. 실재론과의 철학적 친밀성에도 불구하고, GIS 활용이 실용주의pragmatism와 매우 흡사하다는 또 다른 주장이 제기되기도 한다.

실용주의란, 새로운 증거를 받아들일 필요가 있을 때, GIS와 관련하여서는 기술적 어려움을 받아들일 필요가 있을 때, 요구되는 변화를 수용하는 지식에 대한 접근법을 말한다. 실용주의는 반정초주의적antifoundationalist이며, 지식 형성자knowledge builder를 관찰자라기보다는 참여자로 간주하는 경향을 보인다. 실용주의에서 지식은 (디지털 환경이건 아날로그 환경이건 상관없이) 세계를 조직하는 도구로서만 중요한 것이다. 진리는 절대적인 것이 아니며, (그것을 파악할 수 있는 외부라는 위치가 존재하지 않기 때문에) 인식론적 범주에 의해 정확하게 정의내릴 수 있는 것이 아니다. 더욱이 진실은 수정될 수 있다. 실용주의는 지식을 경험과 과학적 실험에서 파생된 것으로 간주하며, 형이상학적 근거나 태도에 대해서는 회의적이다. 예를 들어, GIS 사용자들은 문제 상황에 맞추어 GIS를 사용하며, 그러한 과정에서 GIS도 진보하고 문제도 해결에 가까워진다. GIS 데이터는 데이터 테이블과 GIS의 분석 능력에 입각하여 수집된다. 연구자들은 가설에 기반을 둔 연구 질문을 설계하지 않고 실례를 통한 증명을 행한다. 이는 실용주의의 전형적인 특징이다. 더욱이 GIS 학자들은 일반적인 패턴보다는 지역적(로컬) 패턴에 초점을 두는 경향이 있다. "어디에 새로운 경전철 노선을 건설할 것인가?"와 같은 질문은 실용주의적인 것으로, 이는 실증주의적인 것도, 실재론적인 것도 아니다.

많은 인문지리학자들이 GIS를 실증주의적이라고 보는 반면 많은 GIS 학자들은 GIS를 실재론적이라고 인식하고 있으며(GIS 연구자들은 인식론적으로 매우 다양하지만), 실용주의적 특징들도 갖고 있다. 여기서 우리는 GIS 학자들이 실증주의부터 실용주의에 이르는 다양하면서 혼성적인 인식론적 도구들을 가지고 작업하고 있다는 결론 정도만 내리고자 한다. 이는 GIS에 대한 인식론적 검토를 회피하려는 것이 아니라 GIS를 문제시하려는 시도로부터 벗어나고자 하는 것이다. 현상은 간단하게 데이터 선정이나 분류 체계를 통해서도 GIS에서 '읽어 낼' 수도 있으며, 이는 세상에 대한 지식의 구축과 재현에 대해 함의를 가진다. GIS의 한계들 그 자체가 하나의 인식론을 구축한다. 예컨대, 데이비드 머서David Mercer(1984)는 GIS 학자들이 병원까지의 최단거리를 확인하기 위한 정교한 분석 방법을 개발했음에도 불구하고 왜 그렇게 많은 사람들이 병에 걸렸는지에 대해서는 질문하지 않는다는 점을 지적하였다. GIS에서 사용되는 기하학적 언어가 가진 문제는 바로 설명을 하는 데 실패한다는 점이다. GIS 비판가들이 '실증주의'라는 말로 지적하고 싶었던 것이 바로 이와 같은 GIS의 한계들이라 할 수 있다.

결국 인식론적 용어로 GIS라는 컴퓨테이션 기술에 대해 논하는 것은 아주 어려운 작업인 듯하다. 당신의 목적이 고속도로 입지를 선정하는 것이건 사회적 책임성을 가진 GIS를 구축하는 것이건 상관없이, 궁극적으로 이는 컴퓨테이션 측면에서 실행가능한 것이어야만 한다. 그렇지만, 통상 인문지리학자들은 GIS의 수학적 환원과 중첩되는 부분이 거의 없는 담론 또는 어휘를 사용한다. 양 진영에서 사용되는 어휘는 판이하다. 컴퓨테이션 수준에서 GIS는 숫자와 코드를 통해 실행된다. 기하, 공간적 관계의 대수 표현, 유니온union, 인터섹션intersection, 인클루전inclusion과 같은 것이 GIS에서 통용되는 논리적 개념들이다. 이러한 맥락에서 마이클 굿차일드는 인식론적 논쟁을 기술적 수준으로 끌고 가는 것이 가능하긴 한 것인지에 대하여 의문을 제기하였다(Schuurman 1999a). 인식론적 논의의 보편성과 GIS의 컴퓨테이션 도구들 사이에는 근본적인 불가공약성incompatibility이 존재한다. 즉, 담론들 간의 불일치가 존재한다. 인식론은 GIS로 '지도화'하기에는 너무 추상적인 개념이어서, 우리가 말할 수 있는 것은 단지 GIS의 적용이나 실행에 관한 것이나 데이터 오류와 누락에 관한 것뿐일지도 모른다(사실상, 실용주의에 해당하는). 이런 점에서 볼 때, 인식론적 범주화를 회피하는 궁극적인 개념들을 더 잘 이해하기 위해서는 GIS의 빌딩블록(GIS의 존재론 혹은 온톨로지)을 살펴볼 필요가 있다.

존재론(온톨로지)

앞서 존재론에 대한 정의가 제시되었는데, 그것은 철학자들과 사회과학자들이 **존재론**이라는 용어를 사용할 때 의미하는 바와는 매우 다른 것이라는 점을 인색해야만 한다. 철학자에게 존재론은 존재의 본질, 즉 궁극적이고 안정적인 실재를 의미한다. 하지만 컴퓨터 관련 학자들은 전혀 다른 방식으로 그 용어를 사용한다.[2] 그들에게 온톨로지란 공식적으로 정의된 일련의 객체를 의미하며, 객체들 간의 모든 가능한 관계들 또한 명확하게 정의된다. 예를 들어, 지표면은 숲, 도로, 주택, 다리, 송신탑, 쇼핑몰과 같은 공간적 객체spatial objects(GIS에서 재현될 때는 공간적 개체spatial entities라고 지칭됨)로 가득하다. GIS에서 이러한 객체들을 재현하려면, 객체들을 개체로 디지털 **인코딩**digital encoding하는 방법이 요구되며, 그다음으로 객체들 간의 관계를 인코딩하는 방법이 요구된다. 도로가 다리 위를 지나갈 수 있지만, 강은 도로 위로 흐를 수 없고, 버스 정류장은 버스 노선상에만 위치한다. 공간적 개체들 간의 관계 또는 규칙은 공간적 개체들에 대한 정의만큼이나 중요한 것이다. 컴퓨터 과학에서는 이러한 닫힌, 공식적 세상을 온톨로지라고 부른다.

문제는 GIS가 컴퓨터 과학뿐만 아니라 인문지리학 및 사회과학 두 영역 모두와 지적 영토를 공유하고 있다는 점이다. 이 때문에 온톨로지 개

---

2) 이러한 이유로 철학적인 용법에서는 존재론으로 번역하고, 컴퓨터 과학적 혹은 GIS적 용법에서는 온톨로지라고 쓰기로 한다(역주).

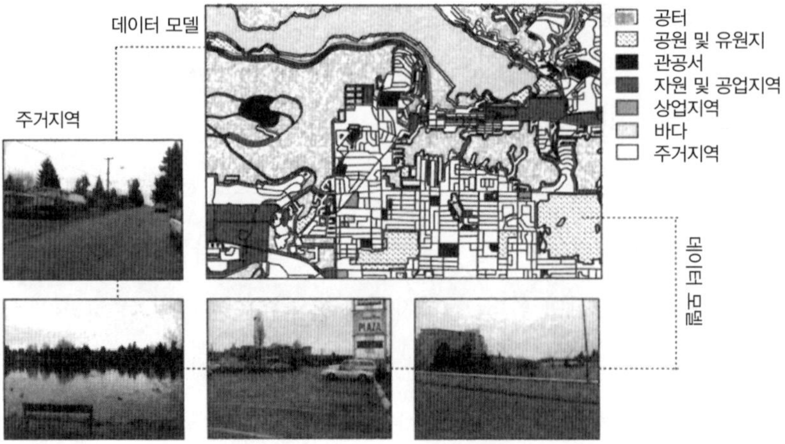

[그림 2.2] **데이터 모델이 공간적 개체를 재현하기 위해 사용된다.**
데이터 모델은 실세계의 일부분만을 재현할 수 있다. 이는 다시 지도 기호를 통해 재현되어 사용자들에게 제시된다. 실세계와 지도 간의 매개 과정은 다수준적으로 이루어진다.

념이 더욱더 모호해졌다. GIS 연구자들은 온톨로지를 창출하기 위해 컴퓨터 과학의 도구들을 활용하지만, 서로 다른 인코딩 방법에 의해 만들어진 공간적 개체들을 지칭하기 위해 철학의 개념들을 활용한다. 서로 다른 **데이터 모델**data model이 실제로 동일한 객체에 대해 상이한 온톨로지를 생성한다는 점은 GIS에서 주지의 사실이다. 따라서 데이터가 컴퓨터 내부에서 구조화되는 방식은 화면상에서 개체들이 어떻게 나타나는지에 영향을 미치게 되며, 더 중요하게는 분석 결과에 심대한 영향을 미치게 된다. 〈그림 2.2〉는 GIS에서 데이터 모델이 공간적 개체의 재현을 어떻게 매개하는지를 보여준다. 그림의 사진들은 재현되어야 할 개체를 보여준다. 이 개체들을 컴퓨터상에서 묘사하기 위해서는, 개체들을 데이터 모델을 통해 해석한 다음, 지도 기호를 사용해 재현해야 한다.

데이터 모델은 세상을 바라보는 서로 다른 방식을 반영한다. 이는 공간을 컴퓨터 속에 옮겨놓기 위해 공간을 상상하는 방식들이다. 데이터 모델은 공간의 본질적 성격을 묘사하는 고도로 정식화된 문구를 의미한다. GIS에서 실행될 때는 훨씬 더 단순한 형태를 띠는데 '0'과 '1'로 구성되며, 컴퓨터 아키텍처에 따라 달라진다. 로저 톰린슨Roger Tomlinson과 리 프랫Lee Pratt은 1960년대 초반 CGISCanadian Geographical Information System(캐나다 GIS)의 개발에 참여했는데, 그들의 과업은 캐나다의 토지 이용 특성들을 디지털화하는 것이었다. 지리적 공간의 본질적 특성이나 그것의 재현 방식은 그들의 고민거리가 아니었다. 그들의 벡터-기반 시스템은 엄청난 시간적 압박 속에서 개발된 것으로, 공간적 객체를 나타내기 위해 점과 선을 사용하는 지도학적 관례를 차용한 것이었다. 이후로는 주로 래스터(그리드)-기반 시스템이 개발되었다. 1970년대에 이르러 하버드대학교 컴퓨터 그래픽 및 공간분석 연구소Harvard Laboratory for Computer Graphics and Spatial Analysis에서 보다 정교한 벡터 재현 방식이 개발되었다. 1990년대에는 컴퓨터 과학의 객체-지향 프로그래밍object-oriented programming 접근이 GIS에 도입되었다. 지리적 객체의 클래스classes와 인스턴스instances는 가계도처럼 위계적으로 규정된다. 공간을 모델링하는 이러한 세 가지 접근법이 오늘날 사용되고 있는 주요 데이터 모델링의 주요 방식을 규정하고 있다. 각 접근법은 서로 다른 방식으로 공간을 분할할 뿐만 아니라 서로 다른 방식으로 공간과 그 속의 관계들을 정의한다. 정도는 다르지만, 이 모든 접근법은 철학적 승리라기보다는 엔지니어링의 개가였다. 물론 온톨로지적 충실성을 뒷받침하는 주장들이 뒤에 개진되기는 했다.

벡터 데이터 모델은 GIS에서 가장 널리 사용되고 있는 것으로, 전통적인 지도와 가장 닮았다. 벡터 데이터 모델은 점點, points, 선線, lines, 역域, areas으로 구성된다. 점은 0차원이고, 선은 1차원으로 2개의 점을 연결하는 아크arc 또는 체인chain으로 이루어진다. 역은 일련의 선에 의해 규정되며, 면面, surface은 높이나 상대적 고도를 나타낼 때 사용될 수 있는 여타의 차원(예 : 인구밀도)을 가진 역을 의미한다.[3] 벡터 데이터 모델에서 폴리곤polygon은 역과 동일한 것이다. 3차원의 면은 역으로부터 만들어진다. 〈그림 2.3〉은 점, 선, 역의 관계를 보여주고 있다(Schuurman 1999b). 벡터-기반 GIS는 인접성adjacency과 연결성connectivity에 기반을 둔 위상 정보topological information를 포함하는 데이터 구조를 가지고 있다는 의미에서 지도상의 점, 선과는 구별된다. 위상 정보는 점이나 선을 중복해서 그리지 않고도 역을 다시 그릴 수 있게 해주는데, 이는 위상 정보가 어떤 폴리곤이 어떤 선들을 공유하고 있는지, 어떤 역이 다른 역의 위, 아래, 또는 옆에 있는지를 컴퓨터에게 알려주기 때문에 가능한 것이다. 위상 정보가 더 중요한 이유는 "얼마나 많은 나라가 저수지에 인접해 있는가? 또는 잣나무 숲 50m 반경 이내에 어떤 벌목 도로가 있는가?"와 같은 공간적 질의에 의거해 계산을 수행할 때 위상 정보가 활용된다는 점이다.

래스터 데이터 모델은 규칙적인 그리드를 이용해 일련의 동일한 이산적 개체들로 세상을 분할한다. 〈그림 2.4〉는 이러한 래스터 관점을 보여

---

3) 통상적으로 점, 선, 면, 표면으로 번역하지만, 여기서는 점, 선, 역, 면으로 번역하기로 한다(역주).

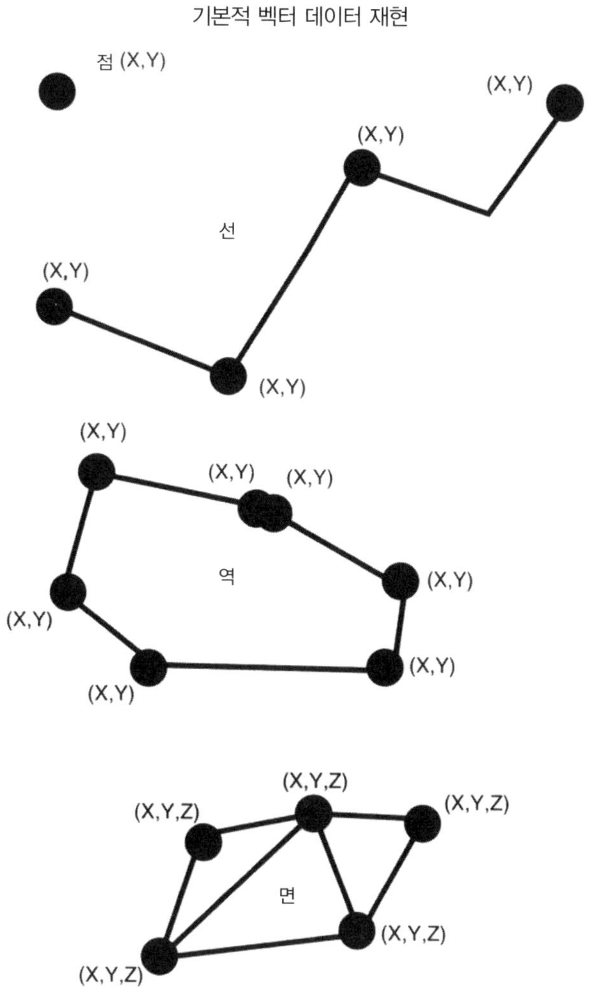

[그림 2.3] **점은 GIS에서 공간적 개체의 재현에 있어서 기본요소이다.**
선은 점들을 연결하고, 역은 선에 기반을 둔 것이다. 면은 역에서 만들어진다. 점, 선, 역, 면을 빌딩블록으로 사용한 것은 전통적인 지도학적 재현 방식에서 따온 것이다.

주고 있다. 각 그리드 셀(또는 래스터)의 특성 또는 속성이 특정 위치의 셀과 연결된다. 즉, 인구밀도, 토양 유형, 소화전 유무 등과 같은 일련의

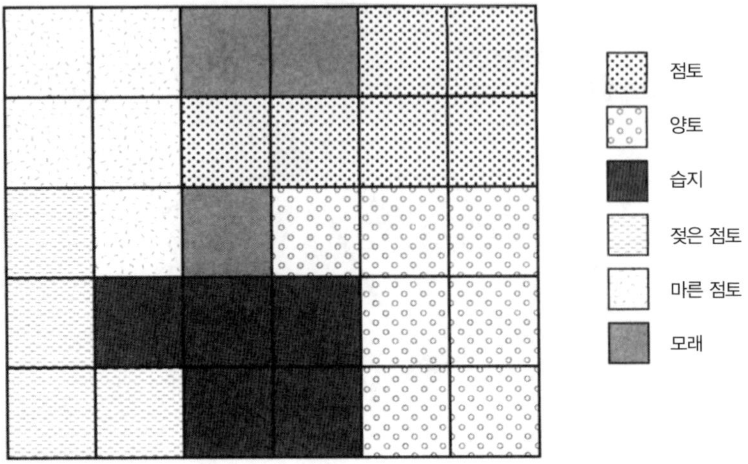

[그림 2.4] **래스터 관점에서 지구는 규칙적 테셀레이션tessellation으로 구성된다.**
각 그리드 셀은 위치를 나타내며, 커버리지의 해상도는 그리드 크기에 의해 결정된다. 속성 값이 각 셀에 부여되며, 각 레이어는 하나의 속성만을 갖는다.
출처 : Schuurman, N.(1999b)

속성들이 래스터 커버리지에 연결된다. 하나의 대상 지역에 수백 개의 속성 레이어가 있을 수 있는데, 각 속성 레이어는 동일한 그리드 셀을 가지며, 각 셀은 각 속성에 대해 하나의 값을 가진다. 래스터 데이터 모델은 개념적으로 단순하고 실행이 용이하다는 특성을 가진다. 위성사진이 그리드 형태로 표현됨에 따라, 원격탐사 이미지를 다루는 애플리케이션에서 래스터 시스템이 널리 활용되고 있다. 그리드 시스템에서는 인접 셀들 간의 수치 비교가 용이하기 때문에, 래스터 데이터 모델은 배수water drainage 방향이나 시간을 분석하는 오퍼레이션에 적합하다. 〈그림 2.5〉는 공이 경사면을 따라 굴러 내려가는 경로를 보여주고 있다. 구릉의 물이나 눈처럼 공은 최소 저항 경로 또는 최저 고도 경로를 따라 이동할 것이다. 벡터 데이터 구조에서도 가장 빠른 자동차 이동 경로를 찾는 등의

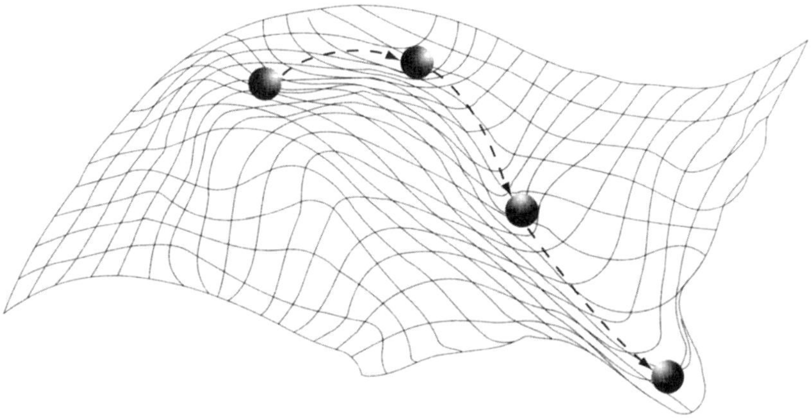

[그림 2.5] 공이 이동하는 데 최소의 에너지가 요구되는 경로가 최소 비용 경로이다.

최소 비용 경로 분석을 행할 수 있다. 이처럼 래스터와 벡터 데이터 모델 양자는 동일한 기능성을 보여줄 수 있다. 단지 그 기능을 서로 다른 방법을 통해 수행할 뿐이다.

벡터 데이터 모델은 민간 기업으로부터 공공영역, 엔지니어링까지 다양한 애플리케이션 분야에서 아주 많이 활용되고 있다. 벡터 경관을 구성하는 폴리곤의 많은 예들이 행정적 · 법률적 권역과 연결되어 있다. 센서스 구역, 주, 우편 구역, 학구 등은 벡터 데이터 모델의 전형적인 공간 분할 형태이다. 이러한 분할 체계에서 중요한 것은 지도상의 모든 지점은 특정한 카테고리에 할당되며 빈 공간은 존재하지 않는다는 점이다. 이와 유사하게, 레스터 데이터 모델도 지도상의 모든 지점을 다룬다. 이런 측면에서 래스터와 벡터 데이터 모델은 모두 **필드**field 모델로 간주될 수 있다. 왜냐하면 둘 다 커버리지를 더 세분화될 수 있는 거대한 필드로 취급하기 때문이다. 래스터와 벡터 데이터 모델은 **레이어**layer 모델이라고도 불린다. 레이어는 특정한 지리적 영역에 결부되어 있는 속성이나 주제를 말한다. 레이어들을 결합함으로써 저소득 거주 지역과 상업 지구의 인터섹션이나, 삼림 지역 내 전나무와 소나무 지역의 유니온과 같은 오퍼레이션을 통한 새로운 속성의 생성이 가능해진다. 가장 유용한 GIS 기능 중 하나는 전통적으로 레이어의 조합을 통해 새로운 속성을 추출하기 위해서 불 대수Boolean algebra 원리를 이용하여 지도 중첩map overlay을 수행하는 것이다. 이는 GIS에 '레이어-케이크layer-cake' 세계관이라는 특징을 부여하였다.

객체 데이터 모델은 세상을 일련의 위치적으로 결속된 레이어들의 집합체로 바라보는 대안적인 관점이다. 여기서 한 레이어는 하나의 속성을 나타낸다. 객체는 1980년대 말부터 1990년대 초까지 컴퓨터 과학에서 GIS 영역으로 유입되었다(Goodchild 1995). 객체 지향 GIS는 위치에 초점을 두지 않으며, 전신주나 도로와 같은 지리적 현상을 객체로서 정의한다. 위치는 특정 객체와 연관된 무수한 많은 속성들 중의 하나일 뿐이다. 객체는 점, 선, 역이나 3차원의 볼륨volumes일 수 있다. 객체는 통상 점, 선, 역과 같은 벡터 구성 요소로 표현되는데, 이것은 공간을 상상하는 매우 독특한 방식이다. 세상에 대한 객체 모델과 필드 모델 간의 핵심적 차이는, 필드 모델이 지리적 공간 내 모든 지점을 다루는 반면, 객체 모델은 중첩된 객체(동일한 공간을 차지하는 객체)뿐만 아니라 텅 빈 공간도 허락한다는 점이다. 무엇이 특정 위치에 있는가에 필드 모델이 관심을 갖는 반면, 객체 모델은 객체 그 자체에 관심을 두며 객체의 위치는 부차적인 것으로 간주한다. 〈그림 2.6〉은 이 두 데이터 모델 간의 개념적 차이를 보여주고 있다.

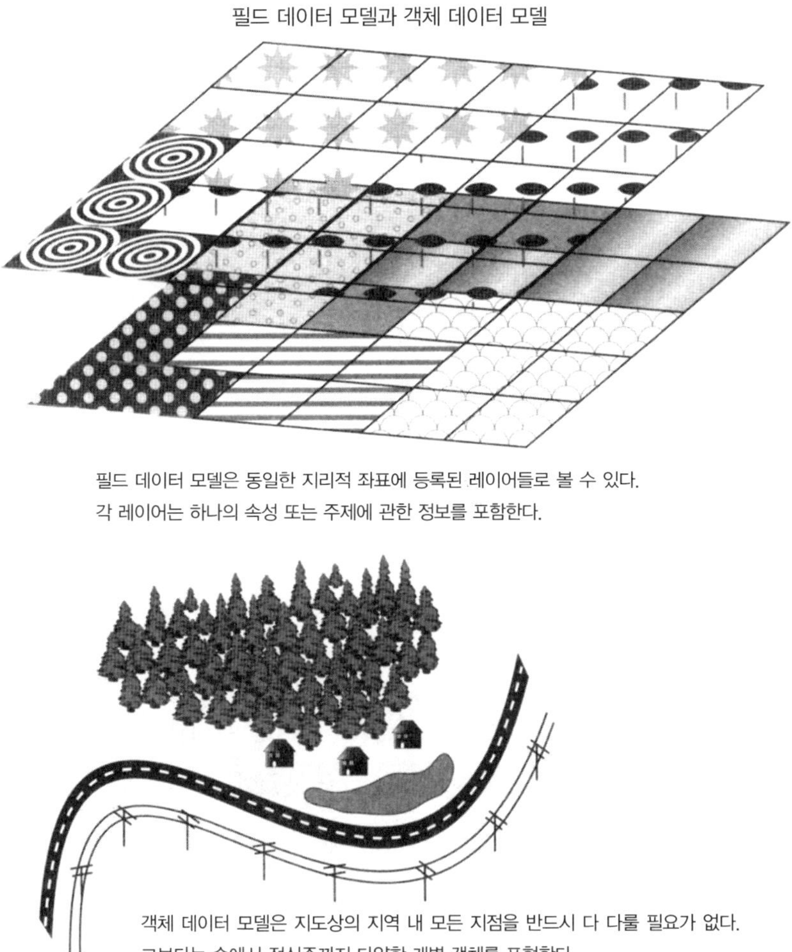
필드 데이터 모델과 객체 데이터 모델
필드 데이터 모델은 동일한 지리적 좌표에 등록된 레이어들로 볼 수 있다.
각 레이어는 하나의 속성 또는 주제에 관한 정보를 포함한다.
객체 데이터 모델은 지도상의 지역 내 모든 지점을 반드시 다 다룰 필요가 없다.
그보다는 숲에서 전신주까지 다양한 개별 객체를 표현한다.

[그림 2.6] **필드 데이터 모델과 객체 데이터 모델 간의 개념적 차이**
출처 : Schuurman, N.(1999b)

객체-지향 GIS 데이터 모델은 각 객체를 개별적으로 규정하지 않고, 유사한 객체 그룹을 클래스로 조직한다. 운송 수단이 하나의 클래스를 구성하며, 그 하위 클래스로 자동차, 기차, 트럭 등이 있을 수 있다. 각 클

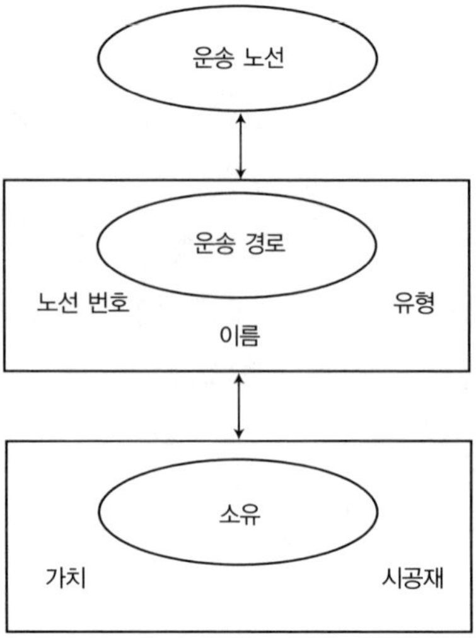

[그림 2.7] **객체 지향 상속**

래스와 하위 클래스는 그룹 전체에 적용되는 속성들을 가진다. 또한 해당 클래스와 관련하여 가능한 행위들을 의미하는 오퍼레이션이나 메소드methods가 정의된다. 속성과 절차는 〈그림 2.7〉에 나타나 있는 바와 같이 상속inheritance의 위계적 시스템을 통해 전이된다. 각 주체 클래스에는 하위 클래스들에서 공통적으로 적용되는 속성들이 모두 포함되어 있다. 위계적 시스템을 이용하면 일반적 특징들의 신속한 업데이트가 가능해진다. 그렇지만, 이것이 객체-지향 데이터 모델의 핵심적인 매력인 것은 아니다. 위치-기반 필드 모델보다는 인간의 개념화에 훨씬 더 가까운 모델이라는 점이야말로 이 모델의 핵심적 매력이라 할 수 있다. 객체 데이터 모델의 또 다른 장점으로는 개체들이 기능이나 프로세스에 의해 정의될 수 있다는 점이다. 그렇지만 이는 기능의 한계가 엄밀하게 규정될 수 있다는 가정하에서 그러하다. 데이터 모델에 관한 여타 많은 가정들처럼 이에 대해서도 비판적 관점에서 조명해볼 충분한 가치가 있다. 필드 모델과 객체 모델 모두 중립적이고 절대적인 공간을 가정하는 세계관에 궁극적으로 의존하고 있다. 어느 모델도 지리적 개체들을 복잡하고 서로 연결된 것으로 보는 것을 허락하지 않는다. 복잡한 지리적 실재를 지나치게 단순화시켜본다.

이러한 내재적 한계에도 불구하고, 우리는 앞에 제시되어 있는 데이터 모델들 중 하나를 고를 수밖에 없다. 그 선택지들은 세상을 바라보고 재현하는 서로 다른 방식들을 대변하고 있다. 객체 데이터 모델은 마찰 없는 중립적 공간상에 존재하고 있는 이산적 개체들이라는 사고를 대변하고 있다. 두 가지 필드 모델은 지리적 공간을 이산적 단위들로 분할하는 방식들이다. 래스터는 각 위치에 하나의 속성만을 부여하기 때문에 직관적으로 이해하기 쉽다. 또한 래스터는 지리학의 궁극적인 원리 중 하나인 공간적 자기상관spatial autocorrelation, 즉 유사한 현상이 서로 가까운 곳에 위치하는 경향을 은연중에 드러내준다. 이 때문에 공간적 프로퍼티property를 이용하는 수많은 래스터-기반 공간분석 오퍼레이션이 개발될 수 있었다. 래스터가 그렇게 널리 사용되는 또 다른 이유로는 인공위성 기술이 엄청나게 많은 래스터 형태의 데이터를 제공한다는 점이다. 그러나 인간이 경관을 구분하는 통상적인 방식에 보다 부합하는 것은 벡터 데이터 모델이다(Couclelis 1992). 법jurisdiction은 공간의 분할을 강제하고, 속성은 정치적·행정적 권역 내에 부여된다. 이것이 바로 관리자의 세계관이다. 많은 애플리케이션에서 벡터 공간 구분이 부주의하게 사용되는 것을 볼 수 있다. 센서스 데이터를 이용하는 분석가가 세상을 센서스 구역으로 구분 짓는 것은 타당하지만, 지층이나 동물 이동을 추적하는 데 센서스 구역이나 주 경계를 이용하는 것은 적절하지 않다. 이러한 부적절한 사용이 주어진 벡터-기반 데이터를 무비판적으로 이용하는 연구자들에게서 종종 나타나고 있다. 데이터 모델에 의해 정당화될 수 있는 것보다 더 많은 온톨로지적 유연성이 있다고 가정하는 GIS 사용자들이 있는데, 이는 바로 그들이 인식론을 무시하고 있는 것이다.

두 가지 데이터 모델은 각각 내재적인 한계를 가진다. 필드와 객체 모델 모두 환원주의적이다. 두 모델 모두, 최선의 문제 해결 방법이란 문제를 세부적 하위 문제들로 쪼개고 하위 해결책들을 통해 전체 해결책이 도출될 것이라는 가정에 기반하고 있다. 데이터 모델과 그것을 통한 질의는 환원주의의 토대가 되는 아리스토텔레스 논리학에 기반하고 있다. 세 가지 법칙이 아리스토텔레스 논리학의 기본을 이룬다. 첫 번째는 동일률同一律, law of identity로, 이는 모든 것은 바로 그것이라는 진술이다. 집은 집이며, 자동차는 자동차이다. 두 번째는 비모순율非矛盾律, law of noncontradiction로, 이는 어떤 것과 그 반대나 부정 둘 다 참일 수는 없다는 진술이다. 세 번째는 배중률排中律, principle of the excluded middle로, 이는 모든 진술은 참이거나 거짓 둘 중 하나라는 것이다. 반만 참이라거나 부분적으로 해당되는 것이란 없다. 그렇지만, 공간적 현상은 거의 이러한 법칙을 따르지 않는다. 지리적 공간은 산과 계곡, 습지와 늪지, 도시와 농촌 등의 불분명한 경계들로 가득하다. 더욱이 공간적 개체들은 시간이 지남에 따라 형태가 변화하며, 맥락에 따라 달라지기도 한다. 이와 같은 애매모호함은 필드로건 객체로건 인코딩하기가 매우 어렵다. 더 나아가 필드와 객체는 일단 지오코딩되면 궁극적으로 텅 빈 공간이라는 이상화된 비전에 의존한다. 두 경우 모두 중립적이고 다루기 쉬운 공간을 상정한다. 무수히 많은 지리적 현상들이 이러한 전제를 따르지 않는다는 명백한 증거에도 불구하고, 단순히 우리가 가진 데이터 모델이 그것들뿐이라는 점 때문에 온톨로지에 대한 모든 논의를 제한한다. 보다 고차원적인 이론적 영역에서 온톨로지를 두고 여러 고민들이 진행되었으나, 결국에는 객체나 필드의 장점들로 눈길을 돌려야 했다.

현재로서는 객체와 필드가 GIS 사용자들이 공간적 객체를 디지털 개체로 재현할 수 있는 유일한 방식이다. 객체와 필드는 GIS의 온톨로지적 가능성을 규정한다. 따라서 데이터 모델을 선택하는 것은 재현과 분석의 측면에서 중요한 결정이라 할 수 있다. 초창기 GIS 연구자들은 현상 그 자체의 구조에 가장 적절한 데이터 모델을 선택할 수 있고, 공간적 사건들을 진정으로 '반영하도록' 데이터 모델들이 개발될 것이라는 환상을 가지고 있었다. 이러한 사고는 1977년 위상학적 데이터 구조에 관한 하버드 회의(가장 최초이자 가장 유명한 GIS 컨퍼런스 중 하나)에서 프랑스의 수리지질학자인 프랑소아 부이유Francois Bouillé에 의해 최초로 언급되었다(Dutton 1977). 이는 (서로 다른 인식론을 가진) 서로 다른 도메인은 서로 다른 데이터 모델로 이어질 것이라는 사고이다. 이러한 사고의 한계는 곧바로 드러났다. 로저 톰린슨(1984)이 지적한 바와 같이, 어떤 기관이건 특정한 공간분석 과업에 적합한 시스템을 엄청난 비용을 들여 구축하게 되면, "아, 우리가 시스템을 갖추었습니다. 이제 이것을 모든 과제를 위해 사용해야만 합니다."라고 천명할 것이기 때문이다. GIS 시장이 찾은 해결책이 바로 그 두 가지 기본적인 데이터 모델이었던 것이다.

따라서 GIS가 온톨로지의 관점에서 봤을 때 결핍이라고 결론 내리는 것은 온당하지 않다. 모든 재현 시스템은 근본적으로 한계가 있다. 예를 들어, 영어 알파벳은 26개의 문자로만 이루어져 있고, 그것들의 조합을 통해 모든 독자들에게 모든 개념을 잘 전달할 수 있다고 가정된다. 그렇지만, 문자화된 텍스트만 가지고는 모든 생각, 감정, 직관을 잘 전달할 수는 없다는 것이 주지의 사실이다. 이처럼, GIS는 제한적인 재현 시스템 속에서 작동한다(Schuurman 1999b). 더욱이, 완벽한 모델이란 존재하지 않는다. 지구상의 모델과 그 프로세스는 본래 제한적이다. 그러므로 "모든 모델은 틀렸다. 그러나 일부는 유용하다."는 말이 설득력을 가질 수 있는 것이다. 그럼에도 불구하고 소통의 가능성은 심대하다. 인식론이나 온톨로지에 기반을 두어 GIS의 힘을 폄훼한다면 어떤 재현 시스템의 잠재력도 인정하지 못하게 될 것이다. 오히려 GIS에서의 재현이 어떻게 개발되고 활용되는지를 살펴보는 것이 보다 생산적일 것이다. 이와 관련하여, 사회적 프로세스들이 어떻게 GIS에 반영되는지를 이해하는 것이 의미가 있는데, 이를 위해서 현대 사회과학과 인문지리학의 지적 도구들에 주목할 필요가 있다.

GIS 속의 사회적인 것 : 인문지리학에서 교훈을 얻어 GIS를 이해하기

GIS에 대한 인문지리학의 비판은 GIS 내에 존재하고 있는 다양한 인식론적 · 존재론적 정향들을 이해하는 것이 중요하다는 사실을 상기시켰다. GIS 학계 내에서도 데이터 모델의 존재론적 완결성을 고양하고 존재론적 유연성을 더욱더 보장하는 분류 체계를 만들려는 노력이 진행되었다. 이에 반해, 인문지리학자들은 GIS가 사회적 프로세스들에 영향을 받는 방식들에 관심을 기울이는데, 인식론과 존재론 두 가지 모두의 관점에 의거해 진행되어 왔다. 과학은 실제에 대한 객관적인 렌즈라기보다는 우리의 문화적 구성물의 일부라는 인식이 지난 25여 년간 사회과학에서 널리 퍼지게 되었다. 과학이 나아가는 방향이 연구비의 편중, 젠더에 대한 관점 등과 같은 다양한 제약들에 의해 영향을 받을 수 있다는 점은 오늘날의 관점에서는 그다지 급진적이거나 놀라운 것이 아니다. 예컨대 보건 이슈들에 대한 임상 실험에서 여성의 배제가 두드러졌으며, 두개골 측정에 기반을 둔 19세기 후반 연구들이 인종차별적이었다는 점들은 널리 알려져 있다. 그러나 30년 전까지만 해도, 과학사 및 과학철학은 과학의 대가들에 초점을 둔 분야였으며, 과학의 프로세스나 목적에 대한 비판적 사고 과정 없이 그들의 '발견'을 정당화하였다.

20세기 초에 과학철학자인 에른스트 마흐Ernst Mach는 이러한 학계의 지배적 사고에 도전하였는데, 과학은 사회에 도움을 주는 방향으로 디자인되어야 한다고 주장하였다(Ziauddin 2000). 그의 이러한 주장은 사회와 독립적인 과학의 자율성을 지지하던 막스 플랑크Max Planck의 비판에 봉착했다. 플랑크의 주장은 마흐보다 성공적이었으며, 자신의 실험실에서 이기심 없이 오로지 '진리' 발견의 동기만을 갖고 연구하는 과학자라는 플라톤적 이상을 확립했다. 재미있는 것은 플랑크가 강력한 형태의 과학적 실증주의를 주창하였던 비엔나 학파Vienna Circle의 창설자 중 한 명이라는 점이다(Ziauddin 2000). 제2차 세계대전에서 과학자들이 수행한 역할들은 과학이 고귀하고 합리적이며 공평무사하다는 관점에서 탈피하도록 해준 계기가 되었다. 과학과 기술을 향한 엄청난 비판들이 거의 동시다발적으로 쏟아지기 시작했다.

이와 같은 비판은 하이데거Heidegger의 유명한 저작인 **기술에 관한 질문** *The Question Concerning Technology*(1982)과 함께 시작되었다. 하이데거는 과학에서의 실험 과정은 세상에 특정한 프레임워크를 부과한다는 의미에서 본래적으로 '이론함축적인theory-laden' 것이라고 주장하였다. 이는 GIS와 관련된 인식론에 대한 인문지리학자들의 우려와 맞닿아 있다. 더 나아가 하이데거는 과학과 자연의 관계가 비트겐슈타인Wittgenstein이 인간의 인식과 언어의 관계에 대해 묘사했던 것과 동일한 방식으로 연결되어 있다는 점을 지적했다(Heidegger 1982). 비트겐슈타인에 따르면 인간이 세계의 구조를 인식하게 되면, 그것을 반영하기 위해 언어가 뒤이어 발전한다고 한다. 이러한 기본적 개념들은 20세기를 거치면서 서서히 사회과학 전반으로 파급되었으며, 결국 STSScience and Technology Studies(과학기술연구)라는 연구 분야를 탄생시켰다. STS는 과학과 사회가 서로 뒤얽혀 있는 방식을 탐구하는 수많은 연구자들을 지칭하는 용어이다.

토마스 쿤Thomas Kuhn의 유명한 저서인 **과학혁명의 구조***The Structure of Scientific Revolutions*는 과학이 비철학적이고 문화적으로 독립적인 활동이라는 전통적인 개념을 뒤집었다(Kuhn 1970). 쿤에 따르면 과학자들은 널리 수용되는 공식이나 가치 체계 속에서 문제를 해결하는데, 그러한 기존 패러다임은 새로운 패러다임에 의해 대체되는 과정을 겪게 된다. 그의 주장이 의미하는 바는 과학적 발견이란 기존의 확립된 패러다임하에서 이루어지는 것이어서 패러다임의 준거틀에 따라 상대적이라는 것이다. 그런데 여기서 주목할 것은 과학적 패러다임 전환에 대한 쿤 학파의 설명은 오로지 개념 과학conceptual science에만 적용될 수 있다는 점이다. GIS는 개념 과학이 아니라 '도구 과학tool science' 이다(Dyson 1999;

Schuurman 1999b). 우리는 과학과 기술을 개념만을 생산하는 활동이라고 생각하는 경향이 있다. 그렇지만 제2차 세계대전 이후 과학과 기술은 도구에 의해 점점 더 많은 제약을 받아왔다. 오늘날 거의 모든 과학적 · 기술적 성취는 기계, 컴퓨터, 측정 도구, 연구자들의 합작품이다. 과학의 목표는 기술적 가능성에 의해 정의되고 기술적 제약에 의거해 재조정된다. 게다가, 도구가 최근 과학적 '발견들' 의 많은 부분을 가능케 했다. 클릭과 왓슨Crick and Watson이 DNA의 이중 나선 구조를 파악하는 데는 개념도 중요했지만 도구도 결정적인 역할을 담당했다(Watson 1969). 엑스선 결정학X-ray crystallography이 없었다면 그들의 노력은 시도되지도, 성공하지도 못했을지 모른다(Dyson 1999). 이처럼 도구가 GIS와 GIScience를 탄생시킨 것이다. 사회과학자들이 이러한 과학과 기계의 융합에 관심을 갖게 되었고, 결국 20세기 후반에 STS가 급성장하게 된다.

STS의 기원은 1970년대 에든버러Edinburgh에서 개발된 SSK Sociology of Scientific Knowledge(과학지식사회학) 스트롱 프로그램Strong Programme에서 찾을 수 있다. 이 그룹의 사회학자들은 사회학을 통해 과학 지식을 연구할 수 있다는 점을 증명하고자 노력했다. SSK의 가장 중요한 주장은 지식 발견이 사회적 · 경제적 조건에 의해 영향을 받는다는 것이다. 페니실린 등의 발견은 순수 지식을 향한 끊임없는 노력의 필연적인 결과물도, 세상 그 자체를 반영하는 것도 아니다. 오히려 그러한 발견에는 수용적 청중, 널리 알려진 효용, '발견' 을 보급시키는 네트워크와 같은 일련의 외부조건들이 결부된다. 그런데 SSK 프로그램이 가진 문제는 과학과 마찬가지로 논쟁의 여지가 없는 유일한 실재가 존재한다고 주장한다는 점이다. 현재의 사회과학자들은 보다 더 완화된 관점을 견지하고 있다. 과학과 기술에 대한 페미니즘의 관점을 예를 들어보면, 과학적 탐구는 남성 중심적 편향성을 보이는 것이다. 사르다르 지아우딘Sardar Ziauddin(2000)은 수렵과 채집이라는 남성의 역할, 육아라는 여성의 역할에 대한 전통적인 과학적 설명의 예를 든다. 그 설명에 따르면 '타제석기打製石器, chipped stone'는 옛날 남성이 사용한 무기로 해석된다. 그런데 동일한 타제석기가 여성이 동물을 죽이고, 사체에서 내장을 제거하고, 식물 뿌리를 캐는 데 사용했던 도구라고 해석하는 것도 가능한 것이다.

SSK의 강고한 주장은 최근 10여 년 동안 변화를 맞게 되는데, 몇몇 학자들이 과학이 문화적으로 구성된다는 점은 옳지만 결국 실세계가 존재한다는 점 또한 분명하다는 자각을 하게 되었기 때문이다. 이 새로운 STS의 분파는 과학에 대한 문화적 연구로 특징지어 지는데, 여러 학자들 중에서도 브뤼노 라투르Bruno Latour, 도나 해러웨이Donna Haraway, 조셉 라우즈Joseph Rouse의 저작에 기반을 두고 있다(Haraway 1991; Latour 1987; Rouse 1996). 이들은 '실세계'라는 것의 존재를 인정하지만 우리가 그것을 알고 재현하는 방식은 사회적으로 구성된다는 입장을 유지한다(Schuurman 1996b).

지리학에서 가장 유명한 STS 계열의 연구는 ANTActor Network Theory(행위자 연결망 이론)로, 과학적 개체scientific entities는 사회적 프로세스, 특히 인간과 여타의 비인간 동인들(측정 기구, 컴퓨터 등)과의 상호관련성을 통해 존재하게 된다는 사고에 기반하고 있다(Schuurman 2000). ANT는 프랑스의 인류학자인 브뤼노 라투르(1988, 1999)에 의해 대중화되었는데, 그는 과학적 발견과 페니실린이나 고속철도와 같은 다양한 기술적 산물 모두가 하부구조와 인간의 네트워크를 통해 개발되었다고 주장한다. 네트워크의 구성요소가 변화하면 과학과 기술의 결과도 영향을 받는다. 물리학자이자 STS 연구가인 앤드류 피커링Andrew Pickering(1995)은 쿼크quark가 과학적 발견의 필연적 산물이 아니며, 쿼크를 감지하고 이름을 붙인 것은 우연적 요인들에 의한 것이었는데 만약 어떤 요인이 조금이라도 달라졌다면 전혀 다른 특징을 가진 개체가 나왔을지도 모른다는 주장을 피력하였다. 이는 근대물리학을 공격하기 위한 것이 아니라, 자연을 구성하는 요소들을 인식론과 근본 가정에 따라 다른 방식으로 분류하고 다른 방식으로 이해할 수 있음을 보여주기 위한 것이다. 과학을 연구하는 사회과학자들은 다양한 분파를 구성하고 있으며, 여기에서 언급한 것보다 훨씬 더 다양한 인식론적 스펙트럼을 보여준다. 그렇지만, 그들 모두는 과학과 문화가 분리불가능하다는 신념을 공유한다. 과학과 기술이 나아가는 방향은 언제든 변할 수 있고, 그에 따라 결과물도 달라진다. 우리가 GIS와 관련하여 참조할 수 있는 메시지는 기술 발달에 미치는 사회적 영향력을 살펴보면 그 기술에 대해 더 많은 것을 이해할 수 있다는 점이다.

문화가 GIS의 이론과 기술의 발달에 미친 영향 : 일반화의 사례

기술은 기후 현상이나 지진과 같이 사회가 순응해야만 하는 불가항력적인 힘이 아니다. 기술은 사회적 목적과 발맞추어 사회적 목표를 이루는데 도움이 되는 방향으로 발전하는 것이다. 문제에 대한 전통적인 사고방식이 기술 발전의 발목을 잡는 경우를 종종 보게 된다. 과학적 사실과

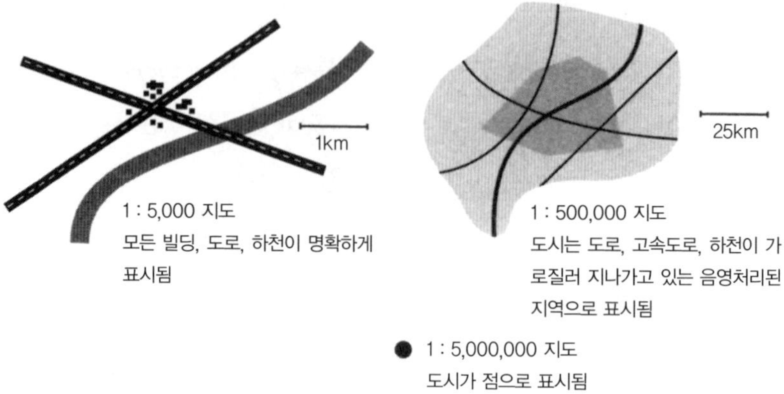
1km
1 : 5,000 지도
모든 빌딩, 도로, 하천이 명확하게
표시됨
25km
1 : 500,000 지도
도시는 도로, 고속도로, 하천이 가
로질러 지나가고 있는 음영처리된
지역으로 표시됨
1 : 5,000,000 지도
도시가 점으로 표시됨

[그림 2.8] **다른 스케일에서의 도시의 표현**

그것과 관련된 기술적 산출물을 개발 시작 시점의 사회적 맥락으로부터 분리해내는 것은 불가능하다. 예를 들어, GIS 이론은 문화적 요인과 기술적 요인 두 가지 모두에 의해 영향을 받는다. 개념적 정식화에 기술적인 제약이 부과되는 것처럼, 모든 디지털 결정에는 사회적 측면이 내재되어 있다. 기술적 · 지적 · 문화적 영향이 매 단계마다 서로 얽혀서 나타난다는 것이다. 이는 GIS에서 일반화 이론의 발전에서 명백하게 나타난다 (Schuurman 1999b).

일반화generalization란 스케일 감소에 따른 지도 디테일의 삭감을 의미한다. 1 : 2,500과 같은 대축척의 도시 지도에서는 개별 빌딩, 인도, 골목길 등이 모두 표현된다. 스케일이 감소함에 따라 지리적 객체들은 삭제되어야만 한다. 1 : 10,000 지도에서는 인도가 사라지게 되고, 1 : 500,000 지도에서는 채색된 도시 지역과 그것을 관통하는 주요 도로와 고속도로만이 남게 될 것이다. 1 : 2,000,000 지도에서는 도시는 하나의 점으로 표현될 것이다. 〈그림 2.8〉은 도시 지역이 상이한 스케일에서 어떻게 묘사되는지를 보여준다. 스케일이 감소함에 따라 디테일의 수준 또한 감소한다. 디테일의 감소(줌-아웃과 유사하다고 볼 수 있음)는 개체 병합aggregation, 기호 단순화simplification, 공간 개체 제거removal 등과 같은 다양한 메커니즘을 통해 이루어진다. 또한 일반화는 맥락에 민감하다. 특정한 지리적 객체를 표시해야 하는지 아닌지는 크기에 따라 결정될 뿐만 아니라 그것의 맥락적 가치에 의해서도 결정된다. 맥락적 가치는 지도 주제에의 부합도와 객체 주변에 어떤 피처가 존재하는지에 따라 결정된다. 지도의 주제가 강수량 분포이고 일련의 등치선이 해당 위치에 집중될 경우 비록 대축척 지도라 하더라도 대형 쇼핑센터가 표시되지 않을 수도 있다. GIS 학자들은 지난 25여 년간 프로세스를 자동화하는 데 노력을 집중해왔다. 스케일의 감소에 조응하는 지능형 지도 단순화intelligent map simplification를 디지털적으로 실행하는 일반화 이론이 존재한다(Schuurman 1999b).

개별 객체들이 고려될 경우에는 스케일 변화가 큰 문제가 되지 않는다. 교통로, 수로, 주거지와 같은 개별 객체는 특정한 기호로 표현된다. 또한 특정 스케일에서의 재현 원칙이 확립되어 있어서 기호 해석의 문제도 발생하지 않는다. 이러한 점 때문에 일반화의 컴퓨터화가 용이하게 이루어질 수 있다. 그런데 일반화의 주요 장애물은 재현이 아니라, 지리적 객체들의 맥락 정보를 포함해야 할 필요성과 피처 간의 갈등 문제라 할 수 있다. 예를 들어, 조류 서식지와 습지가 복잡하게 얽혀져 있는 경우, 둘 중 하나만을 표현하는 일반화는 타당하지 않다. 지리적 객체들 간의 관련성과 연계성에 대한 정보는 데이터베이스에 먼저 인코딩되어야만 지도에 표현될 수 있다.

게다가 지도상에 표현되는 여러 현상들과 관계들은 스케일 간 변환이 어렵다. 전통적으로 지도학자들은 지도의 주제, 인접물의 우선성, 형태, 균형을 고려하여 일반화 결정을 개인적으로 내렸다. 일반화를 컴퓨터화하는 문제는 물론 기존의 관행을 참고하겠지만, 단 한 번도 확립된 규칙에 의거해 이루어진 적이 없는 일반화 프로세스를 알고리즘적으로 해결해야만 했다. 일반화 이론은 사실상 GIS가 도입되기 전에는 단 한 번도 일관성 있게 실행되거나 이론화된 적이 없었던 작업을 위한 컴퓨터화된 기법들에 대한 연구이다(Schuurman 1999b).

일반화 이론은 1970년대에 시작된 것인데, 더글라스-포이커Douglas-Peucker 라인 일반화 알고리즘이 가장 유명하다. 톰 포이커Tom Poiker (그는 이후 이름의 철자를 변경함)와 데이비드 더글라스David Douglas는 라인을 묘사하기 위해 사용하는 포인트의 개수를 감소시키고자 했다. 이런 알고리즘을 개발하게 된 이유는 라인의 단순화 혹은 일반화를 위해서가 아니라 당시 하드 드라이브의 저장 비용이 천문학적 액수에 달했기 때문이다. 아이러니하게도 라인의 포인트 개수를 줄이기 위한 노력이 20년간 라인 객체 일반화의 기초가 되었다. 그들이 일반화 알고리즘을 개발한 시기는 공간 데이터베이스를 활성화하기 위해 기존 종이 지도에 대한 대량의 디지타이징digitizing을 수행하던 시기였다. 이 시기는 라인으로 수많은 지리적 개체들을 기호화하던 때이기도 했다. 라인과 관련된 (x,y) 포인트 수를 줄임으로써 벡터 라인과 폴리곤의 저장 공간을 엄청나게 줄일 수 있었다. 그들이 개발한 기법은 GIS 산출물의 질과 관련된 지도학적 요구에 부응한 것은 아니지만, 손쉽게 그 과업을 수행할 수 있게 해주었다. 〈그림 2.9〉는 더글라스-포이커 알고리즘이 작동하는 방식과 이

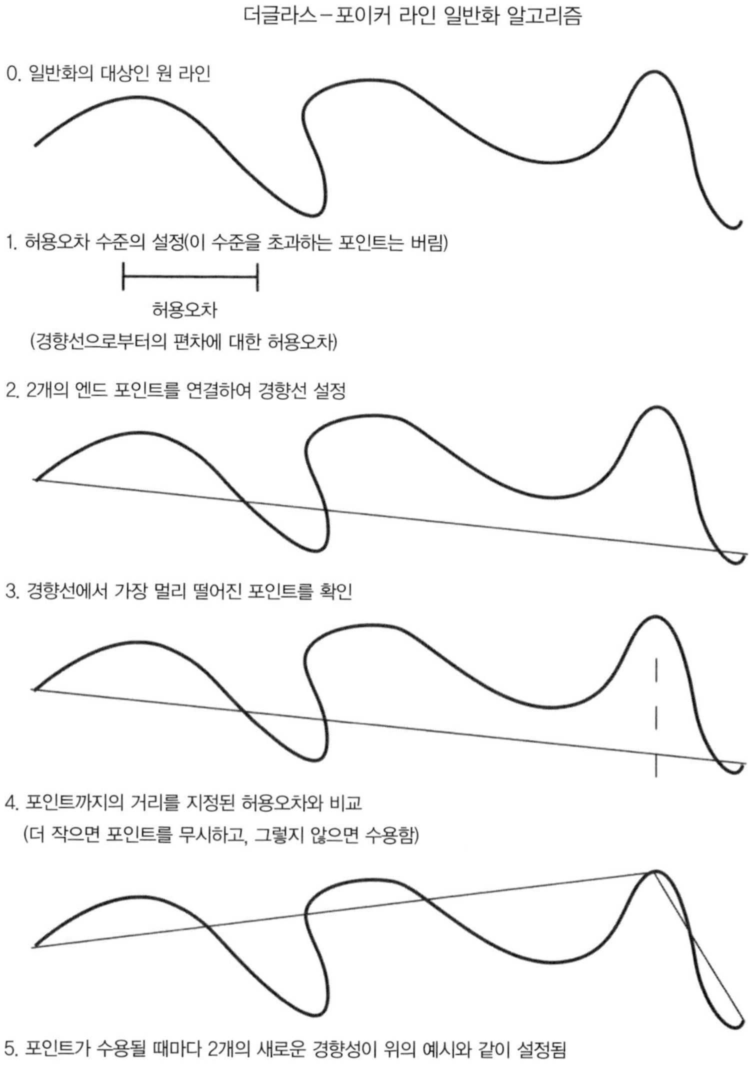
더글라스-포이커 라인 일반화 알고리즘
0. 일반화의 대상인 원 라인
1. 허용오차 수준의 설정(이 수준을 초과하는 포인트는 버림)
허용오차
(경향선으로부터의 편차에 대한 허용오차)
2. 2개의 엔드 포인트를 연결하여 경향선 설정
3. 경향선에서 가장 멀리 떨어진 포인트를 확인
4. 포인트까지의 거리를 지정된 허용오차와 비교
(더 작으면 포인트를 무시하고, 그렇지 않으면 수용함)
5. 포인트가 수용될 때마다 2개의 새로운 경향성이 위의 예시와 같이 설정됨

[그림 2.9] **더글라스-포이커 라인 일반화 알고리즘**

이 분야에서 가장 많이 사용되는 알고리즘으로, 1973년 처음 고안되어 일반화 작업 시 계속 사용되고 있다. 단순 명료하지만, 아이러니하게도 이 알고리즘의 본래 목적은 일반화가 아니라 데이터 축소였다.

출처 : Schuurman, N. (1999b)

알고리즘의 단순 명료함을 잘 보여주고 있다. 더글라스–포이커 라인 일반화 알고리즘(ArcInfo® 8에 여전히 남아 있음)의 놀랄 만한 인기는 한 번 자리 잡은 기술의 유구함을 잘 보여주고 있다.

재현의 측면에서 보았을 때 라인을 일반화하는 최고의 기법이 개발된 것도 아니고, 전산적 측면에서 보았을 때 가장 효율적인 알고리즘이 고안된 것도 아니지만, 하드 드라이브 공간을 줄여 비용을 절감하려는 목적만큼은 달성되었다. 이는 경제가 기술 발전을 지배한다는 점을 명확하게 보여주는 사례라 할 수 있다. 이제 더 이상 하드 드라이브 공간을 최소화해야 할 절박한 이유는 없어졌지만(이제는 무척 저렴하므로), 일반화 알고리즘은 여전히 이슈이다. 이는 미래 기술을 형태 짓는 데 있어서의 우연성contingency의 역할을 잘 보여주고 있다.

기술적 문제에 대한 해결책이 어떻게 주어지느냐는 지배적인 믿음이나 지적 전제들에 의해서도 영향을 받는다. 가령 일반화는 문제에 대한 그 시대의 사고방식에 의해 기술적 산물이 어떻게 영향을 받는지를 잘 보여주는 예라고 할 수 있다. 컴퓨터화된 일반화는 모델과 지도학적(또는 재현적) 단순화 간의 구분을 명백히 보여주고 있다. 여기서 '모델'은 데이터베이스를, '지도학적'은 그것의 디스플레이를 일컫는다. 일반화의 모델과 지도학적 표현 간의 차이를 이해하기 위해서는, 〈그림 2.10〉에서 보는 바와 같이, 스크린상에 디스플레이되어 사람들이 보게 되는 지도를 빙산의 일각이라고 생각해볼 필요가 있다. 수면 아래에 숨어 있는 빙산의 몸체가 데이터베이스이다. 지도를 단순화하기 위해서는 데이터베이스를 단순화할 필요가 있다(지도는 이 데이터베이스에서 만들어진다). 모델 기반 일반화model-based generalization는 데이터베이스상의 상

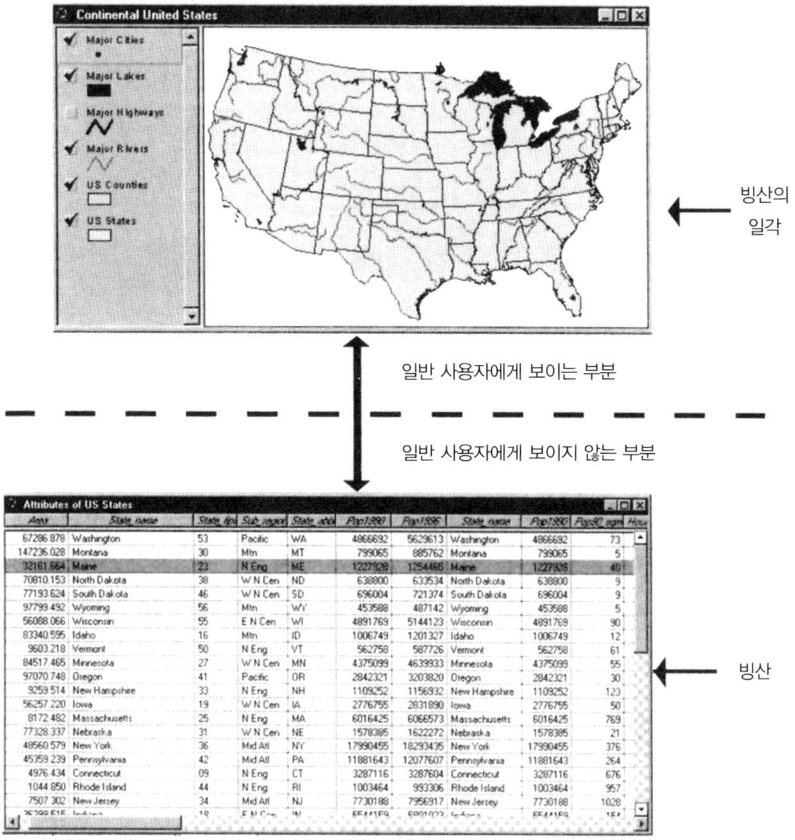

[그림 2.10] **빙산의 일각으로서의 지도**
지도는 전통적으로 실재에 대한 모델이라고 여겨져 왔다. 그렇지만, GIS에서 지도는 컴퓨테이션 분석의 부산물이다. 사용자에게 숨겨진 데이터베이스와 알고리즘이야말로 지도라는 산물의 뒤에서 작동하는 동인이다. 이 시나리오에서 지도는 빙산의 일각이라 할 수 있다.
출처 : Schuurman, N.(1999b)

세함을 감소시키는 데 초점을 둔다. 반면, 지도학적 일반화는 디스플레이를 단순화하는 것이다.

전통적인 지도학에서는 데이터와 지도 단순화 사이에 큰 차이가 없었다. 이 둘은 거의 동의어로 간주될 만큼 매우 밀접히 연관되어 있었는데,

지도는 데이터의 유일한 저장소였던 것이다. 지도학자들이 지도 제작을 위해 사용한 데이터 소스는 파일로 따로 저장되었다. 이러한 파일들은 지도와는 분리되어 있기 때문에 지도 사용자가 접근하는 것은 불가능하다. 이와는 대조적으로, GIS에서 일반화는 데이터베이스의 단순화를 수행하며, 적절한 정보 재시각화가 그 뒤에 이어진다. 이러한 2단계 과정은 명확히 구분되지만 그 둘을 분리하는 것은 불가능하다. 데이터와 지도는 결코 분리될 수 없지만, 일반화를 위한 원리는 서로 다르다. 이러한 모델/지도학의 이분법은 컴퓨터화된 일반화에 핵심적인 것이다(Buttenfield 1991; Schuurman 1999b).

이러한 차이가 그 자체로 아주 명백한 것처럼 보일지 모르지만, 일반화 연구에서 이러한 차이를 인식하고 명료화하는 데 거의 20년이 걸렸다. 일반화 연구가 그 이전 10여 년간 지지부진하게 이루어지던 1988년에 커트 브라셀Kurt Brassel과 로버트 웨이벨Robert Weibel(1988)이 일반화의 모델과 지도학적 프로세스 간의 차이를 보여주는 논문 한 편을 발표했다. 이는 데이터베이스 프로세스를 일반화된 데이터의 시각적 디스플레이와 차별화시킨 최초의 논문이었다. 지도학자들은 근본적으로 상이한 목적이 각 단계와 관련되어 있다는 점을 인식하게 되었다. 모델 일반화는 데이터 필터링filtering 또는 병합aggregating으로 구성되는 반면, 지도학적 일반화는 오직 지도 개체들의 변형 및 배치와 관련된다(Brassel and Weibel 1988). 이는 지도가 너무 복잡해지지 않도록 하면서, 도로 라인과 철도 라인이 서로 중첩되지 않도록 하는 것에 관심을 가진다. 이 두 프로세스 간의 개념적 · 알고리즘적 차이가 명백한 것처럼 보이지만, 브라셀과 웨이벨 이전의 일반화 연구는 데이터 소스는 무시한 채 변화하는 디스플레이 요소들에만 관심을 가졌다.

지도에서 일반화에 대한 모델 지향적 접근으로의 전환이 오랜 시간 지연된 데에는 지도학의 문화(특히 북미에서 지배적이었던)의 탓이 컸다. 지도학과 디지털 라이브러리digital libraries 분야의 저명한 학자인 바바라 버텐필드Barbara Buttenfield(1988, 개인적 인터뷰)는 미국의 수많은 GIS 연구가들이 지도학자로 훈련받았다는 점을 지적한다. 패러다임은 본질적으로 지도학적이었으며, 일반화 연구가들은 데이터베이스보다는 지도의 심상적 모델로 작업을 하고 있었다.

그녀는 지도 연구가들이 자신들이 중요한 포인트를 놓치고 있음을 깨달았지만 브라셀과 웨이벨의 논문을 읽기 전까지는 그 문제의 해결책을 찾지 못하고 있었다고 회상한다. "커트와 로브의 논문이 매우 중요한 이유는 우리가 논문을 읽고 나서 그 문제를 해결한 사람이 존재한다는 사실을 알게 되었다는 점일 겁니다. 커트와 로브가 실질적으로 자신들의 생각을 구현하는 방법을 몰랐을 수는 있지만 최소한 학문적으로는 지도학적 난제가 해결되었던 것이지요(Buttenfield 1988, 개인적 인터뷰; Schuurman, 1999b)." 유럽의 학자들은 데이터와 디스플레이 간의 분리에 기반한 새로운 패러다임을 발전시켰다. 데이터베이스와 지도 간의 차이를 명백히 함으로써 일반화 커뮤니티는 중요한 장애물을 뛰어넘을 수 있게 되었다.

GIScience 이론을 개발하고 기술적 문제를 해결하는 과정을 살펴보면 두 가지 패턴이 나타난다. 첫째, 문제에 대한 해결책이 제시되는 방식에 경제적인 요인이 영향력을 행사했다. 더글라스-포이커 알고리즘은 라인을 단순화하기 위해 개발된 것이기도 하지만, 1970년대는 하드 드라이브의 공간이 중요한 문제였기 때문에 어마어마한 양의 포인트들을 제거함으로써 저장 비용을 절감하려는 요구에 부응한 것이기도 했다. 둘째, 문제를 이해하는 전통적인 방식이 GIScience 학자들이 그 문제를 해결하기 위해 노력하는 방식에 영향을 미쳤다. 일반화의 경우, 수백 년에 걸친 지도학의 전통은 단순화의 유일한 객체로서 지도에 초점을 맞추도록 했다. 그렇지만, 디지털 지도학에서는 정보와 지도 객체를 생성하는 것은 데이터베이스이며, 많은 경우 데이터베이스가 지도 디테일의 가감에 있어서 출발점이 된다. 이러한 두 가지 통찰은 우리들이 GIScience와 여타 기술들을 기술적 프로세스뿐만 아니라 지적(그리고 문화적) 프로세스에 조응하는 것으로 해석할 수 있게 해주었다.

인문지리학과 GIS의 건설적인 미래를 향하여

인문지리학자들은 지난 20여 년간 STS를 비롯한 사회이론의 주요 아이디어들을 GIS에 전달하는 데 중추적인 역할을 담당했다. 이 둘은 긴장관계를 유지해왔으며, 특히 논쟁이 오가던 1990년대에는 특히 그러했다. 그러나 협력적 관계가 확대되어 온 것 또한 분명한 사실이다. GIS와 인문지리학만큼이나 서로 다른 전공 분야 사이에서 아이디어와 이론적 쟁점이 소통된다는 것은 양 진영이 지리학이라는 분야를 공유하기 때문이며, 결국 모두에게 좋은 것이다. 양 진영 간의 건설적 관계 설정의 가능성을 보여주는 것으로 세 가지 분야(비판 GIS, 페미니즘과 GIS, PPGIS)를 들 수 있을 것 같다.

비판 GIScritical GIS는 사회이론과 GIScience의 융합을 지칭하는 개괄적 지시어이다. 비판 GIS는 기술의 민주화를 강조할 뿐만 아니라 기술의 기능적 확장성도 강조하는 특징을 보여주고 있다. 사회적 측면과 기술적 측면 모두를 강조하기 때문에 비판 GIS의 어젠다는 사회경제적 · 참여적 · 인식론적 · 알고리즘적 요소들 모두를 포괄한다. GIS에 대한 인문지리학의 비판과 달리, 비판 GIS는 GIScience의 영역에 해당하는 연구에 관심을 가진 학자들을 포함하는 내부의 '운동'이다. 많은 경우 이러한 학자들은 사회적 압력이 그들 자신의 연구에 미친 영향을 인식하고 있으며, 그들이 몸담고 있는 과학의 이러한 측면을 인정한다. 예컨대, 프란시스 하비Francis Harvey와 니콜라스 크리스맨Nicholas Chrisman(1998)은 GIS 분석 시 행위자의 사회적 · 정치적 어젠다에 따라서 습지의 정의가 달라지는 방식들을 보여주었다. 환경주의자들은 미 대륙의 드넓은 지역을 습지로 정의하는 반면 개발주의자와 다른 분파들은 습지에 대한 보다 제한적인 정의를 내리는 경향이 농후하다. 습지가 환경적 보호의 대상이기 때문에 그것에 대한 정의와 구획 설정은 중요한 문제이다. 하비와 크리스맨은 습지를 명백한 경계를 따라 선명하게 규정되는 절대적 영역이 아니라, 맥락과 어젠다에 따라 상이하게 인지되고 규정되는 **바운더리 객체**boundary objects로 바라볼 것을 제안한다. 이를 통해, 습지는 절대적 실재가 아니라 이해관계에 따라 상대적으로 규정되는 어떤 것이라는 것을 알 수 있다. GIS에서 규정하는 수많은 영역들도 이와 동일한 방식으로 이해될 수 있다.

수많은 GIScience 학자들이 앞서 언급한 바로 그 문제에 천착해왔는데, 데이터베이스의 관점에서 GIS의 다중적 온톨로지를 어떻게 재현할 것인가를 논의해왔다. 다양한 연구자들이 다양한 각도에서 그 문제에 접근해왔다. 예를 들어, 데이비스 마크Davis Mark와 배리 스미스Barry Smith

(1998; 2001)는 존재한다고 통상적으로 여겨지는 공간적 개체들을 통해 GIS의 존재론적 가능성이 결정되어야 한다고 믿는다. 그들은 비전문가들이 지리공간적 현상을 개념화할 때 사용하는 공통의 주요 공간적 범주가 존재하며 그것에 주목해야 한다고 주장한다. 이러한 주장이 함축하고 있는 것은, 지리적 용어들은 상식적 의미를 갖고 있으며, 그러한 상식적 의미에 의거해서 GIS의 카테고리와 공간적 객체들이 개발되어야 한다는 것이다. 예를 들어, 산, 도로, 하천, 다리, 도시 등은 세상 어디에서건 지리적 객체로 인식되는 보편적인 개체들이다. 이러한 객체들은 비전문가들도 그것들 간의 공간 관계를 손쉽게 표현할 수 있도록 GIS에서 재현되어야 한다. 이 부류의 학자들은 이러한 경험 기반 온톨로지에 지리적 카테고리에 대한 '자연화naturalization'가 은연중에 스며들어 있음을 인정한다. 그러나 상식에 근거한 근본적인 카테고리가 존재한다는 주장을 지속적으로 하고 있다.

다른 GIScience 학자들은 온톨로지를 규정하는 데 있어 언어가 가지고 있는 영향력에 주목한다. 그들의 관점에서는 피처 속성들 간의 번역과 같은 것이 보다 중요한 문제이다. 그러나 다른 학자들은 온톨로지에서 언어의 의미는 이보다 훨씬 더 복잡하다고 주장한다. 예를 들어, 앤드류 프랑크Andrew Frank(2001)는 온톨로지에는 다섯 개의 층위가 있다고 주장한다. 첫째는 인간 독립적 실재(이 층위는 스미스와 마크의 주장과 일치함), 둘째는 측정 시스템을 통해 획득되는 자연 세계에 대한 관찰, 셋째는 경험과 인지를 통해 식별되는 속성을 가진 객체, 넷째는 관례적 이름에 기반을 둔 사회적 실재, 다섯째는 주관적 지식이다. 그는 데이터베이스 수준에서 다양한 온톨로지를 유형화하게 되면 보다 일관성 있고 신뢰할 수 있는 데이터 구축이 가능할 것이라고 주장한다. 서로 다른 층위는 정확성과 신뢰성의 상이한 측면과 관련되어 있다. 그러한 시스템은 주관적 지식뿐만 아니라 자연적 카테고리도 수용할 수 있다. 그러나 프란시스 하비(2003)는 이와 같이 실재론에 기반을 둔 도식은 오직 물품 관리 시스템이나 항공 통제 네트워크처럼 제한된 응용 상황에서만 유용하다고 주장한다. 실재론적 해석은 변덕스러운 어의, 언어가 상이한 환경에서 상이하게 해석되는 방식들을 설명하지 못한다. 그렇지만, 온톨로지를 언어적으로 개념화하려는 시도는 자연 현상과 사회 현상을 재현하는 GIS의 능력을 향상시키고자 하는 더 광범위한 노력의 일환으로 이해되어야 하며, 이것이 바로 비판 GIS의 핵심적인 목적이라고 할 수 있다.

페미니즘과 GIS 연구는 앞의 비판 GIS와 많은 목적들을 공유하지만 여성에 대해 특별한 강조점을 둔 새로이 각광받고 있는 분야이다. 그러한 강조점은 여성을 주제로 다룬다는 것만을 의미하는 것이 아니라 GIS의 연구와 실행 단계에서 여성이 갖는 역할성을 탐구한다는 의미에서 그러하다. 메이-포 콴Mei-Po Kwan은 페미니즘과 GIS 연구를 포함한 여러 가지 연구 분야에서 선도적인 역할을 담당해온 GIS 연구가이다. 콴의 초기 저작은 개인별 이동 다이어리 기록에 기반을 두어 여성의 외출 활동의 공간적 패턴을 연구하는 것이었다(1998; 1999). 콴은 여성을 세 그룹으로 나누고 시공간 지리상의 차이점을 비교하였는데, 얼마나 멀리까지 통근하는지, 다른 활동을 위해 통근 경로에서 얼마나 벗어나는지 등의 측면을 중심으로 비교가 이루어졌다. 콴의 세밀한 분석은, 집단에 관계없이 모든 여성이 남성에 비해 이동에서 더 많은 제약을 경험한다는 점을 보여주었다. 이러한 제약에도 불구하고 전일제 근로자의 통근 거리는 여성이 남성보다 길었다. 여성의 제약을 덜어주는 가장 중요한 요인은 성인 가족구성원의 수였는데, 이는 성인이 많을수록 집안일을 더 많이 분담할 수 있기 때문이다. 이 연구는 여성의 시공간 활동에 특별한 초점을 둔 연구로, 젠더화된 공간 이동에 대해 주목하게 해준 드문 연구였다. 또한 전통적으로 질적 기법을 통해 연구되어온 인문지리학의 영역에 대해 공간 분석의 활용 가치를 잘 보여준 연구라는 측면에서도 의의가 있다.

페미니즘 연구에 GIS를 활용하려는 이러한 노력을 이론적으로 지지하는 논문들이 증가하고 있다. 제럴딘 프랫Geraldine Pratt과 저자는 인문지리학자와 GIS 학자들 간의 보다 건설적인 대화를 장려하는 데 있어 페미니즘이 중요한 역할을 할 수 있다는 논문을 발표한 바 있다. 우리는 어떤 연구 분야에서건 변화를 이룩하는 데 있어 비판의 목적이 무엇인가가 중요하겠지만 이에 못지않게 비판이 '어떻게' 표현되는가도 중요하다고 주장했다. 과거의 GIS 비판은 GIS의 실행에 대한 실질적 검토에 기반을 두지 않은 채 GIS의 프로세스와 산출물은 궁극적으로 문제가 있다고 판정해버린 것이었다. GIS를 실천하면서 자신들의 비판을 전개하는 경우는 없었다. 우리는 이를 외부 비판의 전형적인 패턴으로 파악했다. 즉, 그들은 GIS의 성패에 아무런 관심이 없다. 그러나 이와는 대조적으로 내부 비판은 GIS의 미래에 지대한 관심을 갖고 있다. 도나 해러웨이Donna Haraway(1997)와 가야트리 스피박Gayatri Spivak(1987)과 같은 페미니스트들은 비판 대상과 결부된, 즉 대상에 관심을 둔 입장에서 출발하는 비판의 형태를 제안한다. 비판이 건설적인 것이 되기 위해서는, 비판 대상에 관심을 가져야만 한다. 따라서 페미니즘과 GIS 연구는 페미니즘 연구를 위해 GIS를 활용하는 것뿐만 아니라 GIS에 건설적으로 결부되는 것이다. 제5장에서는 GIS의 재현의 다양한 가능성을 논하는 데 있어 페미니즘과 GIS 연구가 갖는 역할에 대한 폭넓은 논의가 이루어진다.

페미니즘과 GIS 연구는 사회문제의 해결에 기술을 결부시켜야 한다는 보다 일반적인 요구와 관련되어 있다. 이러한 요구의 최초 모습은 PPGIS 운동으로 나타났다. 다니엘 위너Daniel Weiner와 트레버 해리스Trevor Harris는 PPGIS에서 적극적인 역할을 담당했다(Harris et al., 1995; Weiner et al., 1995). 한 연구에서 그들은 남아프리카 공화국의 토지 분배 상황에서의 최근 변화에 GIS가 어떠한 역할을 담당했는지를 조사했다. 그들은 GIS가 대중 참여와 로컬 지식에 미친 영향에 특히 주목했다. 남아공 음푸말랑가 주의 GIS와 사회GIS and Society 프로젝트가 그들 연구의 핵심 대상이었다. 참가자들은 그들이 생각하는 그 지역에 대한 상을 색연필을 통해 지도로 표현하였고, 그것들은 디지타이징 과정을 거쳐 커뮤니티 GIS 속으로 투입되었다. 참가자들에게 몇 가지 질문이 주어졌는데, 아파르트헤이트 기간 동안 강제 소개의 공간적 범위, 천연자원 지역, 소유권, 토지 잠재력, 적절한 토지 사용에 대한 것이었다. 이 포커스 그룹이 만들어낸 지도는 놀라운 것이었고, 로컬 지식을 GIS에 통합하는 것이 어느 정도 수준까지 가능한지를 잘 보여주었다. 또한 합의를 통한 토지 개혁의 가능성에 대한 좋은 예시도 제공했다(Harris et al., 1995; Weiner et al., 1995).

또 다른 PPGIS 연구자들은 대중 참여를 더 이끌어내기 위해 GIS를 어떻게 재설계할 것인가의 문제에 천착했다. 르네 시버Renée Sieber는 비영리 단체 및 풀뿌리 단체들의 요구와 업무 스타일을 반영할 수 있게 테크니컬한 수준에서 GIS를 변형하는 방법들에 대한 연구를 수행해왔다. 로컬 지식의 다양성에 따라 주관성이 깊이 내재된 다양한 공간적 관점이 존재하고, 이러한 공간적 관점들이 서로 중첩되어 나타나기도 한다. 시버는 GIS가 이러한 주관적 · 간주관적 · 공간적 관점들을 더 잘 수용할 수 있다면 관련된 단체들을 더 잘 도울 수 있을 것이라고 주장했다(Sieber 2003). 그녀는 이를 위해 두 가지 접근방법을 제안했다. 첫 번째는, 관심 대상인 공간적 객체들 간의 상호작용의 범위뿐만 아니라 공간적 객체들을 '지도화하거나' 모델화하는 하나의 방식으로서 UMLUnified Modeling Language(통합 모델링 언어)의 사용을 장려하는 것이다. UML은 객체 지향 컴퓨팅 환경에서 객체들과 객체들 간의 관계를 묘사하기 위한 용어이자 프로토콜이다. 예를 들어, 비영리 단체가 그들이 정의한 공간적 객체들의 피처와 행동을 정의함으로써 하나의 GIS를 디자인할 수 있을 것이다. 또한 시버는 사진이나 그림뿐만 아니라 공간적 개체들의 내러티브적 묘사도 포함하기 위해 XMLeXtensible Markup Language(확장성 생성 언어), 즉 웹을 위한 확장가능한 마크업 언어를 활용하는 방법을 제안했다(Sieber 2003). 사진, 그림, 텍스트와 같은 것들을 데이터베이스에 포함시키는 것이 쉽지 않지만, XML을 통하게 되면 GIS에 통합시킬 수 있다. 시버의 PPGIS 연구는 GIS가 커뮤니티 그룹을 위해 얼마나 많은 일을 할 수 있는지를 보여주었을 뿐만 아니라 그러한 과정이 GIS 자체를 변화시키고 있다는 사실도 보여주었다.

마지막 절에서 제시된 예들은 GIS의 유연성을 보여주는 것일 뿐만 아니라 GIS 활용이 매우 역동적이고 지속적으로 변화하는 것이라는 점을 잘 보여준다. 비판 GIS, 페미니즘과 GIS 연구, PPGIS는 인문지리학의 비판에 대한 GIS의 대답이다. 또한 이 세 가지 연구는 GIS 사용자의 동기가 인식론과 존재론의 유연성을 결정한다는 사실을 분명하게 말하고 있다. 사실상, GIS에서의 재현의 가능성은 지리와 지리적 관련성에 대한 수많은 시각만큼이나 다양하다.

제3장

데이터 속의 악마 : 데이터 취득, 재현 그리고 표준화

앞 장에서는 GIS의 지식적 맥락에 대해 다루었는데, 학문과 실제 실행의 두 측면을 동시에 살펴보았다. 이 장에서는 GIS의 데이터를 다양한 관점에서 다룬다. 이를 통해 GIS 내부에서 이루어지는 프로세스를 보다 분명하게 파악할 수 있을 것이다. 전문가가 아닌 사람들은 GIS가 다양한 수준의 분석들로 구성되어 있다고 생각한다. 물론 맞는 말이지만 분석은 그것이 기초하고 있는 데이터에 의존적이다. 게다가 디지털의 측면에서 보자면 데이터는 실재를 명명백백하게 나타내는 어떤 것이 아니다. 데이터는 관찰과 함께 시작되는 특정한 관점이나 어젠다의 표현물로서, 데이터 테이블의 수치로 전환되어 공간분석의 기초가 된다. 이 장에서는 먼저 공간 데이터가 정치적 · 사회적 프로세스와 연결되는 방식들에 대해 살펴본다. 데이터가 디지털로 만들어지는 방식은 그 이후의 사용에 있어 중요한 요인이 되므로, 제4장의 공간분석에서 추가적인 논의를 준비하는 측면에서 텍스트 정보와 수치 정보를 테이블로 변환하는 과정에 대해서 다음으로 살펴본다. 여기에서는 주로 축척scale과 같이 공간적 개체entities를 기술하기 위한 방식들에 대한 논의를 다루고 있다. 이어, 데이터 자체에 대한 사용자들의 이해를 도모할 수 있는 메타데이터metadata의 중요성 또한 강조한다. 과거에는 대개 데이터가 특정한 프로젝트를 위해 독점적으로 수집되었다. 하지만 GIS 분석이 다양한 분야와 스케일로 확장됨에 따라 데이터의 공유가 점차 증가하게 되었다. 여러 데이터 원천을 통합하여 사용하기 위해서는 데이터베이스에 기록되는 개별 속성들이 표준화되어야만 한다. 이 과정은 현대 GIS에서 필수적인 부분이지만 여전히 어려운 과제이다. 이 장의 마지막 부분에서 데이터 표준화의 실제에 대해 살펴보고자 한다. 아래에서는 GIS를 처음 접하는 사람들이 데이터가 어떻게 저장되고 표준화되는지, 그리고 그것이 GIS 분석 결과에 어떤 영향을 미치게 되는지에 대해 보다 명확히 인식하게 될 것이다.

GIS는 분명히 사회적 과정이며, 하드웨어와 소프트웨어의 복잡한 결합체이다. 모든 분석과 재현의 근원에는 데이터가 있고, 이들의 결합을 통해 우리는 패턴을 보거나 경관을 그리며, 궁극적으로 지표나 지하에서 나타나는 이벤트를 시각화할 수 있다. 이러한 데이터는 사회적인 요인뿐만 아니라 하드웨어나 소프트웨어에 내재되어 있는 요소들에 의해서도 영향을 받는다. 데이터는 측정 도구나 설문을 통해 사람들에 의해 수집된다. 이것은 컴퓨터로 옮겨지게 되는데, 일반적으로 원자료를 수집한 사람과는 다른 사람에 의해 이루어진다. 디지털로 만들어지고 나면 데이터는 오류 보정error correction, 분류classification, 표준화standardization,

합산aggregation, 내삽interpolation 등의 과정이나 매우 다양한 분석을 거치게 된다. 데이터에 대한 조작manipulation이 끝나고 나면 시각적인 결과물로 만들어져 컴퓨터 화면상에 나타난다. GIS 지도가 만들어지기까지 데이터에는 수많은 일들이 발생하는 것이다. 초기 데이터의 품질이 좋지 않다면 그것을 얼마나 많이 조작하든 여전히 오류를 포함할 수 있다. 데이터의 질이 고르지 못한 것이나 포함된 오류를 보완할 수 있는 여러 기법이 있지만, 데이터 자체의 품질은 GIS 산출물의 신뢰성을 대변하는 가장 좋은 지표가 된다. '좋은 데이터' 를 규정하기란 쉽지 않다. 그것은 사람들과 프로세스에 의존적이며, 손상 받기 쉽다. 데이터를 사람이나 정책, 어젠다 등을 반영하는 인공물로 생각할 것을 다시 한 번 강조한다.

데이터 취득의 정치와 실제

데이터의 취득 과정은 수집으로부터 출발한다. 예를 들어, 캐나다에서는 모든 가구에 조사 양식지를 우편으로 보내 센서스 데이터를 수집한다. 법적으로 응답자들은 질문에 답을 한 후 그 양식지를 다시 우편으로 회신해주어야 한다. 조사 항목의 수나 상세함의 정도가 서로 다른 두 가지 유형의 조사 양식지가 있는데, 항목이 많은 양식지의 경우 통계학적인 공식을 사용해 얼마나 많이 보내야 하는지를 결정한다. 항목이 많은 조사 양식지로부터 제공되는 정보는 캐나다의 다른 가구에도 통계학적으로 적용가능하다는 것이 이러한 방식의 기본 가정이다. 이 전제는 캐나다 센서스에 기록되는 데이터의 일부는 직접적인 조사라기보다는 통계학적인 일반화에 의한 결과임을 의미한다. 이 프로세스와 관련된 통계학적 신뢰성은 매우 높으며, 일반적으로 사람들은 센서스 결과를 수용하고 있다.

그러나 데이터는 정치적이다. 1990년대 후반 미국에서는 민주당과 공화당이 센서스에 사용된 통계학적 외삽extrapolation 시스템 때문에 갈등을 겪었다. 상당수의 민주당원은 미국에서 사용된 전수조사('count every man, woman and child') 방식이 인구의 중요한 부분을 놓치고 있다고 주장하였다. 노숙자, 선거권이 없는 사람 그리고 정부의 개입에 의혹을 갖는 사람 등은 전체 인구수에 합산되지 않을 수 있다는 것이다. 센서스 데이터는 중앙정부와 주정부의 자금 배분뿐만 아니라 선거구 획정의 기초가 된다. 센서스에서 중대한 누락이 발생한다는 것은 가장 필요한 지역에 자금이 충분히 배분되지 못하거나 정치적 대표성이 훼손될 수 있음을 의미한다. 게다가 조사 양식지를 회신하지 못할 가능성이 높은 사람들은 민주당 지지자일 가능성이 높다.

민주당은 통계학적 표본 추출에 기초한 심층조사 센서스가 인구수나 구성을 가장 정확하게 반영할 수 있다고 주장하였다. 그러나 공화당은 중산층과 상류층으로부터 보다 많은 지지를 얻고 있다. 그들은 미국의 헌법에 따르면 세금의 배분이 센서스에 보고된 인구수에 근거하여 이루어지며, "실제 인구수의 산정은 제1회 연방회의를 개최한 후 3년 이내에 행하며, 그 후는 10년마다 법률이 정하는 바에 따라 행한다(제1조 제2절)."라고 규정되어 있다고 반박하였다. 공화당은 이 표현이 명백하게 직접 조사direct enumeration를 표명하고 있다고 간주하였다. 센서스가 지속적으로 상당수의 사람들을 반영하지 못하고 있다는 비판에도 불구하고 2000년에 이루어진 센서스에서도 그 방식은 달라지지 않았다.

멕시코 국경 근처에 있는 애리조나 피마 카운티Pima County의 경우 1990년 센서스에서 15,000명 정도가 집계에 반영되지 못한 것으로 추정되었다. 센서스 집계에 포함되지 못한 인구의 경우 한 사람당 주 및 카운티 재원에서 2천 달러의 손실이 발생하였다. 총 3천만 달러의 손실이 발생하면서 이 지역의 사회 서비스, 교육, 공공 보건, 도로 보수 그리고 여러 기반시설 프로젝트들이 영향을 받게 되었다. 그러자 사람들이 이 문제의 심각성을 인식하게 되었고, 이를 계기로 센서스에 대한 참여를 독려하는 주민 자율 조직이 만들어지게 되었다. 피마 카운티 전수 조사 위원회Complete Count Committee라는 기구가 그것인데, 이는 피마 카운티 내에서 센서스 집계에 포함되지 않은 사람들(멕시코 이민자들이거나 아메리칸 인디언들)의 참여 의식을 높이기 위해 노력하였다. 그들은 "아이들도 조사에 포함시켜주세요Kids Count, Don't Leave Them Out."라는 슬로건을 만들어 사람들이 자신의 아이들을 조사에 포함할 수 있도록 독려하였다. 소수 민족을 센서스 조사 요원으로 고용하기 위한 노력도 진행되었는데, 고용은 카운티 정부에 의해 이루어졌다. 참여를 독려하는 TV 및 라디오 광고가 방송되었고, 다양한 봉사 프로젝트가 수행되었다. 한 조직 활동가는 "인구 통계가 곧 우리의 운명입니다."라고 말하기도 했다 (Pima County Association of Governments, 2002). GIS 연구자들은 "데이터가 우리의 운명입니다."라고 대답할지 모른다.

센서스가 가진 정치적 이해 관계에 대한 인식 재고와 함께, 미국의 센서스는 그것의 기초가 되는 주소 데이터베이스에 지금까지 제대로 반영되지 않았던 집단들이 참여하여 보완할 수 있도록 노력해왔다. 미국 센서스국US Census Bureau은 주소와 인구통계 데이터를 저장하고 표현하기 위해 TIGERTopologically Integrated Geographic Encoding and Referencing System이라는 디지털 지도 데이터베이스를 사용하고 있다. 센서스국은 2000년 센서스에 앞서 TIGER 개선 프로그램을 개발하였는데, 종족 집단과 지방 정부가 참여해 주소 파일을 갱신하도록 하였다(Office of Research and Statistics, 2002). 도로와 주택 및 다른 피처들을 갱신하기 위해서는 담당 공무원에게 기존의 지도를 배부한 후 변경 사항이 TIGER 데이터베이스에 반영될 수 있도록 하였다. 이 프로그램은 재현이 제대로 이루어지도록 하는 과정에 내재되어 있는 문제, 즉 놓치기 쉬운 집단들이 지도상에 표현되어 있지 않는 문제를 보여주고 있다. 2001년 3월 미국 상무장관US Commerce Secretary 도날드 에반스Donald L. Evans는 3천 3백만 명 정도가 2000년 센서스에 포함되지 않았다는 센서스국의 자체 추산 결과에도 불구하고 의회 의석과 연방 자금을 배분하는 데 표준 센서스 데이터를 사용할 것이라고 발표하였다.

센서스는 데이터 수집의 한 가지 양식, 특히 사회과학에서 대표적으로 사용되고 있는 양식을 나타내고 있다. 다른 유형의 데이터들은 여러 측정 장비나 기법을 통해 수집된다. 예를 들어, 강수 데이터는 우량계를 통해 수집된다. 바다 수심은 소나 이미지sonar imaging를 통해 측정된다. 지표면 내부의 데이터는 시추 샘플과 피에조미터piezometer로부터 얻어진다. 전통적으로 인문 및 자연지리학자들은 관심의 대상이 되는 위치를 나타내기 위해 이미 구축되어 있는 기초 좌표 데이터를 주로 사용한다. 예를 들어, 분석의 기초 단위로 센서스 구역이나 우편 번호 구역이 흔히 사용되고 있다. 우편 번호 구역이나 센서스 구역은 행정적인 필요에 의해 규정되므로 연구를 위한 지역의 정의와는 정확히 들어맞지 않는 경우가 흔하지만 GIS 데이터 포맷으로 손쉽게 이용될 수 있다. 이와 유사하게, 자연지리학자들은 경위도 정보가 제공되는 기상 관측소와 같이 위치가 이미 알려져 있는 지상기준점을 참조하여 현장 데이터를 수집하곤 한다. 지리학자들은 그들의 공간적 관심에도 불구하고 개별 연구들에게 적절한 공간을 정의하는 데 사용할 수 있는 측정도구를 거의 보유하지 못했었다. 그러나 GPSglobal positioning system(범지구측위시스템)를 통해 지리학자들은 점차 1차 데이터를 직접 수집할 수 있게 되었다.

GPS는 끊임없이 지구를 순회하는 24개의 NAVSTAR 위성으로 구성된 시스템에 기반하고 있다. GPS는 원래 미군에 의해 개발되었는데, 수신기만 있으면 누구나 그 신호를 이용할 수 있다. 무게가 50파운드를 넘었던 1980년대 초에 비해 수신기의 이용가능성은 급속도로 개선되었다. 지금은 GPS 수신기가 부착된 손목시계도 판매되고 있다. 경찰관이나 가스관 조사원, 현장 지질학자나 다양한 연구자는 물론 등산객들도 GPS를 일상적으로 지니고 다닌다. GPS 기술은 〈그림 3.1〉에 나타나 있는 것처럼 간단한 삼각측량에 기반하고 있다. 수신기는 궤도를 따라 순회하는 위성으로부터 신호를 받아 그 신호가 지구로 도달하는 데까지 걸린 시간을 측정한다. 하나의 신호를 수신하게 되면, 해당 수신기가 위치하고 있을 수 있는 원을 그릴 수 있게 된다. 다수의 신호로부터 더 많은 정보를 획득함으로써 수신기는 정확한 위치를 찾을 수 있다. 포인트의 평면 위치를 얻기 위해서는 적어도 서로 다른 3개의 위성 신호가 필요하며, 고도 측정이나 더 정확한 정보를 위해서는 더 많은 신호가 필요하다.

초기의 GPS에 비해 정확도가 크게 향상되고 있다. 2000년 5월 미국

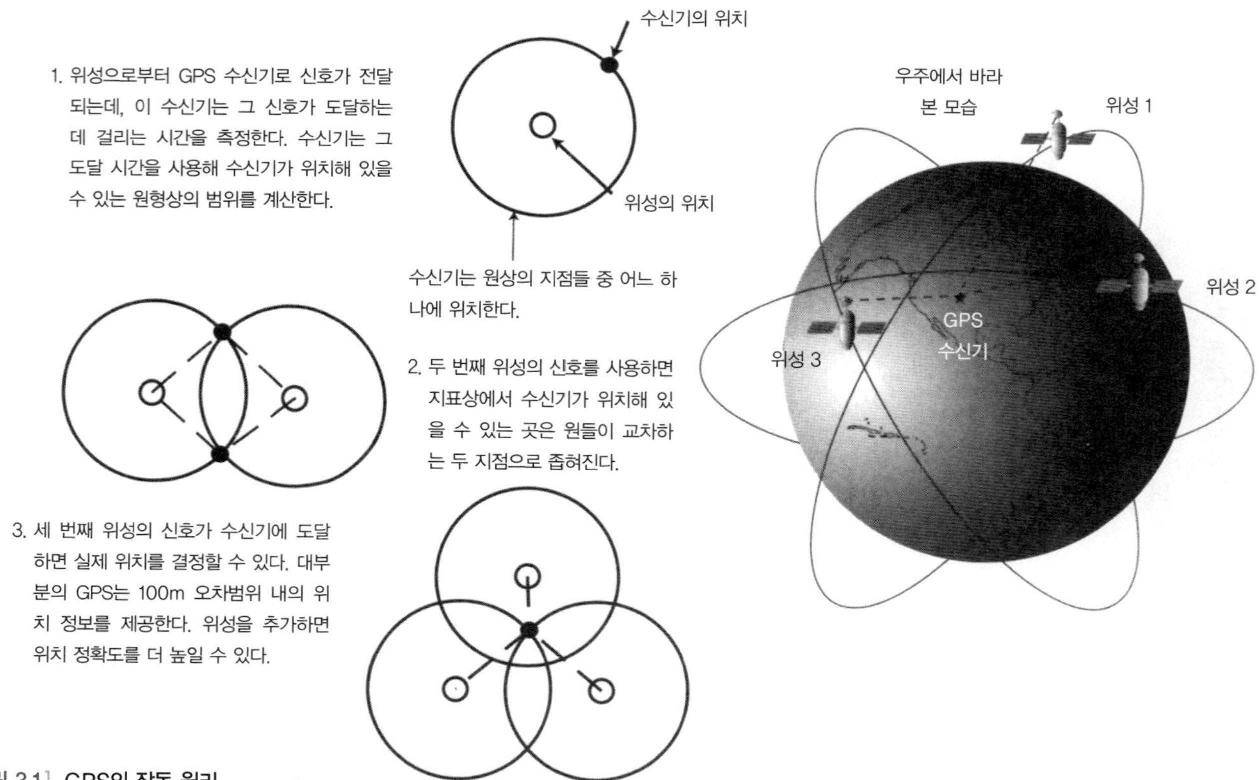
우주에서 바라
본 모습
위성 1
위성 2
위성 3
GPS
수신기
수신기의 위치
위성의 위치
1. 위성으로부터 GPS 수신기로 신호가 전달되는데, 이 수신기는 그 신호가 도달하는 데 걸리는 시간을 측정한다. 수신기는 그 도달 시간을 사용해 수신기가 위치해 있을 수 있는 원형상의 범위를 계산한다.
수신기는 원상의 지점들 중 어느 하나에 위치한다.
2. 두 번째 위성의 신호를 사용하면 지표상에서 수신기가 위치해 있을 수 있는 곳은 원들이 교차하는 두 지점으로 좁혀진다.
3. 세 번째 위성의 신호가 수신기에 도달하면 실제 위치를 결정할 수 있다. 대부분의 GPS는 100m 오차범위 내의 위치 정보를 제공한다. 위성을 추가하면 위치 정확도를 더 높일 수 있다.

[그림 3.1] GPS의 작동 원리

은 신호에 포함시켰던 의도적인 왜곡을 중단하였으며, 결과적으로 정확도는 30미터로부터 10센티미터 이내로 높아지게 되었다. DGPS Differential GPS는 GPS 중 가장 정확한 방식으로, 이동 GPS와 타이밍 에러를 모니터링하는 고정 기지국 GPS를 동시에 사용해 사람과 전파에 의한 에러를 보정한다. 고정된 수신기는 자신의 위치 정보를 이미 알고 있으므로 이를 통해 이동 수신기의 측정 결과에 포함된 편차(보정국 differential receiver으로부터의 거리에 의한 것은 제외하고)를 보정할 수 있다. 많은 도시들에서는 보정에 필요한 이 고정국의 신호differential signal를 정부 기관이 전송해준다. 예를 들어, 다른 해안 도시들처럼 밴쿠버에서는 해안 경비대가 이 서비스를 운영하고 있다. GPS는 공간 데이터의 민주화를 이끄는 힘이 되고 있다.

GPS를 통해 공간 정보에 대한 접근성이 높아지게 되었으며, 연구자들이 1차 데이터를 수집할 수 있는 능력 또한 향상되었다. 1차 데이터와 2차 데이터 간에는 중요한 차이가 있다. 1차 데이터는 연구자가 자신의 프로젝트에 사용할 목적으로 직접적인 측정을 통해 수집한 것이다. 2차 데이터는 다른 목적을 위해 수집된 것으로 GIS에서 사용하기 위해서는 변환이 필요할 수도 있다. 센서스 데이터, 스캐닝된 항공사진, 디지타이징된 지도 등은 2차 데이터의 원천들이다. 예를 들어, 연구 지역의 난민 정착률에 관심이 있다면 이주해온 난민들을 대상으로 조사를 수행할 수 있다. 난민들의 현재 경제 상황이나 이주 전까지의 학력이나 영어 교육 수준, 건강 상태 등에 대한 설문 조사를 실시할 수 있다. 지리학자라면 분명히 그들의 거주 장소에 대해 조사하게 될 것이고, 이 정보는 공간분석에서 사용될 것이다. 만일 설문 조사가 특정한 연구 프로젝트를 위해 설계되고 실행된다면 그 결과는 1차 데이터로 간주될 수 있다. GIS에서 도시나 관심 지역을 나타내기 위해 사용되는 공간 데이터는 2차 데이터일 가능성이 높지만, 만일 인터뷰 중에 난민 가구의 위치를 나타내기 위해 GPS를 사용하였다면 그 포인트 데이터는 1차 데이터가 될 것이다. 오늘날의 GIS 프로젝트는 대체적으로 1차 데이터와 2차 데이터를 복합적으로 사용한다. GIS가 도입된 초기에는 GIS 프로젝트 비용 중 데이터 취득에 드는 비용이 85% 정도를 차지하였다. 지금은 기본 데이터와 GPS의 이용가능성이 높아진 덕분에 비용이 15%에서 50% 정도가 된다. 그러나 인문지리학자들은 여전히 센서스나 사회경제조사로 수집되는 데이터, 병원이나 환경 단체 등의 기관에서 만들어지는 데이터와 같은 2차적인 공간 및 속성 데이터에 많이 의존하고 있다.

우리는 특히 2차 데이터와 연관된 과제나 불일치 문제 등에 대응해 나갈 필요가 있다. 2차 데이터는 다른 목적하에서 수집되었기 때문에 '커뮤니티' 나 심지어 '도로' 와 같은 항목을 정의함에 있어서도 그것의 기반이 되는 가정들은 공간 정확도와 마찬가지로 서로 크게 다를 수 있다. 데이터의 의미나 정확도에 포함된 차이를 다루는 다양한 방법이 있으며, 이들은 데이터를 조직하는 과정을 통해 실행될 수 있다. 데이터가 정치나 정책, 마케팅, 혹은 경제적인 요인에 의해 어떻게 영향을 받는지 이해하기 위해서는 GIS에서 데이터가 어떻게 조직되는지 이해할 필요가 있다. 다음 절에서는 GIS에서 공간 데이터를 저장하고 나타내기 위한 기술적인 기초에 대해 개괄적으로 다룬다. 이것은 데이터에 대한 기초적인 개요이지만, 데이터와 그것을 공유하는 기관들에게 미치는 사회적 영향에 대한 논의를 지속하기 위한 바탕이 된다.

데이터의 조직화

다른 모든 정보시스템의 데이터처럼 GIS 데이터 역시 테이블의 형태로 저장된다. 테이블은 사용하는 데이터 모델이 필드 데이터 모델인지, 아니면 객체 데이터 모델인지에 따라 다르게 조직될 수 있다(제2장 참조). 그러나 둘은 서로 매우 유사해 보이는데, 둘 다 위치를 포함하여 공간 현상에 대한 여러 속성들을 나타낸다. 예를 들어, 캐나다의 주 단위로 인구와 평균 소득을 보여주는 테이블이 있을 수 있다. 또 다른 테이블에서는 특정 주에 존재하는 도로에 대해 건설 연도, 차선(6차선, 4차선, 2차선), 벌목 도로 여부 등의 속성을 나타낼 수 있다. 사회경제적 데이터를 나타내는 테이블은 흔히 국가 센서스의 결과로 만들어진다. 전형적인 데이터 테이블의 예가 〈그림 3.2〉에 제시되어 있다. 테이블은 데이터를 조직하

Attributes of CANcsd

FID	Shape	PRCDCSD	PROV	PROV_COD	PRCD	NAME	TYPE	PRCMA	CMA_CA	PRPCMA	PCMA_
0	Polygon	6204025	NU	62	6204	GRISE FIORD	HAM	62000	000	62000	000
1	Polygon	6107063	NT	61	6107	INUVIK, UNORGANIZED	UNO	61000	000	61000	000
2	Polygon	6204022	NU	62	6204	RESOLUTE BAY	HAM	62000	000	62000	000
3	Polygon	6204018	NU	62	6204	ARCTIC BAY	HAM	62000	000	62000	000
4	Polygon	6204019	NU	62	6204	NANISIVIK	SET	62000	000	62000	000
5	Polygon	6204020	NU	62	6204	POND INLET	HAM	62000	000	62000	000
6	Polygon	6107041	NT	61	6107	SACHS HARBOUR	HAM	61000	000	61000	000
7	Polygon	6108095	NT	61	6108	HOLMAN	HAM	61000	000	61000	000
8	Polygon	6204015	NU	62	6204	CLYDE RIVER	HAM	62000	000	62000	000
9	Polygon	6208087	NU	62	6208	TALOYOAK	HAM	62000	000	62000	000
10	Polygon	6107036	NT	61	6107	TUKTOYAKTUK	HAM	61000	000	61000	000
11	Polygon	6204012	NU	62	6204	IGLOOLIK	HAM	62000	000	62000	000
12	Polygon	6107014	NT	61	6107	PAULATUK	SET	61000	000	61000	000
13	Polygon	6208073	NU	62	6208	CAMBRIDGE BAY	HAM	62000	000	62000	000
14	Polygon	6204011	NU	62	6204	HALL BEACH	HAM	62000	000	62000	000
15	Polygon	6208081	NU	62	6208	GJOA HAVEN	HAM	62000	000	62000	000
16	Polygon	6208047	NU	62	6208	PELLY BAY	HAM	62000	000	62000	000
17	Polygon	6107017	NT	61	6107	INUVIK	T	61000	000	61000	000
18	Polygon	6107025	NT	61	6107	AKLAVIK	HAM	61000	000	61000	000
19	Polygon	6208059	NU	62	6208	KUGLUKTUK	HAM	62000	000	62000	000
20	Polygon	6208068	NU	62	6208	BAY CHIMO	SET	62000	000	62000	000
21	Polygon	6204010	NU	62	6204	QIKIQTARJUAQ	HAM	62000	000	62000	000
22	Polygon	6001043	YT	60	6001	OLD CROW	SET	60000	000	60000	000
23	Polygon	6107010	NT	61	6107	TSIIGEHTCHIC	CC	61000	000	61000	000
24	Polygon	6107015	NT	61	6107	FORT MCPHERSON	HAM	61000	000	61000	000
25	Polygon	6107012	NT	61	6107	COLVILLE LAKE	SET	61000	000	61000	000
26	Polygon	6208098	NU	62	6208	KITIKMEOT, UNORGANIZED	UNO	62000	000	62000	000
27	Polygon	6208065	NU	62	6208	BATHURST INLET	SET	62000	000	62000	000

Record: 1 Show: All Selected Records (0 out of 5984 Selected.) Options

[그림 3.2] 캐나다의 북부 지방의 공간적 피처들에 대한 정보를 담고 있는 데이터 테이블

는 기초가 되는데, 객체 데이터 모델이나 필드 데이터 모델에 적합한 데이터베이스 관리시스템DBMS에 맞도록 구성된다. 공간 데이터 셋에는 어떤 데이터 모델이든 가지고 있는 몇 가지 핵심 요소들이 있다. 그 요소에는 위치location, 일관성consistency, 축척, 메타데이터 등이 포함된다.

위치

구성될 수 있는 데이터 테이블은 무수히 많다. GIS에서는 각 테이블이 공간적인 위치를 필수적으로 포함하고 있어야 한다. 위치가 없다면 그 데이터는 공간분석에 사용될 수 없다. 예를 들어, 병원 데이터는 날짜, 환자 등록 정보, 임상 증상, 진단, 입원 항목, 퇴원 일자 등의 정보를 포함할 수 있다. 이 데이터에서는 환자의 위치를 파악할 방법이 없기 때문에 GIS에서 사용될 수 없다. 만일 이 데이터에 환자의 주소나 우편번호가 포함되어 있다면 분석가는 매우 많은 정보를 파악할 수 있다. 예를 들어, 환자들이 공식적인 관할 권역 혹은 서비스 권역의 외부로부터 방문하는지의 여부를 알 수 있다. 그 환자들은 병원의 명성이나 응급병동 때문에, 혹은 자기 지역 병원이 뇌졸중 치료와 같은 서비스는 제공하지 않기 때문에 권역을 넘어서까지 등원할 수 있다. 분석가는 홍역과 같은 특정 질병이 학교나 탁아소 주변에 군집하는지의 여부를 테스트할 수도 있다. 적절한 센서스 데이터가 있다면 어떤 질병이나 응급상황이 특정 근린지구나 개인의 특성과 연관되는지도 파악할 수 있다. 예를 들어, 총상 환자는 빈곤한 지역의 젊은 남성들을 중심으로 많이 발생한다. 그러나 데이터에 위치 정보가 없다면 이 중 어떤 것도 파악할 수 없게 된다.

속성 데이터

공간 데이터가 관심 대상인 지리적 객체의 위치 정보를 다룬다면 속성 데이터는 그 객체들의 특성을 기술하고 있다. 속성은 GIS에서 표현되는 공간 객체들의 특성을 의미한다. 만일 공간 객체가 주와 같은 행정구역이라면 그것의 인구나 평균소득, 기후 극값, 조림지 비율 등이 속성이 될 수 있다. 래스터 데이터에서 속성은 개별 셀들과 연관되므로 한 주의 인구는 그 주를 구성하는 각 셀들에 포함된 인구의 합계로 나타나게 될 것이다. 데이터베이스 테이블에서 속성은 주어진 행(공간 객체에 해당하는 레코드)에 대한 열(속성)의 값으로 표현된다. GIS 속성 데이터는 항상 공간적 위치와 연관되는데, 이것이 바로 통계 테이블에 저장되는 다른 데이터들과는 구별되는 점이다. 유용한 속성 데이터가 되기 위해서는 데이터를 수집하고 발표하는 과정에서 일관성을 갖추는 것이 핵심적인 요건 중의 하나가 된다.

일관성

GIS 분석의 가장 큰 장점 중의 하나는 연구자들이 넓은 지역에 대한 방대한 데이터를 사용해 패턴을 파악할 수 있다는 점이다. 예를 들어, 기후변화 분석은 강력한 컴퓨팅 프로세스 성능이 주어질 때만 가능하다. 마찬가지로 방대한 영역에 달하는 데이터 셋을 생성할 수 있는 능력 또한 그러한 분석에 있어 매우 중요하다. 이전에는 다룰 수 없었지만 GIS를 통해 탐구할 수 있게 된 과학적 문제들의 범위가 계속 늘어나고 있다. 그러나 전제 조건이 있는데, 바로 데이터가 일관성이 있어야 한다는 점이다. 이 일관성의 조건에는 다양한 수준이 있을 수 있다. 병원 데이터와 같은 개별 데이터 테이블의 수준에서는 각 환자에 대해 정보가 동일한 방식으로 수집되어야 한다. 일부 환자들에 대한 속성 정보를 빠트리고 데이터를 수집해서는 안 된다. 결측 사례가 소수인 경우는 처리가 가능하다(결측 데이터를 나타내기 위해 -9999라는 표현을 흔히 사용한다). 또한 데이터는 일반적으로 특정 시점이나 기간과 연관된다. 공간 현상은 궁극적으로 시공간적 개체이다. 예를 들어, A형 간염은 수 주일의 범위가 적당하다. 20년이라는 기간을 대상으로 군집을 분석하게 되면 전염이나 발병의 규모에 대해 제대로 파악하기 어려울 수 있다. 일관성은 좋은 데이터의 핵심이며, 좋은 데이터는 신뢰성 있는 분석의 핵심이 된다.

축척

지도는 GIS 분석의 결과로서 다양한 축척으로 제작된다. 축척은 지도상에서 측정한 거리와 그에 해당하는 실제 거리 간의 비를 분수로 나타낸 것을 말한다. 예를 들어, 1 : 5,000 축척은 지도상에서의 1센티미터가 실제 지표상에서는 5,000센티미터(50미터)에 해당함을 의미한다. 분수 축척의 값이 크다는 것은 그 지도가 대축척임을 의미한다. 일반적으로 1 : 5,000은 대축척, 1 : 2,000,000은 소축척으로 간주된다. 중축척의 지도는 맥락에 따라 1 : 50,000에서 1 : 500,000 정도의 축척에 해당한다. 축척은 지도 사용자에게 위치 참조를 위한 틀이 됨은 물론 지도 정보의 적절한 사용이나 정확도의 수준을 나타내기 때문에 매우 중요한 것이다. 소축척 지도에 포함되는 정보의 유형이나 양은 대축척 지도와는 다르다. 소축척 지도가 전체적인 개요나 영역을 파악하는 데 사용된다면, 대축척 지도는 넓은 지역을 다루지 못하는 대신 좁은 지역에 대해 상세한 정보를 제공한다. 북아메리카나 유럽을 이동하는 장거리 여행에 소축척 지도가 사용된다면, 대축척 지도는 특정 도로나 학교, 상가의 위치가 중요한 국지적 이동에 사용된다. 또한 지도 사용자는 소축척 지도보다는 대축척 지도에서 더 높은 정확도(공간과 속성 모두)를 기대한다.

축척이 그렇게 중요하게 인식되어 왔음에도 불구하고, 마이클 굿차일드Michael Goodchild와 제임스 프록터James Proctor(1997)가 컴퓨터 안에는 축척이 존재하지 않는다는 통찰을 제공했을 때, GIS 커뮤니티가 처음에는 당혹감을 느꼈다는 것은 흥미로운 사실이다. 컴퓨터 속에서는 축척이 딱 떨어지는 숫자로 주어지지도 않고, 축척에 따라 정보가 다르게 표현되거나 분석되지 않을 수도 있다. 컴퓨터의 관점에서 보면 분석이 이루어지는 동안 축척은 보이지 않는다. 축척은 단지 디스플레이의 크기를 표현하기 위해 사용되는 측정 단위일 뿐이다. 디지털의 세계에서는 축척의 타당성이 제한된다는 점은 자동화된 일반화generalization를 개발하려는 연구자들이 직면한 과제의 기초가 된다(제2장 참조). 그러나 축척이 컴퓨터 내에 물리적인 실체로 존재하지 않는다고 하더라도 지도 투영map projection이나 좌표계coordinate system는 축척에 의존적이다. 축척 없이 지도를 비교하거나 축척을 모른 채 공간 데이터를 통합하는 것은 대단히 어려운 일이다. 컴퓨터와는 달리 인간은 축척에 의존적이다. 우리는 용도와 정확도를 결정하기 위해 축척을 사용한다. 게다가 인지 연구에 따르면 사람들은 대축척의 공간 개체(집이나 자동차, 가로등 등)는 객체로, 소축척의 지역은 경관으로 인식하는 경향이 있다. 문제는 축척이 사람들에게는 직관적이고 당연하게 받아들여지는 반면 GIS에서는 간접적이라는 것이다.

일정한 기준 이상 혹은 이하의 사상은 표현되지 않도록 하면 GIS 디스플레이에서 이러한 불일치는 개선될 수 있다. 예를 들어, 화면이 꽉 차서 분간이 어렵지 않도록 1 : 150,000보다 더 소축척인 경우는 지방도로나 주택 단지 내 도로가 디스플레이되지 않도록 할 수 있다. 그러나 그러한 기법은 데이터에 대한 축척의 문제를 피해가지 못한다. 데이터는 특정한 축척에 주로 사용되도록 수집된다. 그러나 공간 데이터 공유가 보편화되면서(그리고 바람직해지면서) 어느 한 축척에서 수집된 데이터가 여러 축척에서 (종종 부적절하게) 사용되고 있다. 또는 제한적인 지역 범위에 대한 현상을 나타내는 데이터가 넓은 지역으로 일반화되기도 한다. 예를 들어, 개별 조사구 단위로 수집된 데이터는 종종 센서스 구역으로 합역되는데 이 과정에서 인구밀도나 소득 분포에 포함된 국지적인 변이들이 사라지게 된다. 이것은 일반적이고 또 의도적인 것이지만 축척의 변환을 통해 정보가 모호해지는 과정을 잘 보여준다. 〈그림 3.3〉은 조사구를 센서스 구역으로, 그것을 다시 센서스 서브디비전census subdivision으로 합역해감에 따라 어떤 공간적 변화가 일어나는지를 보여준다. 그런데 GIS 사용자들은 부적절한 축척 변환을 할 수도 있다. 주 수준의 인구 밀도 데이터가 상당히 소축척인 지도상에서 표현된다면 그 합역은 타당할 수 있다. 하지만 대축척 지도상에서 인구 밀도가 도시 전체에 걸쳐 균등하게 표현되는 경우라면 바람직하지 않다. 왜냐하면 인구는 군집되는 경향이 있어서 특정 근린지구는 다른 근린지구에 비해 밀도가 보다 높은 것이 일반적이기 때문이다.

포인트 데이터는 값을 알고 있는 지점들 사이에 존재하는 위치들의 값을 내삽하는 데 자주 사용되기 때문에 특히 축척의 이슈가 되기 쉽다. 예

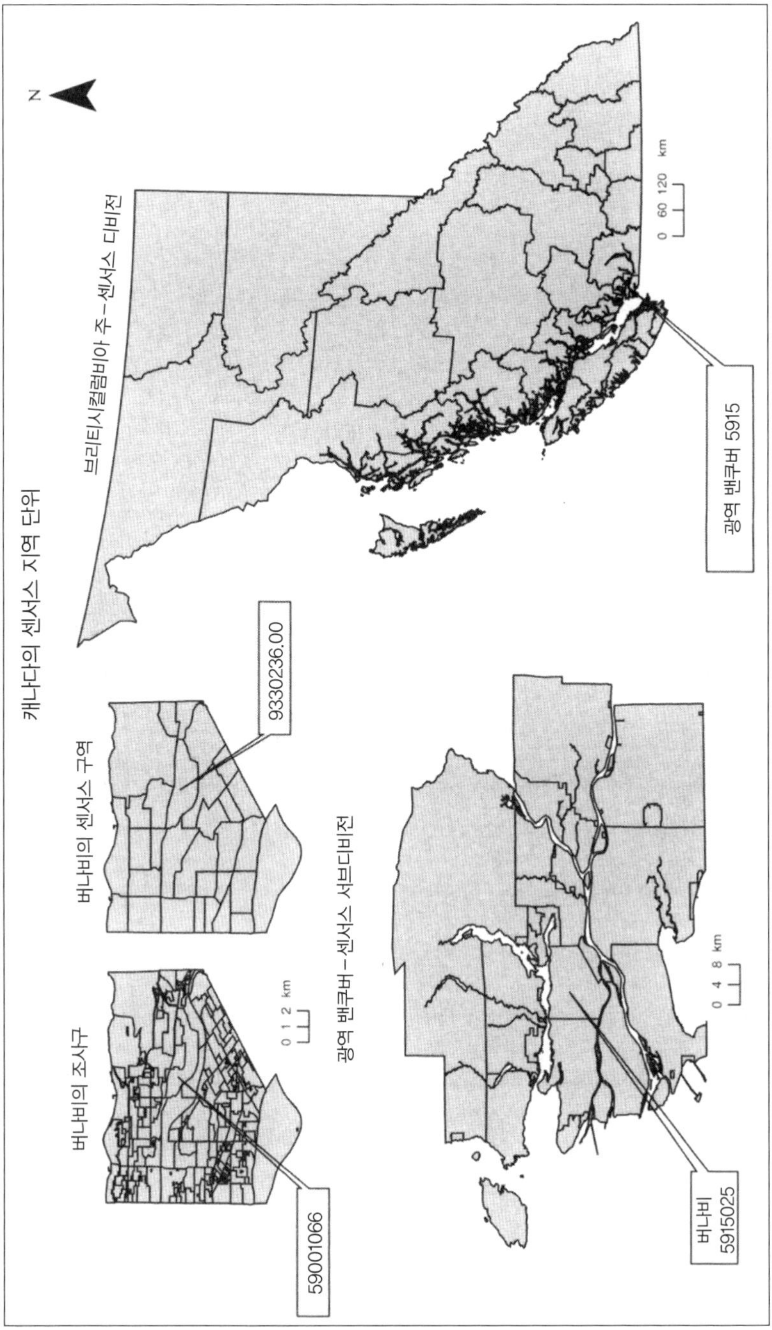

[그림 3.3] 센서스 데이터와 관련된 공간 단위들의 합역

를 들어, 1제곱킬로미터 내의 30개 지점에 대한 고도 값을 이미 알고 있고, 이를 통해 그 사이에 위치한 지점들의 값을 추정한다고 하자. 값을 알고 있는 지점들에 대한 샘플링 방식이나 연구자의 가정에 따라 결측 값을 내삽할 수 있는 다양한 공간통계학적 방법들이 있다. 샘플 포인트의 수가 이 정도라면 해당 지역에 대한 고도 추정이 합리적으로 이루어질 수 있다. 중요한 높은 값 혹은 낮은 값을 갖는 포인트가 샘플되지 않았다면 단층이나 작은 산봉우리는 놓칠 수도 있겠지만 전반적인 경향성을 재현하는 데는 별 문제가 없다. 그러나 브리티시컬럼비아 주 전체에 대해 30개 지점만의 값이 알려져 있다면 그 지역의 지형에 대해 적절한 정보를 얻는다는 것은 거의 불가능하다. 〈그림 3.4〉는 브리티시컬럼비아 주의 지형에 대한 두 가지 실행 결과를 보여준다. 첫 번째 것은 30개 데이터 포인트를 사용하여 주 전체 지형에 대해 단순한 그림을 산출한 것이다. 두 번째 것은 보다 많은 수의 샘플 포인트를 사용한 것인데, 고도 분포의 복잡한 변이가 명확히 드러나 있다. 포인트 데이터의 경우 축척은 샘플링 밀도뿐만 아니라 연구 지역의 범위와도 관련된다.

에어리어 데이터areal data 기반의 데이터 모델이 널리 사용되고 있지만 대부분의 GIS 데이터는 포인트 데이터로 시작해서 에어리어 단위로 그 값이 추정된다. 예를 들어, 센서스 데이터는 개별 가구로부터 수집되어 지역 단위로 합산된다. 고도 데이터 역시 수압이나 소음 공해 데이터, 혹은 강수 측정과 마찬가지로 포인트에서 수집된다. 사실 GIS에는 포인트 데이터에서 시작되지 않는 데이터가 매우 드물지만 전통적인 지도 제작 도구들은 모두 에어리어 단위의 디스플레이에 기반하고 있다. GIS에서 이러한 에어리어는 폴리곤이나 래스터에 해당하며, 객체 기반 GIS도

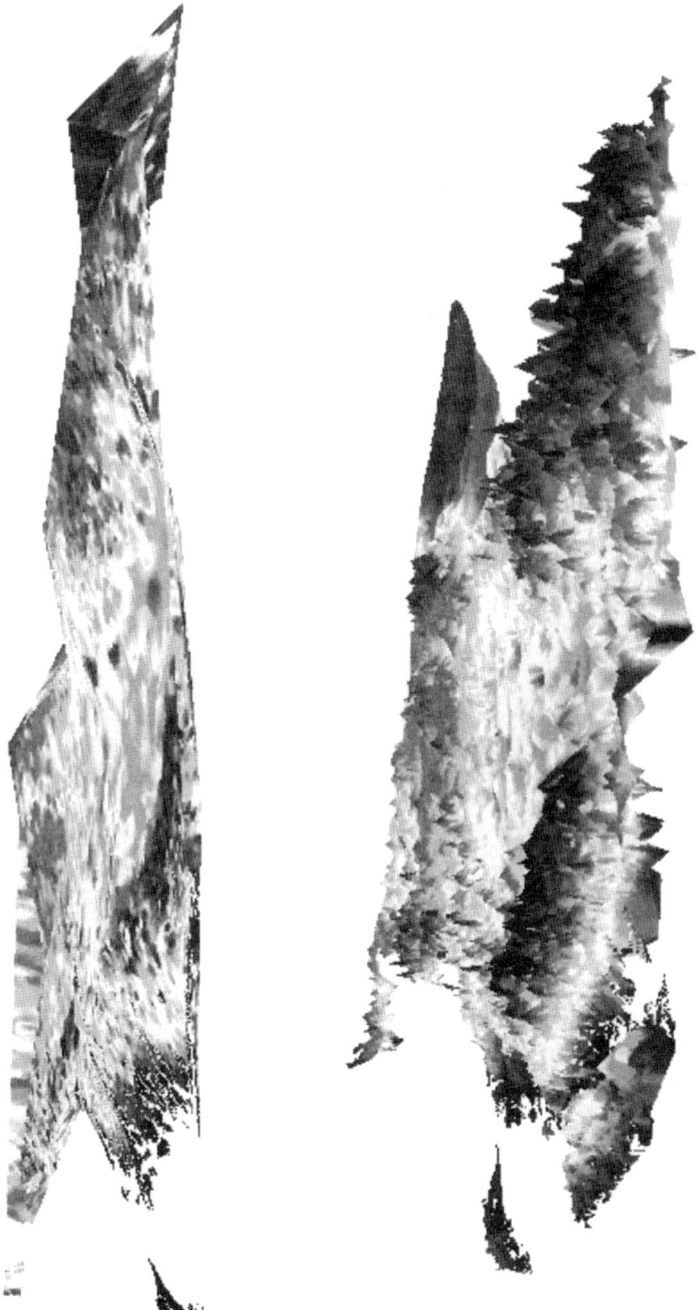

[그림 3.4] **관측 지점의 수를 달리하여 표현한 두 DEM**

위의 지도는 30개의 고도 관측 지점을 사용하여 브리티시컬럼비아 주에 대한 지형을 표현한 결과를 보여준다. 아래의 지도는 훨씬 더 많은 수의 데이터 포인트를 사용하였으며, 고도의 변이를 보다 잘 반영하고 있다.

공간 개체를 디스플레이하기 위해 벡터 혹은 래스터를 사용한다. 포인트는 일반적으로 고도에서 인구밀도에 이르는 다양한 현상들을 등질적인 에어리어 단위로 재현하기 위한 기초가 된다. 그렇다면 다음과 같은 질문이 가능할 것이다. 데이터의 원천이 무엇인지 어떻게 알 수 있나? 포인트 데이터에서 기원된 것인가, 혹은 합역되었거나 다른 데이터와 결합된 것인가? 그 데이터에는 어떤 지도 투영법이 적절한가? 누가 그 데이터를 수집하였는가? 이러한 질문들이나 이와 관련된 또 다른 질문들에 대한 답은 메타데이터에 있다.

메타데이터 : 데이터에 대한 데이터

GIS가 도입된 초기에는 거의 모든 데이터가 토지이용도의 제작이나 구역 설정과 같은 특정한 목적하에서 수집되었기 때문에 데이터의 기원이나 품질, 적용가능성 등에 대한 질문이 큰 의미가 없었다. 사람들 간에, 그리고 조직들 간에 데이터 공유가 시작되면서 메타데이터, 즉 데이터에 대한 데이터는 데이터들이 서로 양립할 수 있는지를 살펴볼 수 있는 방법으로 점차 중요해지고 있다. 메타데이터는 다음과 같은 질문에 대한 답을 준다. 데이터가 언제 수집되었나? 데이터의 시간적 범위는 얼마나 되는가? 데이터가 적용가능한 축척은 무엇인가? 투영법은 무엇인가? 데이터는 어떻게 수집되었는가? 품질에 대해 어떤 지표가 사용되었나? 데이터는 어떻게 분류되었나? 그리고 데이터와 관련된 지도화의 단위는 무엇인가? 메타데이터, 즉 위의 질문에 대한 답은 대개 지도 데이터에 텍스트 파일로 첨부되어 있다. 메타데이터가 없다면 서로 다른 개인이나 기관에 의해 수집된 데이터 셋을 통합하는 것은 매우 어려운 과제가 된다. 폭넓은 분석을 위해서는 데이터 공유가 필수적이다. 데이터 공유를 통해 경계나 구역을 넘어서는 분포에 대해 지도화를 할 수 있다. 예를 들어, 메타데이터는 캐나다와 미국의 대학 졸업자 수를 비교하는 지도나 영농 과정에서의 질산염 사용량을 카운티 간에 비교하는 지도를 작성하는 데 필수적이다. 두 경우 모두 메타데이터는 데이터의 축척이나 품질, 시간적인 적절성 등에 대한 정보를 제공한다.

특히 미국에서는 많은 노력을 통해 메타데이터가 공간 데이터의 중요한 차원이라는 것이 받아들여지고 있으며, 또한 기대되고 있다. 클라크 연구소의 IDRISI와 같은 GIS 프로그램은 〈그림 3.5〉에 제시된 것처럼

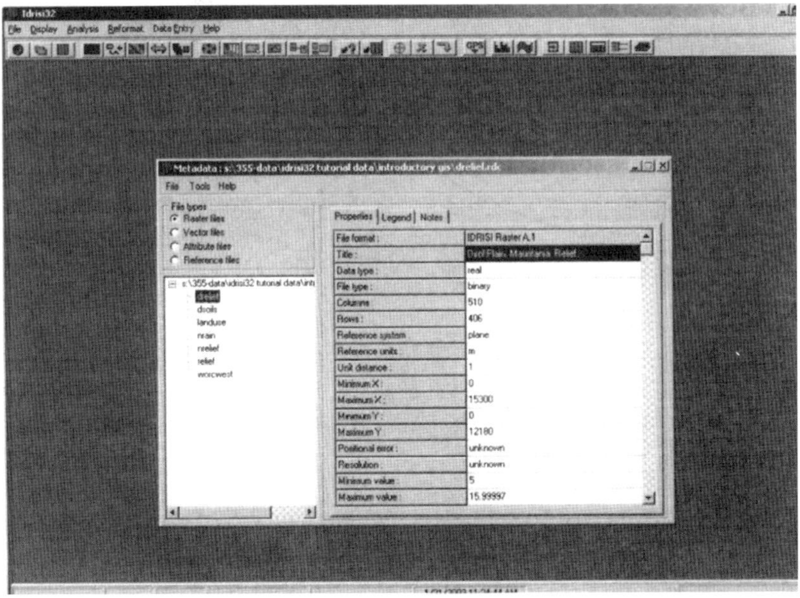

[그림 3.5] **IDRISI의 메타데이터**

메타데이터는 GIS에서 사용되는 데이터에 대한 데이터로서, 그 데이터가 특정한 목적으로 사용되기에 적절한지에 대한 정보를 알려준다.

메타데이터를 전환하거나 보완할 수 있는 인터페이스를 가지고 있다. 이 예에서는 데이터 셋의 공간적 요소에 대한 정보를 주로 제공하고 있다. 최근의 연구들은 속성과 관련한 존재론적 · 인식론적 정보를 포함하는 방안에 대해 초점을 두고 있으나 기성 소프트웨어에는 아직 반영되지 않고 있다. 공간 데이터의 특성을 기술하기 위한 메타데이터의 표준은 SDISpatial Data Infrastructure(공간데이터인프라)를 구축하는 국가기관들이 뒷받침하고 있다. 미국에서는 NSDINational Spatial Data Infrastructure(국가공간데이터인프라)가 공간 데이터 포맷을 개발하는 책임을 맡고 있으며, 캐나다에서는 지오커넥션즈GeoConnections가 CGDICanadian Geospatial Data Infrastructure(캐나다지리공간데이터인프라)의 구축을 책임지고 있다. 이러한 NSDI들은 메타데이터에 국한되지 않고 데이터 공유가 컴퓨팅 환경이나 지역에 상관없이 이루어질 수 있도록 개발되고 있다.

데이터 공유 : 상호운영성

상호운영성interoperability은 공통의 공간적 문법에 기초하여 컴퓨팅 환경에서 사용가능한 공통의 언어를 추구하는 것을 의미한다. 이것은 시스템과 정보 간의 원활한 교류를 위한 규정이다. 상호운영성이 주는 이점 중의 하나는 데이터를 변환하고 관리하는 데 드는 비용과 시간을 절감할 수 있다는 것이다. 메타데이터가 있는 경우라도 다양한 소스의 데이터를 병합하는 과정에는 시간과 비용이 많이 든다. 이처럼 데이터 상호운영성이 이상적인 것으로 부상했는데, 이는 GIS 데이터와 다양한 데이터베이스들에서 일관성을 유지하기 위한 명확한 원칙이 전 세계적인 데이터 공유를 위한 기반이 되고 GIS 분석의 범위를 넓혀주기 때문이다. 1980년대에 첫 개인용 컴퓨터의 등장과 함께 IBM이 제시했던 개방형 아키텍처 플랜open architecture plan이나 오늘날의 리눅스Linux가 추구하는 것과 같은 상호운영성은 공통의 사양을 유지함으로써 시장이 더 커지고 강해질 것이라는 기대에 기반하고 있다. 상호운영성은 소프트웨어 및 하드웨어 환경에서 커다란 변화를 가져올 것이다. 원론적으로 상호운영성은 플랫폼의 제한 없이 데이터를 온전한 상태로 사용할 수 있음을 의미한다. 그것은 데이터 취득과 관리 비용의 절감 또한 가져다준다.

상호운영성은 데이터의 양립성뿐만 아니라 시스템과 네트워크의 양립성도 추구한다. 그러나 가장 어려운 것은 시맨틱semantic 상호운영성이다. 데이터베이스에서 의미와 관련된 측면은 언어와 관련되어 있다. 시가화 지역에 대해서는 '도시', 인구밀도가 낮은 지역에 대해서는 '농촌'과 같이 공통의 용어를 사용하여 데이터를 수집하는 경우조차도 그 정의가 다를 수 있기 때문에 데이터를 병합하는 것은 매우 어렵다. 뉴욕주립대학교(버팔로)의 GIS 연구자인 데이비드 마크David Mark는 '연못'이라는 단어를 예로 들어 의미 통합의 어려움을 설명하고 있다. 연못을 나타내는 서로 다른 두 데이터베이스를 통합하는 것이 손쉬울 것이라 생각할 수 있지만 그는 캐나다만 하더라도 연못이 매우 다양한 의미로 사용되고 해석된다고 지적하고 있다. 예를 들어, 온타리오에서 연못은 작은 호수처럼 해석되지만 뉴펀들랜드에서 연못은 온타리오라면 호수의 특징을 갖는 매우 큰 수역을 일컫는다.

삼림지 내에 식생을 지도화하는 프로젝트를 생각해보자. 이 프로젝트는 서로 다른 두 전문가 집단이 수행하고 있다. 첫 번째 팀은 야생동물 전문가로 구성되어 있고, 두 번째 팀은 삼림 전문가로 구성되어 있다. 식생 데이터를 수집함에 있어 두 팀은 모두 그 지역에 대한 지식이나 교육, 경험이 풍부하지만 결과는 크게 다를 것이다. 야생동물 전문가는 야생동물에 중요한 식생(즉, 섭식을 위한 초지)을 강조하는 분류 체계를 사용할 것이다. 그러나 삼림 전문가들은 상업적으로 이익이 될 수종을 기록할 수 있는 분류 체계를 사용할 것이다. 두 분류 체계가 유사한 피처(전나무)를 포함할 수 있지만 유사한 피처에 대한 해석은 상당히 다를 수 있다. 야생동물 전문가는 수관밀도crown closure(수관밀도는 산림의 캐노피canopy

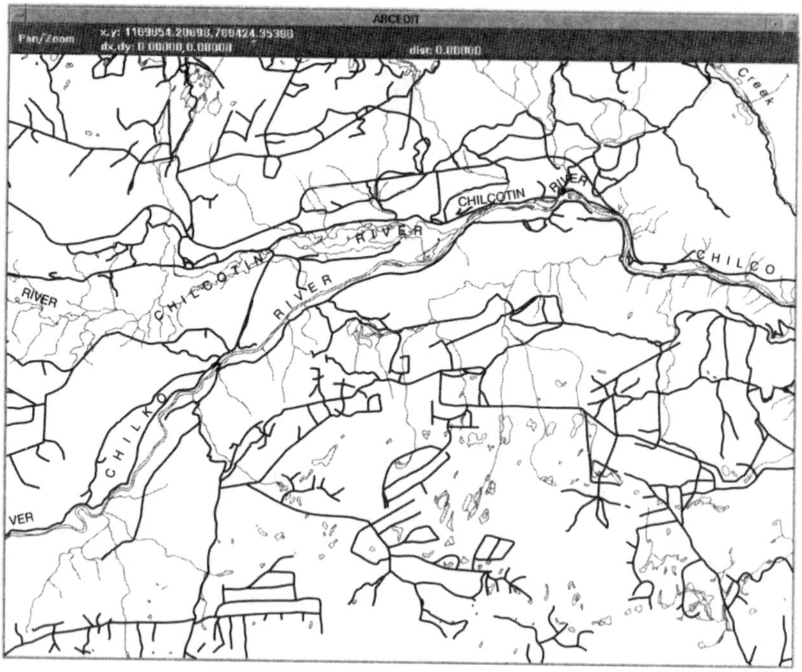

[그림 3.6a] 삼림부의 도로 데이터

출처 : *Cartography and Geographic Information Science*, vol. 29. Issue 4.

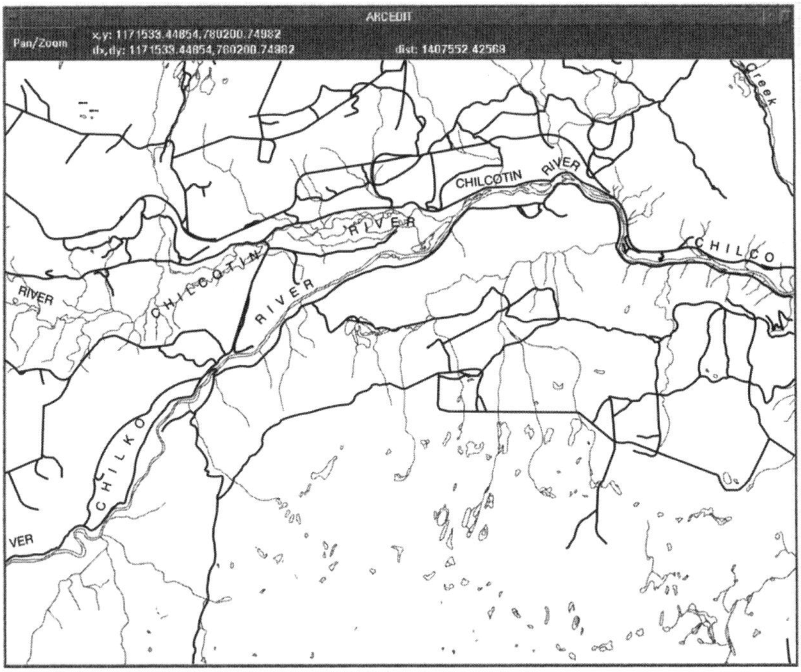

[그림 3.6b] 〈그림 3.6a〉와 동일한 지역에 대한 지속가능자원관리부의 도로 데이터
출처 : *Cartography and Geographic Information Science*, vol. 29. Issue 4.

밀도를 말하는데, 대개 수치로 표현된다. 100%는 산림의 캐노피 내에 빈 공간이 없음을 의미한다.)에 관심이 있을 가능성이 큰데, 전나무는 겨울철 동안 적설에 기여함으로써 야생동물의 생존에 중요하기 때문이다. 그러나 삼림 전문가들은 전나무의 높이나 직경에 관심이 많을 텐데, 이런 특성은 전나무의 상업적 가치와 관계되기 때문이다. 상이한 집단(야생동물 전문가와 삼림 전문가) 간에 의미적으로 서로 다른 용어를 사용할 가능성이 높을 뿐만 아니라 각 집단 내에서도 의미의 차이가 존재할 가능성이 있다. 사상을 추상화함에 있어 의미가 집단 내에서 등질적일 수 있는

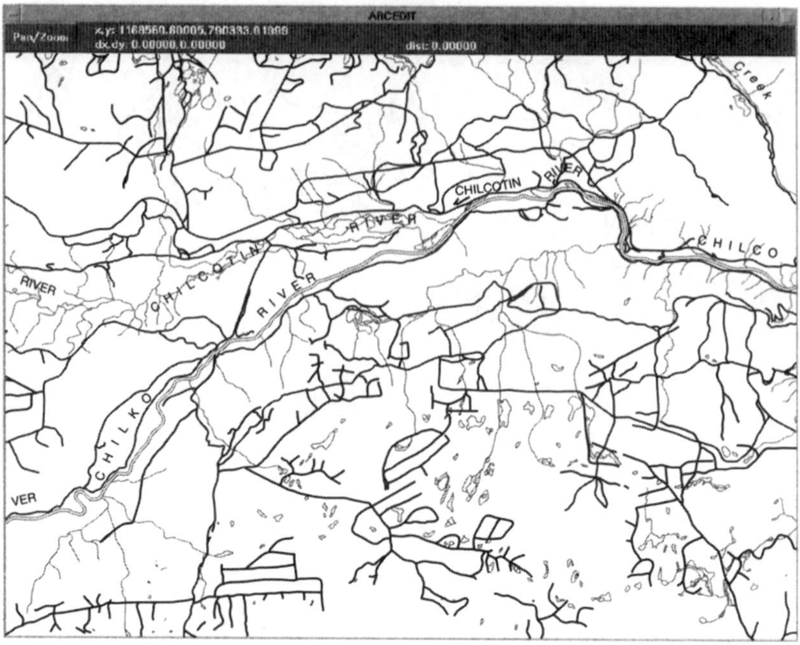

[그림 3.6c] **삼림부의 도로 데이터는 얇은 선으로, 지속가능자원관리부의 도로 데이터는 굵은 선으로 표시되어 있다. 다음의 웹 사이트에서 컬러 버전을 볼 수 있다.**
http://www. blackwellpublishing.com/schuurman.
출처 : *Cartography and Geographic Information Science*, vol. 29. Issue 4.

가, 그리고 한 집단에서 사용하는 의미를 다른 집단의 측면에서 판단할 수 있는가?

캐나다의 브리티시컬럼비아 주 소속의 두 기관이 각기 구축한 데이터베이스의 도로 데이터가 유용한 사례를 보여준다. 브리티시컬럼비아 주 정부의 부처들은 환경 및 삼림 데이터 셋을 별도로 수집하여 유지관리 해왔다. 피처를 파악하기 위한 상세하고 공통된 절차에도 불구하고 분류 체계에는 상당한 차이가 있었다. 도로는 그 구체적인 사례를 보여준다. 〈그림 3.6〉에 나타나 있는 것처럼 브리티시컬럼비아 주 삼림부

Ministry of Forests의 삼림 피복 데이터 셋에는 지속가능자원관리부 Sustainable Resource Management의 데이터 셋보다 도로가 더 많았다. 서로 다른 현장 조사를 바탕으로 제작된 두 부처의 지도에는 도로가 서로 다른 장소에 표현되어 있어 데이터가 일치하지 않는다. 〈그림 3.7〉에 나타나 있는 것처럼 도로가 동일한 공간 피처로 정의되어 있는 경우에도 도로의 의미론적 정의는 두 기관 간에 다를 수 있다. 동일한 두 도로가 서로 같은 피처를 재현하는 경우조차도 서로 다르게 정의될 수 있는 것이다.

이 사례에서는 동일한 구간의 도로에 대해 지정된 세부 정의가 기관 간에 달랐다. 삼림부는 다음의 정의를 사용한다.

DA25150000 : 한 장소에서 다른 장소로 차량(철로를 운행하는 차량은 제외)이 이동할 수 있도록 지표상에 특별히 마련한 길. 자원 도로가 전형적지만 공업용이나 휴양용일 수도 있다. 집재장에 접근하는 도로도 포함한다.

반면 지속가능자원관리부는 다음의 정의를 사용한다.

DD31700000 : 4륜 차량이 통과할 만큼 넓지 않지만 하이킹이나 자전거에는 적절한 좁은 길. 공원 내의 길이나 보드 워크board walk는 소로로 간주한다.

표면적으로는 크지 않지만 이러한 차이는 국가 간은 물론 동일한 주 내에서조차 정부 기관들 간에, 또는 정부 부처와 시민 환경 단체 간에 데이터 공유를 매우 어렵게 만든다. 그러한 의미상의 차이로 인해 다양한 수준의 정부 기관에서 찾아볼 수 있는 분산 데이터 수집 환경에서 디지털 데이터 공유의 기반이 약화될 수 있다.

현상의 복잡성이 증가하면 시맨틱 이질성semantic heterogeneity의 문제

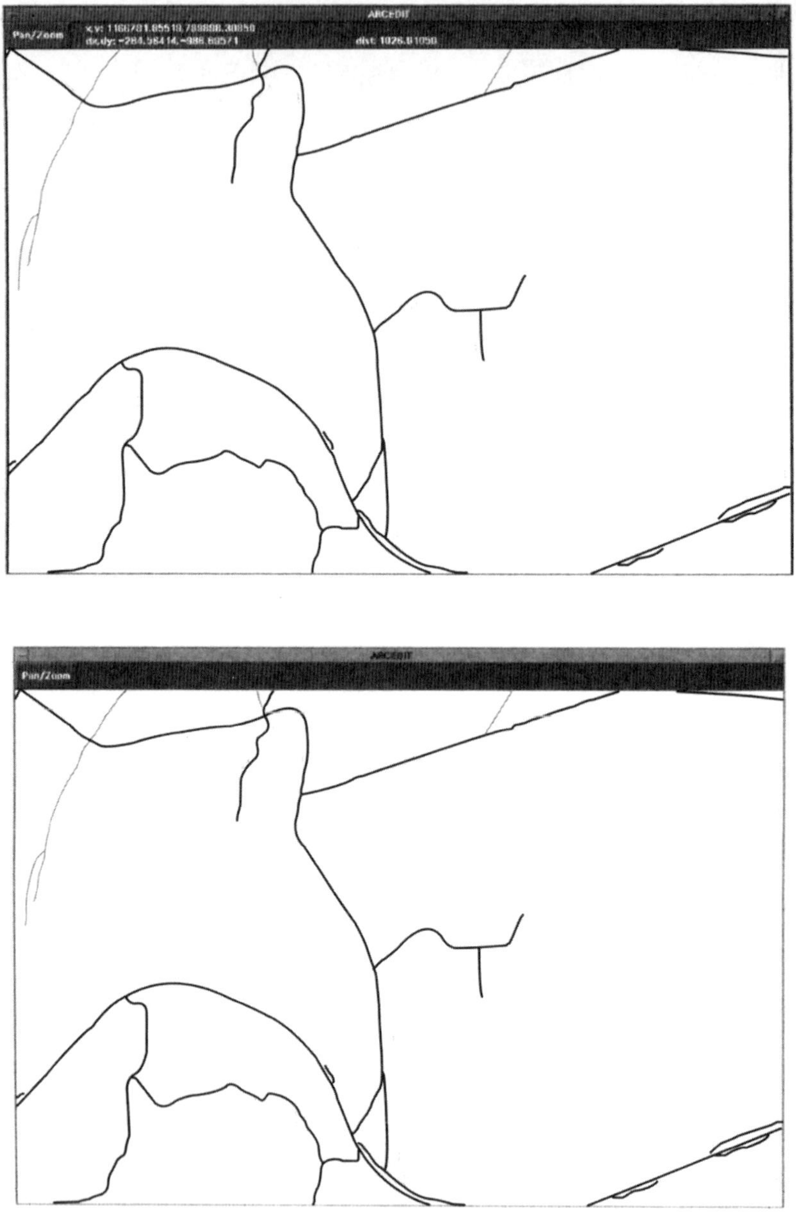

[그림 3.7] 브리티시컬럼비아 주의 일부 지역에 대한 삼림부의 도로 데이터와 지속가능자원관리부의 도로 데이터가 나란히 배치되어 있다. 두 도로 데이터가 동일한 피처를 오류 없이 표현하고 있고, 지도학적 재현도 동일하지만 두 부처에서 도로는 다르게 정의되어 있다.

가 더 커진다. 지리적인 범위 설정과 같은 의사결정을 위해 다양한 데이터 소스나 속성들이 함께 사용되는 상황에서는 언어와 데이터의 문제가 뒤섞인다. 예를 들어, 브리티시컬럼비아 주 뮬사슴에게는 동절기 동안의 섭식을 위해 보호된 서식지가 필요하다. 뮬사슴은 이 주의 카리부 지역에 집중되어 있다. 이 지역은 상대적으로 적설량이 많고 겨울 온도가 낮은 삼림지역이다. 동절기 동안의 섭식을 위한 초지를 보호하기 위해서는 지역 내의 수종이나 수관밀도, 교목의 수에 대한 정보가 필요하다. 흔히 이 세 가지 속성을 묶어 임분 구조stand structure 데이터라 부른다. 이 사례는 동절기용 초지로 지정된 일부 지역에 대한 임분 구조 데이터베이스가 이미 구축되어 사용하고 있던 경우에 해당한다. 이상적인 경우라면 환경토지공원부Ministry of Environment, Lands and Parks가 나머지 서식지들에 대해서도 임분 구조 데이터를 수집했어야 할 것이지만 시간과 비용의 제약이 뒤따랐다. 전체 지역에 대한 토지 이용 계획을 완성하기 위해 환경토지공원부는 삼림부가 보유하고 있는 삼림 피복 데이터를 그들의 데이터베이스와 통합하여 사용하고자 하였다.

'삼림지역'에서 '잔설지역'에 이르기까지 각 속성이 정의되어 있는데, 두 기관이나 연구자들마다 의미가 다르게 이해되었다. 결과적으로 서식지와 같이 복잡한 개념을 표현하는 데 적합한 지리적 속성이 무엇인지에 대해 합의하는 것은 어려운 과제가 된다. 이 사례에서 환경토지공원부는 처음에 그들의 임분 구조 데이터를 분류하기 위해서 1 : 15,000 축척의 항공사진을 사용하였다. 사진을 사용함으로써 그들은 잔설 구역이나 경사지, 향 그리고 삼림 상층부(삼림 캐노피의 엽층)의 수관밀도, 면적(헥타르)당 거목(미송)의 수 등에 대한 정보를 취득할 수 있었다. 하지만 삼림부의 자원관리부서에서 유지관리되고 있는 삼림 피복 데이터는 다른 방법을 통해 취득된 것이다. 준거 데이터는 원래 1972년에 1 : 20,000 축척에서 지도화되었으나, 속성 데이터는 수회에 걸친 현장 조사 프로젝트의 결과로 수집되었다.

데이터 수집 방법이 서로 다르면 언어 사용에서 차이가 발생하듯 의미상의 차이도 나타나게 된다. 각 데이터 수집 프로젝트는 상이한 목적을 가지고 수행되었으며, 상이한 인식론에 기반하여 이루어졌다. 생물 전문가, 삼림 전문가 그리고 GIS 전문가들은 세상에 대해, 그 속성에 대해 각기 다르게 기록하게 된다. 그럼에도 시간과 비용의 문제로 데이터를 통합하기로 결정하였고, 추가적인 문제들이 뒤따랐다. 환경토지공원부는 뮬사슴의 섭식이 가능한 지역을 파악할 목적으로 데이터를 수집하였다.

표 3.1 수관밀도 분류

계급	삼림 피복상의 수관밀도 값	임분 구조상의 수관밀도 값
0	0~5%	n/a
1	6~15%	0%
2	16~25%	1~15%
3	26~35%	16~35%
4	36~45%	36~55%
5	46~55%	>55%
6	56~65%	n/a
7	66~75%	n/a
8	76~85%	n/a
9	86~95%	n/a
10	96~100%	n/a

삼림부의 삼림 피복 데이터는 주로 삼림 관리 목적으로 수집되었다. 이렇게 서로 다른 목적으로 인해 임분 구조에 대한 정의 또한 달라지게 되었다. 예를 들어, '수관밀도'에 대한 정의가 서로 다르다. 환경토지공원부의 정의는 수관으로 뒤덮여 있는 지면의 면적에 기초하고 있으며, 기둥의 높이가 10.4미터 이상인 침엽수만 포함하고 있다. 삼림부의 정의는 활엽수와 키 작은 나무도 포함하고 있다. 게다가 이 지역에 대한 삼림부의 데이터는 1972년부터 구축되기 시작하였다. 그래서 의미적으로나 시간적으로나 두 데이터는 이질적이었다.

데이터가 일치하지 않을 뿐만 아니라 두 부처에서 사용되는 분류 체계도 달랐다. 〈표 3.1〉은 수관밀도에 대한 속성이 어떻게 다른지 보여주고 있다.

〈그림 3.8a〉와 〈그림 3.8b〉는 이러한 분류 체계의 상이함이 어떤 결과를 낳는지를 보여주고 있다. 두 지도에는 수관밀도가 최대인 삼림지의

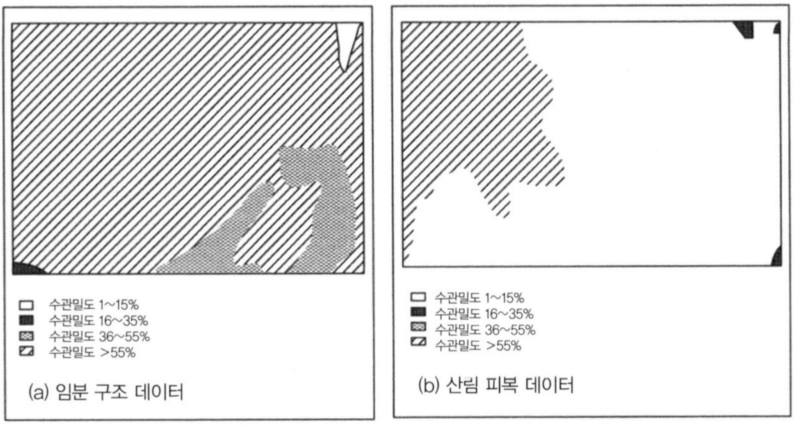

[그림 3.8] (a) 임분 구조상의 수관밀도 분포, (b) 삼림 피복상의 수관밀도 분포

영역이 매우 다르게 나타나고 있다. 이 데이터 통합 프로젝트와 관련된 다양한 문제들은 데이터가 결코 순수한 어떤 것이 아니라는 사실을 잘 보여준다. 데이터는 신념과 프로세스를 반영하고 있다. 데이터는 사회적인 것이며, 항상 특정한 인식론을 반영한다. 의미적으로 일치하는 경우조차도 분류가 서로 다를 수 있는데, 범주는 그 자체로 인식론의 표현이라 할 수 있다. 관심 분야나 영역 간에 발생하는 의미적인 차이로 인해 상호운영성은 GIS에서 지속적인 도전 과제가 되고 있다.

이질적인 공간 데이터의 의미를 일치시켜야 하는 커다란 문제에도 불구하고 다양한 소스의 데이터를 통합하는 것은 불가피하다. 특정 GIS 프로젝트마다 데이터를 각기 자체적으로 직접 구축하는 것은 경제적인 측면에서 실현가능하지 않다. 표준화는 다양한 소스의 데이터를 사용하기 위한 것으로서, 동일하지는 않지만 서로 유사한 개체나 속성에 이질적인 용어가 부여되어 있는 경우에 이를 통일하는 과정이다. 예를 들어, 토양을 나타내는 서로 다른 두 데이터셋은 통기율permeability이나 양토loam와 같은 용어를 매우 다르게 사용할 수 있다. 메타데이터를 통해 데이터를 정의하기 위해 사용된 기준에 대해 파악할 수 있다면 속성의 의미가 보다 밀접히 일치하도록 다양한 소스의 데이터를 재분류하는 것이 가능하다. 예를 들어, 삼림 피복 데이터셋에 사용된 도로의 정의는 지속가능자원관리부에서 사용되는 것과는 매우 다르다. 도로는 흔히 동일한 사상을 지칭하지만 그 의미와 물리적인 표현은 맥락이나 해석에 따라 달라진다. 범주(정의)와 실례(실제 정의된 도로) 간에는 뚜렷한 차이가 존재한다. 이것은 도로에 대한 운영자들의 해석 범위가 넓을 뿐만 아니라 두 부처 간의 제도적인 문화가 상이해서 발생한 결과일 가능성이 높다. 도로라는 용어를 표준화하기 위해서는 도로에 대한 정의 자체뿐만 아니라 '도로'가 제도적인 환경에서 어떻게 다르게 해석되었는지를 이해할 필요가 있다.

또한, 서로 다른 소스에서 나온 데이터 테이블을 조인함에 있어 이름은 다르지만 동일한 개체를 지칭하고 있는 경우를 파악할 방법이 존재하지 않는다. 예를 들어, '공원'과 '휴양지', 혹은 '벌목도로'와 '접근이 제한적인 도로'는 동일한 것을 나타내지만 그 지역에 대한 지식이 방대한 운영자가 체크해두지 않으면 서로 별도의 범주로 남아 있게 된다. 불행하게도 데이터를 통합하는 과정에서 발생할 수 있는 복잡성을 알고 있는 GIS 사용자는 많지 않으며, 데이터 셋을 통합하기 전에 제도적인 문화를 파악할 시간도 충분하지 않다.

그러나 GIS 학계에서 의미 표준화의 중요성에 대한 인식이 높아지고 있으며, 많은 학자들은 다양한 소스로부터의 데이터를 표준화하는 방법들을 개발하고 있다. 다중의 데이터 테이블로부터 용어를 자동으로 서로 일치시키는 연합형 데이터 공유federated data sharing를 포함하여 다양한 접근법들이 개발되어 왔다. 또 다른 접근법에서는 언어학과 컴퓨터 과학의 개념을 사용해 유사한 설명을 공유하는 용어를 자동으로 파악한다. 이러한 접근법 중 하나는 유사한 맥락을 갖는 용어들을 찾아 그들 간에 동치 관계equivalences를 생성하는 방법이다. 그러나 각각의 방법은 첨단 데이터베이스 기술(객체지향 기반)에 대한 강조, 그리고 '맥락context'이나 '동치equivalence'와 같은 복잡한 관계가 컴퓨터에 의해 이해되고 구현될 수 있어야 한다는 가정으로 인해 제한적이다. 일상적인 GIS 사용자들은 여전히 특정 프로젝트와의 연관성을 극대화하는 방식으로 다양한 데이터 테이블들을 조인해야 하는 문제에 봉착해 있다. 데이터 수집, 표준화 및 분류와 관련된 문제들은 의사결정자들에게도 난제가 되고 있다. 데이터의 가변성이나 뜻하지 않은 변동성은 다음 사례에 나타나 있듯 많은 GIS 분석의 실행가능성에 영향을 미치고 있다.

데이터 취득, 표준화, 분류 : 지하수 데이터의 사례

캐나다의 시추 검층well-log 데이터의 사례를 통해 데이터 처리, 표준화, 분류의 복잡성을 살펴본다. 환경에 대한 위협이 우리의 생활수준과 삶의 질을 위태롭게 함에 따라 인문지리 분과에서 환경 전공이 급증하고 있다. 검층 데이터가 왜 인문지리학들의 관심 대상이 되는지 일견 파악하기 어려워 보이지만, 데이터와 분석, 연구 지역 간의 관련성에 대한 좋은 사례를 제시해준다. 인문지리학자들은 어느 지역이 환경적으로 취약한지를 파악하는 데 관심이 있다. 지하수에 대한 검층 기록은 지구의 하부를 형성하는 구조를 파악하기 위한 수단이 된다. 즉, 이 자료는 대수층aquifer과 반대수층aquitard(물의 흐름을 방해하는 장애물)의 위치를 파악하는 데 사용되는 데이터이다. 〈그림 3.9〉는 검층 데이터를 사용하여 작성한 도식으로, 지표 아래에 무엇이 있는지를 나타내고 있다. 지구과학자들은 물의 유동 방향에 대한 모델을 개발하고, 대수층이 존재할 가능성이 높은 위치를 파악하기 위해 여러 횡단면상에서 수집된 정보를 사용할 수 있다. 대수층의 위치나 그것이 채워지는 방식에 대한 지식은 환경적인 취약성을 평가하기 위한 필수 정보가 된다. 지하수는 음용수나 농업용수, 어류 서식 하천이나 휴양지를 위한 용수로 사용되기 때문에 그

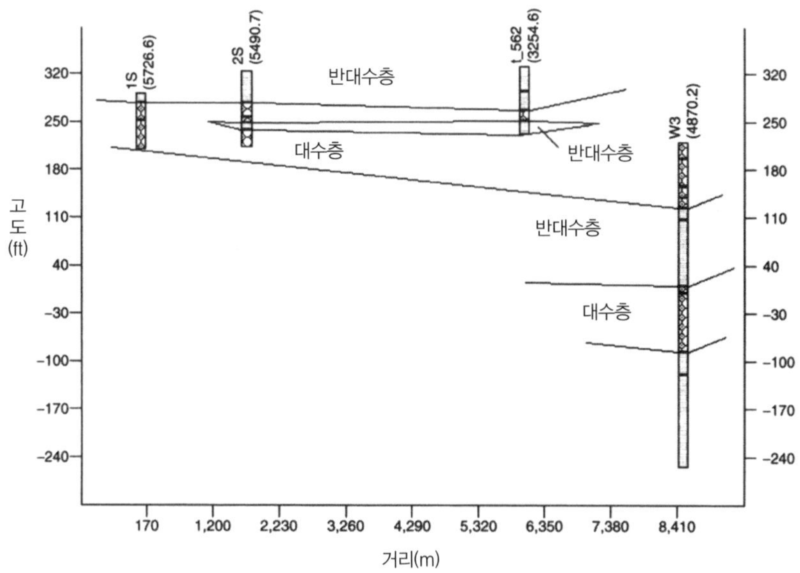

[그림 3.9] **검층 데이터에 기초한 횡단면도**

시추공마다 암질 정보와 함께 검층 기록이 작성된다. 이 데이터는 지하 공간을 파악하기 위한 기초 자료가 된다. 위 그림에서 물이 흘러갈 수 있는 곳은 '대수층'으로, 기반암과 장애물은 '반半대수층'으로 구분되어 있다. 이러한 구분을 종합하면 지하의 암질 구조에 대해 간략히 재구성할 수 있다.

러한 지역은 일반적으로 보호 대상이 된다. 대수층 및 반대수층에 대한 정보를 사용하는 산업이나 활동으로는 음용수 관리, 도시 계획, 쓰레기 매립, 농업, 부동산 개발, 환경자원 관리 등을 들 수 있다.

다른 자원과 마찬가지로 물은 캐나다에서 개별 주의 자산으로 인식되므로 주 수준에서 관리한다. 대부분의 경우 지하수 관리는 검층 데이터에 기초한다. 이 데이터는 전국적으로 개별적인 지하수 시추업자들에 의해 수집되는데, 많은 경우 이들은 주택 소유자나 업체에 사적으로 고용되어 있다. 데이터 수집과 관련된 전문 지식의 수준은 매우 다양하다. 뉴펀들랜드에는 지하수 시추 업자가 7명뿐인데, 모두 주 정부의 환경노동부Ministry of Environment and Labour가 운영하는 교육을 수료하고, 사격을 인정받았다. 대조적으로 브리티시컬럼비아 주에서는 지하 공간을 조사하거나 결과를 주 정부에 보고함에 있어 교육 과정을 수료해야 할 필요가 없다. 주의 수자원관리법Water Acts도 서로 달라서 이 역시 데이터 간에 차이를 유발한다. 어떤 주에서는 시추업자가 검층 결과를 주 정부에 보고하는 것이 법적으로 규정되어 있지만, 다른 주에서는 자율 의사에 맡겨져 있다. 또한, 학술 연구를 위해 이 데이터를 이용할 수 있는지가 주마다 다르며, 검층 데이터가 디지털로 되어 있는지도 이용가능 여부에 영향을 미친다. 이 문제는 캐나다에만 국한되는 것이 아니다. 미국의 많은 지역에서도 지하수를 관리하기 위해 민간 시추업자의 검층 데이터에 의존하고 있다. 보고되는 데이터에 일관성이 없음에도 불구하고 이 데이터는 환경 자원 관리를 위해 필수적이다.

지하에 대한 GIS 모델링은 시추업자에 의해 현장에서 수집된 검층 데이터와 함께 시작된다. 지하수에 대한 시추는 보기보다 어려운데, 시추 위치를 이동해가면서 다양한 지층이나 암질을 파악하는 것은 훨씬 더 힘든 일이다. 시추 과정에서 다량의 진흙이 사용되는데, 결과적으로 지하의 많은 물질들이 진흙처럼 보인다. 온타리오에서 이루어진 한 연구에 의하면 시추업자들이 지하 물질의 약 40% 이상을 '점토'로 파악하였다. 캐나다 지질조사국Geological Survey of Canada 소속 과학자의 감독하에 같은 지역에 대해 시추한 결과에서는 2%만이 점토로 파악되었다. 지하의 암질을 파악함에 있어서 일관성이 유지되지 못하는 문제는 검층 데이터에 대한 이용가능성의 문제보다 훨씬 더 심각하다. 지층을 파악할 수 있도록 교육받은 시추업자는 거의 없으며, 시추업자가 시추 후에 도넛 가

표 3.2 지질학적 특성이 뚜렷한 브리티시컬럼비아 주의 세 지역에 대한 데이터 이질성의 수준

지역	굴착정의 수	암질 단위	암질에 대한 설명어
카리부	2,726	15,113	5,195
쿠트네이스	2,350	8,717	3,860
갈리아노섬	859	3,773	1,179

게에서 쉬면서 양식지를 채우는 시나리오를 상상하기 어려운 것도 아니다. 시추업자의 교육 및 훈련의 다양성으로 인해 데이터에 포함된 시맨틱 이질성semantic heterogeneity은 극심해졌다.

이러한 의미상의 차이가 어느 정도인지는 브리티시컬럼비아 주의 지하수 검층 데이터가 잘 보여주고 있다. 지질적으로 다양한 지역들을 포함하는 이 주에는 물질과 관련된 용어가 53개 이상 사용되고 있다. 이들은 41개의 서로 다른 형용사를 접두사로 사용하고 있다. 조합하거나 순서를 배열하는 규칙에 따라 암질을 다양한 방식으로 기술할 수 있다. 〈표 3.2〉에 제시되어 있듯이, 실제 소규모 지역에 대해서도 수천 개의 서로 다른 용어가 사용되곤 한다.

〈표 3.2〉는 2개의 준 산악 지역(카리부와 쿠트네이스)과 하나의 작은 섬을 대상으로 하고 있다. 각 지역에는 암질 단위의 수가 굴착정의 수보다 많은데, 이는 한 굴착정에 대해 깊이를 달리해 여러 샘플을 채취하기 때문이다. 이 표는 시추업자의 관심이나 경험에 따라 비슷한 암질을 기술하는 방식이 얼마나 다양한지 보여주고 있다. 예를 들어, 카리부 지역의 경우 5,000개가 넘는 용어가 사용되고 있다. 지도학 연구에 따르면 한 지도상에 7개 이상의 범주가 사용되면 지도를 읽는 사람이 이해하기 어려워진다. 5,000개는 전문가에게도 어려운 과제가 될 것이다. 그래서

첫 번째의 문제는 시추업자가 생각한 추론을 유지하면서 범주의 수를 어떻게 줄이느냐 하는 것이다. 두 번째의 과제는 이 데이터를 주, 국가, 심지어는 대륙 수준에서 표준화하는 것이다.

표준화는 분류와 밀접하게 관련되어 있는데, 데이터를 표준화하기 위해서는 공간 개체나 속성에 대한 범주나 계급을 설정해야 하기 때문이다. 이 사례에서 지하는 수많은 용어들로 기술되어야 할 거대한 정보 공간이다. 분류는 바로 그러한 용어들을 선택하는 과정이라 할 수 있다. 분류 체계는 절대적이고 매우 정확하다고 받아들이는 경향이 있지만 특정한 방식으로 세계를 바라보는 개인이나 기관에 의해 만들어진다. 삼림 전문가나 야생동물 전문가가 성림old-growth forest을 상이하게 분류하는 것처럼 수문 전문가와 석유 지질 전문가는 암질을 매우 다르게 분류할 것이다. 같은 현상이지만 분야마다 다른 정보에 관심이 있기 때문에 이러한 차이가 발생한다. 그러나 세계를 바라보는 다양한 방식은 표준화, 함축적으로는 GIS 분석의 범주와 관련된 문제의 일부에 지나지 않는다.

데이터처럼 분류는 특정한 기관이 처한 상황이나 문화를 반영하는 정치적 과정이다. GIS는 명확하게 정의된 공간 개체를 사용하는데, 벡터나 객체지향 환경에서 특히 그러하다. 그러한 개체는 엄밀한 선형 경계를 사용하여 표현되며, 예리하게 묘사되는 인상을 준다. 하지만 삼림에서부터 도시지역에 이르기까지 그러한 객체들의 경계는 종종 불분명하다. 이들의 범위를 결정하는 것이 바로 분류의 과정이다. 분류 체계의 내적 구조에는 어젠다가 반영되어 있는데, 이는 실행에 대한 연구를 통해 파악될 수 있다. 고프리 보우커Geoffery Bowker와 리 스타Leigh Star는 STSScience and Technology Studies(과학기술연구) 분야의 연구자들이다.

그들은 분류 체계가 만들어지는 방식에 대한 심층 연구를 수행하였다. 예를 들어, 보우커와 스타(2000)는 의학적인 질병을 분류하기 위해 사용되는 ICDInternational Classification of Disease(국제질병분류)가 환자보다는 의사의 관점을, 사회적 관습이나 환자의 관점보다는 법률적인 측면을 우선시하고 있음을 보여주고 있다. 보우커는 또한 생물학적 분류 체계가 과학에서의 절대 진리를 반영하기보다는 일정 기간 동안 유지되는 신념을 어떻게 반영하는지 그 방식에 대해서도 제시한 바 있다. 분류 체계가 제한적이긴 하지만 테이터를 GIS에서 사용하기 위해서는 반드시 표준화가 이루어져야 한다. 분류 체계는 또한 분석의 대상을 설정하기 위한 기초를 제공한다.

다른 정보과학에서처럼 GIS에도 보다 폭넓고 포괄적인 모델을 사용하기보다는 실용적이며 상황에 기반한 분류를 지향하는 경향이 있다. 예를 들어, 범주를 설정할 때 그 수를 특정 소프트웨어 응용프로그램이 지원하는 최대 값만큼 설정할 수도 있다. 보우커와 스타는 ICD의 예에서 이러한 경향을 보여주고 있는데, ICD에는 원래 200개의 범주가 있었고, 이는 오스트리아의 센서스 조사양식지 길이와 정확히 일치하는 것이었다. 이러한 실용주의가 그 자체로 잘못된 것은 아니지만 분류 체계는 당연시되는 경향이 있으므로 특별히 주의할 필요가 있다. 시간이 흘러감에 따라 분류 체계는 진리이며 필연적인 것으로 인식되기 시작한다. 일단 시스템이 정착되면 분류에 내재된 정치는 잊혀진다. 지하수 검층 데이터와 관련된 과제는, 분류의 '상황성situatedness'에 대해 사용자들이 인식할 수 있도록 하면서 동시에 환경 분석이 실행될 수 있도록 데이터를 분류하는 것이다.

코드matCode	물질에 대한 설명
99	기타(명확히 해당하는 코드가 없음)
11	덮혀 있거나 누락되었거나 이전에 시추가 이루어짐
10	채워짐(표토나 폐기물 등을 함유)
9	유기물
9-8	유기물, 표토
8	점토, 미사질 점토
8-1	점토, 미사질 점토(점이 층리 구조)
8-8	점토, 미사질 점토, 표토
8-9	점토, 미사질 점토(흑니토, 토탄, 나무 조각 함유)
7	실트, 사질 실트, 식질 실트
7-1	실트, 사질 실트, 식질 실트 (점이 층리 구조)
7-8	실트, 사실 실트, 식질 실트, 표토
7-9	실트, 사질 실트, 식질 실트(흑니토, 토탄, 나무 조각 함유)
6	모래, 실트질 모래
6-1	모래, 실트질 모래(점이 층리 구조)
6-8	모래, 실트질 모래, 표토
6-9	모래, 실트질 모래(흑니토, 토탄, 나무 조각 함유)
5	자갈, 역질 모래
5-1	자갈, 역질 모래(점이 층리 구조)
5-8	자갈, 역질 모래, 표토
5-9	자갈, 역질 모래(흑니토, 토탄, 나무 조각 함유)
4	점토-식질 실트 다이어믹타이트
4-1	점토-식질 실트 다이어믹타이트(암질)
(4-2	점토-식질 실트 다이어믹타이트(gr/sa/si/cl 혼합층)
4-8	점토-식질 실트 다이어믹타이트, 표토
4-9	점토-식질 실트 다이어믹타이트(흑니토, 토탄, 나무 조각 함유)
3	실트-사질 실트 다이어믹타이트
3-1	실트-사질 실트 다이어믹타이트(암질)
(3-2	실트-사질 실트 다이어믹타이트(gr/sa/si/cl 혼합층)
3-3	다이어믹타이트, 조직 알 수 없음
3-8	실트-사질 실트 다이어믹타이트, 표토
3-9	실트-사질 실트 다이어믹타이트(흑니토, 토탄, 나무 조각 함유)

[그림 3.10] 지하 물질을 분류하기 위해 사용된 물질의 코드 및 그에 해당하는 암석

코드matCode	물질에 대한 설명
2	실트질 모래-모래 다이어믹타이트
2-1	실트질 모래-모래 다이어믹타이트(암질)
(2-2	실트질 모래-모래 다이어믹타이트(gr/sa/si/cl 혼합층)
2-9	실트질 모래-모래 다이어믹타이트(흑니토, 토탄, 나무 조각 함유)
*(1	암석
1-1	석회암
1-2	셰일
1-3	화강암(기반암이거나 볼더)
1-4	백운석
1-5	잠재적인 기반암
1-6	사암
1-7	관입 석회암/셰일

[그림 3.10] **지하 물질을 분류하기 위해 사용된 물질의 코드 및 그에 해당하는 암석(계속)**

지하수 검층 데이터에 대한 표준화는 어떤 범주를 사용할 것인지, 그리고 그 범주에 맞도록 기존의 속성을 어떻게 분할할 것인지에 대한 의사결정을 수반한다. 캐나다에서는 국가 수준에서 분류 체계를 표준화하려는 시도가 몇 차례 있었다. 하지만 정치적 · 과학적 이유로 성공적이진 못했다. 물은 주의 자원으로 10개 주 정부에 의해 관리되고 있다. 분류에 대한 합의를 위해서는 다양한 관심 수준을 가진 여러 당사자들을 한 테이블 앞에 모아야 한다. 1991년에 지하수 분류와 관련하여 캐나다 10개 주간의 논의가 진행되었으나 제목에 '전국national' 이라는 단어를 포함할 것인지에 대한 문제로 인해 소득 없이 끝이 났다. 이 경우는 수문지질학적 차이라기보다는 자치권의 문제로 인해 교착 상태에 이르게 된 것이다. 캐나다에서 검층 데이터를 가장 성공적으로 분류한 시도는 지역 및 주 수준에서 이루어졌다. 캐나다 지질조사국 및 온타리오 환경부Ontario

Ministry of the Environment와의 협력으로 수행된 ORMOak Ridge Moraine 프로젝트는 검층 데이터에 기초하여 환경 모델링과 계획 수립을 위해 분류를 적용한 성공적인 사례를 보여주고 있다.

지하수 검층 데이터는 온타리오의 토론토대도시권Greater Toronto Area을 포함하고 있는 ORM의 대수층이 얼마나 취약한지를 심층적으로 연구하기 위한 기초 자료가 되었다. 이 프로젝트는 지구과학자, 도시계획가, 환경관리자 등에게 캐나다에서 가장 큰 대도시권(이 지역은 700만 명의 인구와 산업, 집약적 농업을 수용하고 있다)의 지하 공간에 대한 청사진을 제공하기 위해 기획되었다. 이 프로젝트는 캐나다 지질조사국의 전문가에 의해 개발된 분류 체계에 기초하여 검층 데이터를 표준화하는 것으로부터 시작하였다. 이 데이터는 대수층과 반대수층이 파악된 지하 공간에 대한 3차원 모델을 개발하기 위해 사용되었다. 검층 데이터의 질적 특성이 가변적이기 때문에 데이터의 신뢰성을 검토하기 위한 연구가 수행되었으며 그 결과들이 모델에 통합되었다. 이 모델은 이후에 정부 기관에서 도시 계획 수립과 쓰레기 관리 전략 수립, 모델링 연구 등을 위해 사용되었다. 이는 또한 온타리오의 워커톤Walkerton에서 있었던 수질 오염에 대한 사후 조사를 위한 모델이 되기도 하였다.

ORM 프로젝트의 표준화 체계는 지하 물질에 대한 12개 범주에 기초하고 있다. 〈그림 3.10〉에 제시되어 있는 것처럼 각 범주는 더 세분화되어 상이한 데이터 해상도에서도 표준화가 효과적으로 이루어질 수 있도록 하였다. 매우 상세한 설명이 필요한 사용자는 기본 범주를 더 세분화할 수 있다. 원 검층 데이터의 질적 특성이 가변적이므로 대개는 보다 일반적인 설명이 더 적절하다. 준거 데이터를 이용할 수 있는 경우에는 더 상세한 것이 바람직할 수도 있다. 캐나다 지질조사국의 과학자들은 이 데이터를 사용하여 ORM 지역의 지질에 대한 개념 모델은 물론 지하수의 방향과 흐름을 살펴볼 수 있는 3차원 수문지질학 모델을 개발하였다. 그들의 연구는 빠르게 성장하고 있는 토론토대도시권의 수자원 환경 관리를 위한 기초가 되었다. 아이러니하게도 과학자들이 이 검층 데이터를 모델링과 환경 연구에 사용할 수 있도록 만드는 과업을 수행하면서 데이터 관리 및 정책과 관련된 새로운 문제들을 파악하게 되었다.

ORM 프로젝트의 데이터는 캐나다의 연방 정부 및 주 정부, 그리고 국제적으로 수집되고 있는 방대한 데이터의 일부이다. 대부분의 국가들에서 GIS 분석에 사용되는 공간 데이터를 수집하고 관리하는 주요 주체는 정부기관이다. 일단 수집되어 분류되면 이 데이터는 저장되어야 한다. 예를 들어, 온타리오에서 '광산 및 자연자원Mines and Natural Resources'은 지구과학 분야의 데이터 웨어하우스이다. 이들이 겪게 된 문제 중의 하나는 공간 데이터가 시간을 따라 만들어지게 된다는 점이다. 사실 우리는 공간 데이터가 아니라 시간상에서 스냅샷으로 나타나는 시공간적 개체를 다루고 있는 것이다. 검층 기록은 데이터상의 스냅샷이다. 기록 데이터가 계속해서 수집되어 중앙 집중적으로 관리되면 직접적이지 않은 다른 2차적 프로젝트에 적합하도록 데이터를 변환하는 문제는 계속 커지게 될 것이다. 게다가 데이터가 일단 이용가능해지면 사람들은 그것을 무시할 수 없게 된다. 부동산과 같은 개발 프로젝트나 매립지 운영에서 수문지질학적 데이터는 원하는 바가 아닐 수 있다. 개발자들은 데이터가 더 많아지면 위험하다고 생각한다. 데이터는 그들의 목적을 달성하는 데 반드시 도움이 되는 것이 아니다. 지하 공간이나 다른 환경 데이터를 통해, 새로운 개발이 지표에 가까운 대수층을 잠재적으로 위협하는지, 혹은 계획 중인 주거 단지를 감당할 만큼의 지하수가 충분하지 않은지 파악할 수 있고, 만일 그러하다면 그 개발과 관련하여 더 이상 "모든 것이 잘 될 것이다."라고 말할 수는 없을 것이다. 캐나다 지질조사국의 과학자들은 데이터의 저장 관리로 인해 지역 사회에 대한 책임성이 더 커졌다고 설명한다. 더 많은 데이터를 수집할수록 개발자나 수자원 관리자, 그리고 여타의 이해당사자에게 그것을 설명하고 해석해주어야 한다. 이러한 과제에도 불구하고 표준화는 여러 이해 당사자들이 데이터에 접근할 수 있도록 하기 위한 중요 수단이 된다. 수년 전 캐나다 통계청 Statistics Canada이 캐나다 지질조사국과 접촉한 바 있는데, 그들은 캐나다의 지하수 총량이 얼마인지 파악하고자 했다. 이것은 겉으로 드러나진 않았지만 데이터 표준화에 대한 요구가 강하게 존재하고 있음을 보여주는 신호였다. 그러나 문제는 정치적으로 봤을 때 그것이 가능하겠느냐는 것이다.

분류의 과정과 표준화를 둘러싼 정치의 문제를 피해가기 위해서는 유연성이 핵심적인 요소가 된다. 사이먼프레이저대학교Simon Fraser University 지리학과에서는 보다 유연한 분류 체계에 대한 연구를 수행하였다. 이 연구는 검층 데이터를 사례로 하고 있지만 도로나 삼림과 같은 다른 데이터에도 적용가능하다. 브리티시컬럼비아 주에서는 검층 데이터가 최근까지 가공되지 않고 있었다. 지구과학자인 다이애나 알렌Diana Allen 박사와 저자는 공동으로 새로운 검층 데이터 분류 체계를 개발하였는데, 이는 캐나다 전역은 물론 국제적으로 사용될 수 있으면서도 매우 개괄적이어서 엄격한 분류 체계가 가진 단점을 피할 수 있다. 첫 번째 단계는 사용자가 기반암 물질과 지표 물질(기반암을 덮고 있는 토양과 표석 점토) 중 하나에 초점을 둘 수 있도록 옵션을 제공하는 것이었다. 다음 단계는 GIS에서 이 데이터를 사용할 수 있도록 표준 암질 정보를 작성하는 과정에서 원래의 설명을 남겨두는 것이었다. 이를 통해 특정 분류 체계에 대해 의문을 가질 수 있는 미래의 사용자들은 원래의 설명에 사용된 용어를 살펴볼 수 있게 된다.

정부 기관에서 데이터를 분류하는 데 있어 장애가 되는 또 다른 요소는 그것이 상당한 자원을 요하는 힘든 과정이라는 점이다. 표준화 과정을 자동화하기 위해 연구 보조인 리 왕Lee Wang과 저자는 비주얼베이직Visual Basic으로 표준화를 수행하는 응용프로그램을 개발하였다. GUIGraphic User Interface를 통해 사용자는 전 세계 어느 곳에 있는 검층 데이터베이스라도 깊이 별로 구분되는 암질 단위만 포함하고 있다면 가져와 표준화할 수 있다. 해당 GUI는 〈그림 3.11〉에 제시되어 있다. 사용자는 이 과정에는 능동적으로 참여할 수 있는데, 2개의 분류 체계(ORM 분류 체계와 보다 완전하지만 더 복잡한 브리티시컬럼비아 분류 체계) 중 하나를 선택할 수 있다. 여러 분류 체계를 추가하여 풀다운 메뉴로 접근할 수도 있다. 사용자는 표준화 방법으로 자동화와 반자동화 중에서 선택할 수 있다. 후자의 경우는 표준화의 규칙상 한 항목에 대해 2개 이상의 속성이 가능한 상황이 존재하면 프로그램이 사용자에게 알려준다. 예를 들어, 숙련된 수문지리학자는 이 옵션을 선호할 수 있는데, 그 지역에 대한 암질적인 맥락이나 지식을 활용한 의사결정이 가능하기 때문이다. 사용자는 또한 규칙들을 살펴볼 수 있는데, 그 규칙이 특정한 응용에 적합한지의 여부를 결정할 수 있다. 한 지역이 지진과 같은 사고에 안정적인지

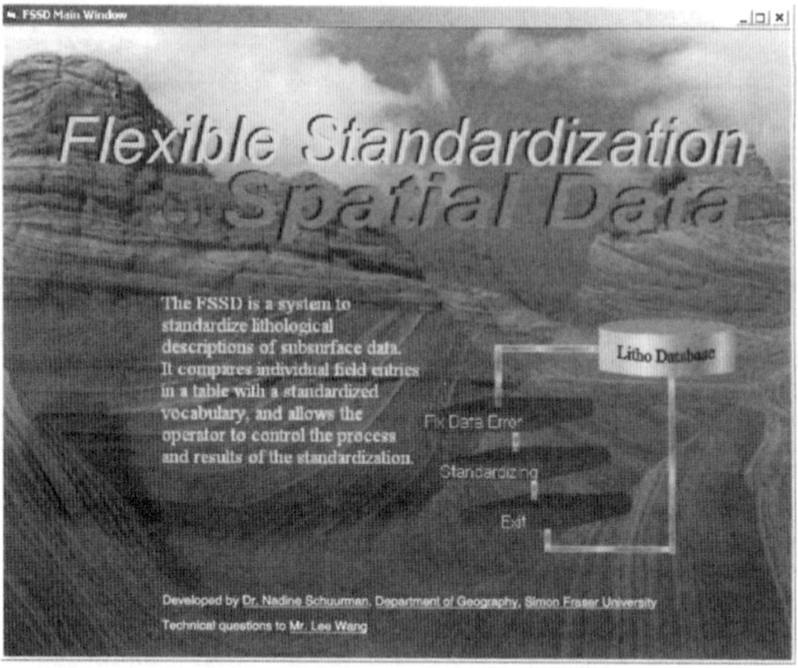

[그림 3.11] **검층 기록상의 암질 분류를 표준화하기 위해 개발된 응용프로그램의 GUI**
이 GUI는 표준화 과정을 자동으로 수행할 수도 있지만, 각 암질 항목에 해당하는 용어를 분류 체계로부터 직접 지정하는 방식으로 그 과정을 제어할 수도 있다.
출처 : *Cartography and Geographic Information Science*, vol. 29, Issue 4, p. 350.

를 파악하기 위해 검층 데이터를 사용하는 도시계획가는 애매한 경우에 모래보다는 자갈과 관련된 설명이 많은지 결정하기 위해 '규칙 보기'를 선택할 수 있다. 〈그림 3.12〉는 사용자에게 옵션을 선택할 수 있도록 하는 화면을 보여주고 있다. 만일 원 데이터상에 '모래와 자갈'로 구분되어 있던 것이 표준화 규칙에 따라 자갈로 변경된다면, 지진에 영향받을 위험이 과소 추정될 수 있다. 이 유연적 표준화flexible standardization GUI는, GIS에서 데이터를 준비하는 도구가 분류와 관련된 많은 인적 요인과

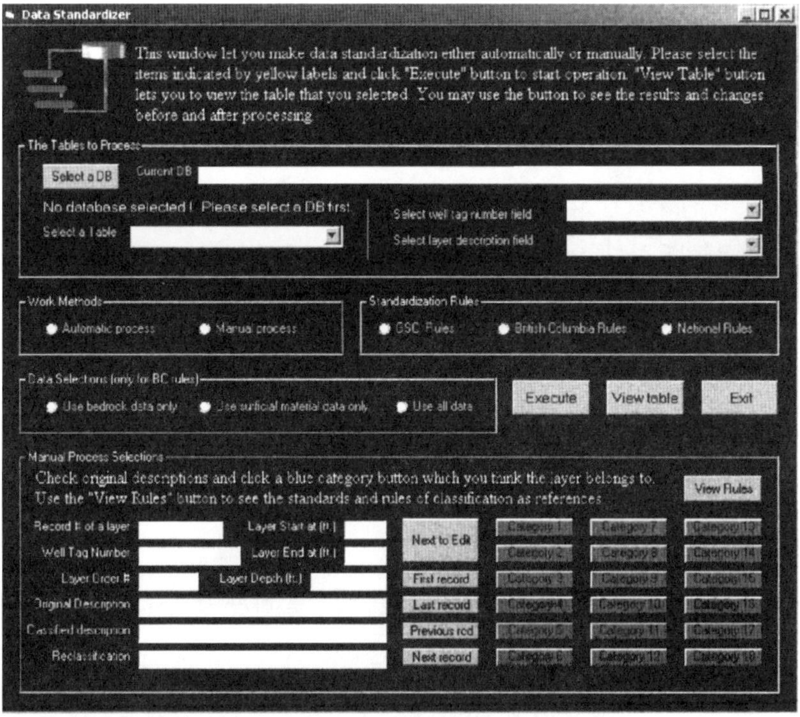

[그림 3.12] **유연적 표준화 GUI의 데이터 표준화 화면**
사용자는 '수동' 옵션을 선택해 각 용어의 의미가 어떻게 해석되도록 할지 제어할 수 있다.
출처 : *Cartography and Geographic Information Science*, vol. 29, Issue 4, p. 350.

복잡한 문제를 고려하면서도 분류의 실용적인 목적을 달성할 수 있음을 보여준다. 그러나 사람들의 설명과 해석을 고려하여 표준화를 달성하는 것을 완벽할 수 없는 도전이라 할 수 있다.

표준화와 분류는 그것을 실제로 구현하는 과정에서 수반되는 정치나 의사소통을 위한 것이 아니라 모델에서 사용하기 위한 목적으로 데이터를 준비하는 과정이다. 2000년 5월 워커톤에서는 시 정부에서 공급하는 물이 오염되면서 그 물을 마신 후 7명이 사망하고 2,300명이 병균에

감염되는 사고가 발생했다. 참사 2년 후 발표된 정부의 조사 결과 오염된 물을 마신 수백 명의 아이들이 평생 동안 신장합병증으로 고통받게 될 것으로 추정되었다. 워커톤은 남부 온타리오의 작은 도시로 ORM에 위치하고 있다. 주민들은 지하수 우물을 통해 공급되는 시 정부 급수장의 물을 이용한다. 2000년 5월 이 지역의 식수가 대장균 O15H7에 의해 오염되었다. 조사 결과 5번 우물이 오염원으로 밝혀졌는데, 이례적인 폭우로 인해 거름이 우물 주변으로 확산된 것과 관련이 있었다. 대장균 오염은 농업 활동이 아니라 우물과 우물을 통해 공급되는 공공 식수에 대한 염소처리를 제대로 하지 못한 공공 서비스의 관리 실패로 인해 발생하였다.

거름과 관련된 오염을 해독하기 위해 염소를 다량 사용하는 것의 환경적 문제에 대한 논쟁이 있지만 이는 논외로 하고 오염과 관련된 설명을 더 살펴보자. 5번 우물은 깊이가 5미터 밖에 되지 않았고, '표토층 overburden' 이라는 굳지 않은 물질로 덮여 있었다. 울타리 기둥이나 스프링과 같이 표토층 속으로 들어가 있는 매개체가 있었을 것이다. 이 통로를 통해 희석된 거름이 지표에서 기반암으로, 다시 대수층으로 흘러 들어가게 되었을 것이다. 표토층을 통해 대수층으로 들어가는 경로가 여럿 있었을 뿐만 아니라 주변의 기반암 자체도 부서져 거름으로부터 박테리아가 바위 틈을 지나 우물 속으로 들어갔을 수 있다. 온타리오 정부 차원에서 오염을 조사한 데니스 오코너Dennis O' Connor는 "5번 우물은 상수도에 필요한 물의 대부분을 공급하고 있는 가장 중요한 우물이었다."라고 지적하였다.

5번 우물의 취약성은 우물이 승인되기 한 해 전인 1978년에 처음으로

지적된 바 있다. 그러나 그때는 승인과 관련된 별도의 요건이 제정되어 있지 않았다. 그 후 환경부Ministry of Environment는 1991년, 1995년, 1998년 워커톤 상수도 시스템을 조사하였지만 5번 우물의 위험은 모두 간과되었다. 캐나다 지질조사국의 책임 수문지질학자인 데이비드 샤프David Sharpe 박사는 워커톤 사건에 대해 조사가 진행되었을 때 증언을 하였다. 그는 ORM의 검층 데이터를 표준화하기 위해 온타리오 환경부와 캐나다 지질조사국의 공동 프로젝트를 시작함은 물론 책임까지 맡고 있었는데, GIS 기반의 지질 모델링에 기반하여 5번 우물의 취약성을 예증할 수 있었다. 표준화 프로젝트와 GIS 모델은 5번 우물이 승인된 지 10년 이상 구상되어 왔지만 그들이 다루는 정보는 수년 동안 부처에서 이용할 수 있었던 것들이었다. 수자원에 대한 전략적 계획 수립에 그것이 통합되지 않았던 것은 750명을 해고할 정도로 극심했던 예산 삭감, 주 정부의 강한 자원관리 민영화 추진, 동일 조직 내 부문들 간의 구조적 분리 등 일련의 정치적이고 관료주의적인 분리 체제 때문이다. 2000년 워커톤의 비극은 검층 데이터가 환경 의사 결정 및 보호에 있어 가지는 중요성을 상기시켜준다. 그것은 또한 데이터의 생산 및 이용, GIS 분석에 동반하는 정치에 대해서도 상기시켜주고 있다.

결론 : 데이터는 세상에 대한 유용한 이야기

대니 도링Danny Dorling은 "데이터는 개인적인 진술의 복수형"이라고 재치 있게 말한 바 있다(2001, 1355). 그는 데이터가 특정한 목적을 염두에 두고 만들어지며, 데이터 수집가와 사용자 모두의 가정이나 선입견을 반영하고 있다는 사실을 지적한 것이다. 사실 데이터는 화자에 따라 다르게 표현되는 세계에 대한 이야기라고 할 수 있다. 데이터가 모든 GIS 분석의 기초가 아니라면 GIS의 입장에서 이는 흥미로울 수 있지만 별 관계는 없는 이야기가 될 것이다. GIS의 가치를 가장 잘 드러내는 것은 데이터의 품질이다. 그런데 데이터가 허용하는 범위 안에서만 GIS 분석 결과를 신뢰할 수 있다면, 이것은 좋은 데이터와 나쁜 데이터가 존재함을 시사한다. 하지만 이것은 너무 단순한 구분이다. 특정한 연구를 대상으로 데이터의 적절성에 대해 이야기하는 것이 보다 유용할 것이다. 브리티시컬럼비아 주의 삼림을 대상으로 환경토지공원부와 삼림부가 수관밀도 및 여타 특성에 대해 수집한 데이터의 사례가 적절할 것으로 생각된다. 환경토지공원부의 목적은 힘겨운 동절기 동안 뮬사슴의 서식지를 보존하는 것이었다. 삼림부는 임분의 수종과 수령, 규모에 기초하여 벌목이 가능한 삼림지역을 반영하는 데이터를 만든다. 각 데이터는 동일 지역에 대해 수집되지만 서로 다른 이야기를 한다. GIS는 이러한 이야기의 저장소이자 해석자가 되지만 원래의 맥락을 반영하고 있다.

세계에 대해 서로 다른 이야기를 하기 위해 수집된 데이터가 전혀 새로운 이야기를 만들기 위해 동기화되어야 할 때 표준화 과정은 어려워진다. 예를 들어, 검층 데이터는 지하수의 양은 극대화하면서도 시추 비용은 최소화할 수 있는 굴착 지점의 위치를 파악하기 위해 수집된다. 그러나 그 데이터는 환경 의사결정자나 지방정부 계획가, 쓰레기 관리 전문가 등이 인간 활동에 취약한 대수층을 파악하기 위해 사용될 수도 있는데, 수문지질학적 정보로는 이 데이터가 거의 유일하다. 이 데이터를 변환하여 다른 이야기를 하기 위해서는 표준화와 분류 과정을 통해 고도로 정제되어야 한다. 정비 과정에서 정보가 손실될 수 있지만 대개는 데이터의 온전함이 훼손되더라도 그만큼의 가치가 있는 것으로 간주된다. 데이터가 재해석된다는 것이 문제라기보다는 모든 데이터는 세계에 대한 해석의 결과라는 것을 GIS 사용자들이 인식하고 있느냐가 중요하다.

GIS가 수행되는 인식론적 맥락에 대해 지리학 내에서 치열한 논쟁이 있었다. 저자는 GIS를 규정하는 유일한 방법이 실용주의pragmatism를 표방하는 것이라는 주장을 한 바 있다(Schuurman 2002). 실용주의는 반정초주의antifoundationalist라고 할 수 있는데, 지식의 생산자를 관찰자라기보다는 참여자로 간주한다. 실용주의에서 지식은 세계를 조직하기 위한 도구 혹은 그것에 대한 이해라고 할 수 있다. 또한, 진리는 그것을 파악할 수 있는 외적 공간이 존재하지 않는다는 의미에서 절대적인 것이 아니며, 인식론적인 기준에 의해 상세히 정의될 수 있는 것도 아니다. 더욱이 진리는 수정가능하다. 이것은 GIS의 기초가 되는 어떤 데이터에도 적용될 수 있는 이야기이다.

데릭 그레고리Derek Gregory(1994)는 지식에 대한 실용주의적 접근이 '자기수정적 탐구self-correcting inquiry' 를 포함하고 있다고 지적한 바 있다. 데이터는 이미 존재하고 있기 때문에 손쉽게 사용되며, 특정한 목적을 위해 새로운 데이터를 수집하는 비용이 프로젝트 예산에 포함되지 않는 경우가 허다하다. 문제는 그 데이터가 다른 이야기를 쉽게 해주듯 여러분의 이야기도 쉽게 해줄 것이라고 가정하는 것이다. 해결책은 데이터를 관리하며 어디서 온 것인지, 누가 수집한 것인지, 누가 비용을 댄 것인지, 어떻게 현재 형태로 변환된 것인지 파악하는 것이다. 이러한 정보를 필요로 한다는 것은 메타데이터에 대한 논거가 되는데, 이는 데이터와 그 데이터를 GIS에서 사용함으로써 도출되는 이야기가 어떠한 상황 속에 있음을 인식하고 있다는 것을 함축하고 있다. 책임은 '자기수정적 탐구' 에 참여하는 GIS 사용자들에게 달려 있으며, 이는 데이터에 대해 책임을 진다는 의미를 내포하고 있다.

제4장

모든 것의 합체 : 공간적 현상의 분석과 모델링을 위해 GIS 사용하기

데이터와 데이터 모델은 GIS의 중요한 구성요소이다. 하지만 GIS의 진정한 힘은 데이터 모델이라는 틀을 통해 컴퓨터 속에 저장되어 있는 데이터, 그 자체 이상의 것을 우리에게 얘기해줄 수 있는 능력으로부터 나온다. GIS 분석의 거장인 스탠 오펜쇼우Stan Openshaw(1997)는 GISystems의 95%가 (훨씬 더 복잡한 분석 능력에도 불구하고) 단지 데이터를 저장하는 데만 사용되고 있다고 지적한 바 있다. 10년 전 즈음을 생각한다면 이것은 사실이다. 그러나 GIS 데이터 관리자들은 점점 더 공간적 관련성spatial relationships을 확인하고 분석하는 데 GIS를 사용하는 것의 가치를 인식하게 되었다. 이 장에서는, 공간적 관련성에 대한 우리의 이해와 인식을 변화시키는 공간분석spatial analysis의 힘에 관해 다룬다. 데이터에 관해 다룬 제3장에서는 분석이 데이터에 의존한다는 점이 강조되었다. 그러나 분석 역시 그 자체의 논리, 가정, 합리성을 가진다. 몇몇 사례를 통해 GIS가 보유한 질의query 능력을 보여줄 것이다. 이 사례들을 살펴봄으로써 공간분석이 단순한 데이터 관리나 지도를 통한 데이터의 디스플레이와 어떻게 다른지를 인식하게 될 것이다.

공간분석의 한 유형으로서의 변형transformation은 재분류reclassification나 불 대수Boolean algebra와 같은 특정한 수학적 논리에 의존한다. 변형 오퍼레이션의 기초적인 원리를 이해함으로써 GIS 오퍼레이션에 대한 궁극적인 시각을 가질 수 있을 것이다. 공간분석은 다양한 영역에서 다양한 방식으로 행해지지만, 공통적인 절차가 존재한다. 환경 관리 영역의 두 가지 사례가 제시될 것인데, 이를 통해 GIS 분석이 얼마나 넓은 영역에서 적용되고 있는지 이해하게 될 것이다. GIS 분석이 디지털 오퍼레이션에만 전적으로 기반을 두는 것은 아니다. 분석의 많은 부분은 사용자들이 공간 패턴을 확인할 수 있게 해주는 정련된 그래픽 디스플레이를 통해 성취된다. 공간분석의 확장으로서의 비주얼라이제이션visualization의 힘은 밴쿠버 지역의 결핵 연구를 사례로 설명된다. 공간분석의 마지막 예는 사이먼프레이저대학교에서 현재 진행 중인 공공보건 연구에 기반하고 있다. '도시 구조Urban Structures' 프로젝트는 보건과 웰빙에 영향을 주는 요소들의 복잡성을 이해하는 데 GIS가 커다란 도움을 준다는 사실을 보여준다. 이러한 예들을 살펴봄으로써 GIS가 데이터와 연구 가설을 사용하여 공간적 사건과 관련성들에 대한 설명을 구성함으로써, 정책 결정자, 보건 연구자, 환경 보전 단체 혹은 GIS에 의존하는 무수히 많은 조직체들에게 도움을 주는 방식에 대한 통찰력을 얻게 된다. 그러나 GIS는 특정한 경제적 · 사회적 맥락 속에서 작동하며, 집단 간 불평등과 필연적으로 관련된다. 이 장의 마지막 절에서는 GIS가 작동되는 합리성rationalities에 대해 다룰 것이다.

지방자치단체들에 의해 구축되고 관리되는 지적정보시스템cadastral systems의 예를 통해 공간분석의 힘을 살펴보고자 한다. 역사적으로 볼 때, 지적정보시스템은 필지, 토지 소유권, 토지 가격 및 세율, 도로와 도로 조건, 용도지구 정보, 유틸리티 망, 공공 위락 구역 등에 대한 조사 내용을 저장하기 위해 사용되었다. GIS의 적용 초기에는 주로 부동산 경계선, 도로, 혹은 공공 토지와 같은 다양한 레이어를 시각적 디스플레이를 위해 스크린상에 불러내기 위한 목적으로 GIS가 사용되었다. 그러나 GIS의 역할은 지적 정보를 단순히 관리하는 것을 넘어 지적 정보에 대한 분석으로 빠르게 확장되어 나갔다. 질의를 통해 녹지 공간이나 도서관으로부터 1,000미터 이내에 거주하고 있는 토지 소유자의 비율을 손쉽게 계산할 수 있다. 또한 질의를 통해 자가 소유 비율이 높거나 낮은 지역을 확인할 수도 있다. 더 나아가 소득, 이동성, 혹은 연령과 같은 요인들이 자가 소유 비율에 어떤 영향을 주는지를 평가하기 위한 모델링을 실행할 수도 있다. 이러한 질의는 계획가가 한 커뮤니티의 성격을 특징짓고 그것의 공공 자원에 대한 접근성을 평가하는 것을 돕는다.

GIS는 데이터를 분석하는 능력을 가지고 있다는 의미에서 지도학과 구별된다. 전통적인 지도는 현상의 정태적인 모습과 특정 시점에서의 현상들 간의 관계를 보여준다. 그러나 하나의 지도를 보면서 다음과 같은 질문을 하는 것은 불가능하다. "지난 센서스 이후로 인구밀도 분포가 어떻게 변화했는가?" 혹은 "삼림 벌채가 허가된 지역 중 어디가 미송의 노숙림을 보유하고 있나?" GIS는 지도 데이터를 맞춤식 정보로 변환할 수 있다. GIS에 대한 강조점이 환경운동가, 도시 계획가, 경찰, 자연과학자

그리고 수많은 다른 학문들의 의사 결정을 지원하는 복잡한 공간 모델링으로 이동하고 있다. 그러나 가장 강력한 분석 기법 중 많은 것은 사실 매우 간단하다는 점을 인식할 필요가 있다. 그러한 기법들에 측정, 거리 계산, 포인트-인-폴리곤 질의, 형태 분석, 경사도 계산 등이 있다. 공간적 객체에 대한 측정은 GIS의 필수 기능 중 하나로서, 둘레, 폴리곤 면적, 라인 길이에 대한 계산을 포함한다. 가장 단순한 것은 라인의 끝 점을 이루고 있는 두 지점 간의 거리에 기반하여 라인 길이를 계산하는 것이다. 라인 길이의 공식은 피타고라스의 정리에 근거한다. 벡터 데이터의 경우, 수식은 라인 끝 점의 (x, y) 좌표를 사용한다. 래스터 거리의 경우는 더 단순한데, 특히 래스터 셀이 정사각형인 경우에 그러하다. 이 경우 간단히 두 지점 사이의 셀의 수를 세고 거기에 셀의 거리를 곱하면 된다. 거리 계산은 바로 이러한 라인 길이 측정에 기반하며, GIS 사용자의 다양한 결정에 관여한다. 예를 들어, GIS 사용자는 최근린 병원까지의 도로상 거리를 계산하거나, 두 지점 간의 자전거 경로의 길이를 계산할 수 있다. 둘레 계산 역시 거리 계산과 관련되어 있다. 둘레 계산은 토지를 둘러싸는 담장을 건설하거나 정치적 영역 주변에 벽을 건설하는 것과 같은 공간적 개체를 둘러싸는 문제들과 관련된다. 중국의 만리장성이나 하드리아누스방벽Hardrian's Wall과 같은 고대 벽을 건설할 당시, 두 영역을 분리시키기 위한 둘레 거리에 기반을 둔 비용 분석이 이루어졌다면 훨씬 더 좋았을 것이다.

제1장에서 설명한 것처럼, 분석은 하나의 **블랙박스**이다. 즉, 분석은 GIS의 소프트웨어 수준에서 발생하는 숨겨진 프로세스를 의미한다. 숨겨진 프로세스로 인해, 사용자들은 분석의 결과를 암묵적으로 신뢰한다.

이 섹션에서는 그 블랙박스에 의해 가려진 오퍼레이션들의 토대를 설명한다. 물론 블랙박스를 만천하에 드러낸다는 의미는 아니다. 블랙박스를 가득 채우고 있는 알고리즘으로서의 모델들은 GIS 소프트웨어 회사의 자산으로 간주되어 잘 보호된다. GIS와 원격탐사 분야의 역사가인 존 클라우드John Cloud(1998)는 GIS 분석의 궁극적인 토대를 제공하는 알고리즘과 모델에 대한 이해를 획득하는 짧은 과정을 묘사하기 위해 **셔터박스** shutter box라는 표현을 사용했다. GIS가 어떻게 작동하는가에 대한 기술적인 이해는 명백히 셔터박스에 접근하는 데 필수적이다. 다음에서는 GIS 소프트웨어를 구성하고 있는 기본적인 오퍼레이션들에 대한 기초적인 내용이 다루어질 것이다.

GIS 이용자들은 주어진 공간적 개체가 어떤 에어리어 속에 포함되는지의 여부를 알고 싶어 한다. 포인트-인-폴리곤 질의는 "이 주택 개발지 속에 초등학교가 있는가?" 혹은 "이 농촌 카운티에 주유소가 있는가?"와 같은 질문들과 관련된다. 어떤 포인트가 특정한 지리적 에어리어 속에 포함되는지의 여부를 계산하기 위한 명명백백한 알고리즘이 GIS에서 사용된다. '포인트-인-폴리곤point-in-polygon 알고리즘'이라고 불리는 이것은 폴리곤의 경계와 각 포인트 간의 버텍스vertex의 수에 기반하여 포인트의 포함성inclusion 여부를 테스트한다(그림 4.1 참조). 포인트-인-폴리곤 알고리즘의 보다 복잡한 형태는 다수의 포인트와 다수의 폴리곤이 결부된 경우인데, 여러 포인트들을 하나의 폴리곤 속에 할당한다. 예를 들어, 포인트가 주택이고 폴리곤이 지방 행정 단위라면, 알고리즘은 개별 주택에 적용되는 건축 법규를 평가하기 위해 각 주택을 행정 단위에 할당한다.

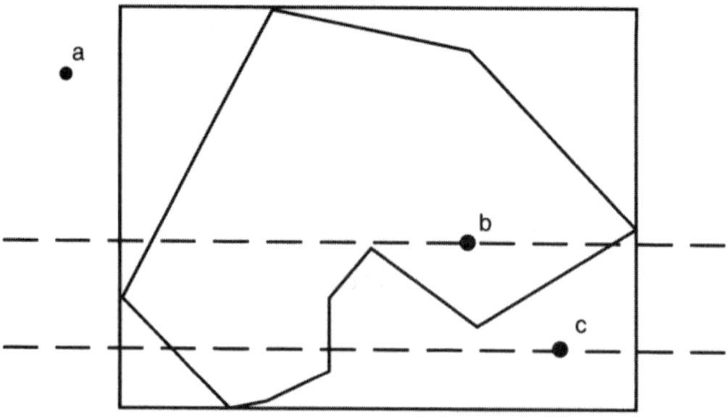

[그림 4.1] 포인트-인-폴리곤 알고리즘은 주어진 포인트가 특정한 폴리곤 경계의 안쪽에 위치하는지 아닌지의 여부를 테스트한다. 이 알고리즘은 포인트 a와 c는 폴리곤의 외부에 있지만 포인트 b는 내부에 위치하고 있다는 사실을 발견할 것이다. 이 알고리즘은 다음의 4단계로 이루어진다.

1 단계 : 폴리곤 외부에 직사각형을 그린다.
2 단계 : 직사각형을 구성하고 있는 버텍스와 포인트의 좌표 값을 비교한다. 이를 통해 a와 같은 많은 포인트들이 고려대상에서 제외된다.
3 단계 : 포인트를 지나가는 수평선을 긋는다.
4 단계 : 그 수평선과 폴리곤이 만나는 교차점의 수를 센다.[4] 교차점의 개수가 홀수이면 포인트가 폴리곤 내부에 있는 것이다.
출처 : Worboys, M. (1995) *GIS: A Computing Perspective*. London: Taylor and Francis.

단순한 질의가 폴리곤의 형태적 특성을 평가하기 위해서도 사용될 수 있다. 예를 들어, 형태 곡률도shape sinuosity는 한 곡선의 길이에 대한 그 곡선의 두 끝점 간의 직선거리의 비를 의미한다. 그러한 측정치는 강이나 도로의 통행상의 어려움을 추정하기 위해 사용될 수 있다. 형태 분석shape analysis은 야생 서식지 분석wildlife habitat analysis에서 개발된 기법이다. 유명한 GIS 개론서의 저자인 마이클 디머스Michael DeMers(2000)는

4) 포인트로부터 한쪽 방향, 여기서는 왼쪽 방향으로의 수평선과 폴리곤이 만나는 교차점의 수를 센다(역주).

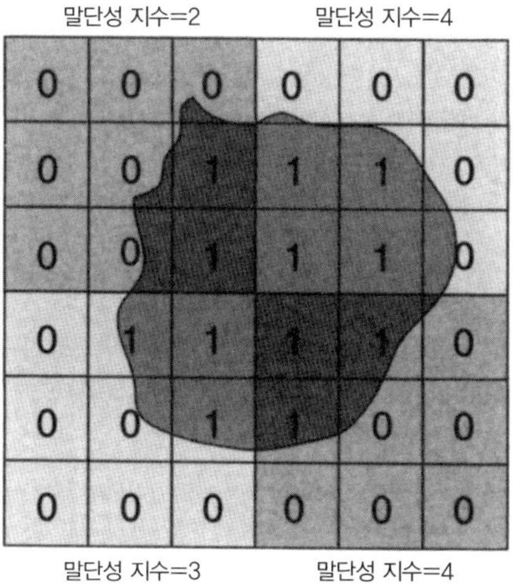

[그림 4.2] **말단성 지수**

각각의 사분면은 서로 다른 말단성 지수와 관련되어 있다. 다수의 1을 가진 사분면은 보다 많은 폴리곤의 영역이 셀로 연결되어 있다는 점에서 말단성이 낮다. 이것은 특정 생물의 서식환경에 대한 선호도를 반영할 수 있다.

출처 : Michael N.(2000). *Fundamentals of Geographic Information Systems*. 2nd edn. Toronto: Wiley & Sons, Inc.

'말단성 지수edginess index'를 제안하고 있는데, 측정 테크닉이 공간적 이해와 의사 결정에 얼마나 큰 공헌을 할 수 있는지를 보여준다. 〈그림 4.2〉에 나타나 있는 말단성 지수는 분석 대상이 되는 폴리곤 위를 움직이는 필터 혹은 이동창roving window을 사용하여 그 필터의 각 셀에 특정한 값을 할당한다. 폴리곤 내부의 적어도 50% 면적이 포함되어 있는 셀은 '1'의 값으로 재분류되고, 나머지 셀은 '0'의 값으로 재분류된다. '0'의 값을 가진 셀이 많다는 것은 경계 '말단'이라는 것을 의미한다. 이 지수는 야생 서식지 전문가의 결정을 도울 수 있는데, 어떤 에어리어의 주변에서 풀을 뜯고 싶어 하지만 사람이나 다른 동물들로부터의 위협이 있을 시 숲속으로 손쉽게 도망가기 위해 높은 말단성 지수를 선호하는 사슴이나 다른 동물들을 연구하는 경우이다. 말단성 지수는 매우 간단한 계산에 기반하고 있지만, 지리적 현상을 모델링하는 데 있어서 공간분석이 얼마나 유용한지를 잘 보여준다.

GIS가 발전하고 널리 보급됨에 따라, 공간적 현상들 간의 상호작용을 모델링하는 GIS의 능력은 향상되어왔다. 오늘날 GIS는 공간 데이터에 질의하고 공간적 관련성을 분석하고, 지역의 특성을 묘사하며, 시간과 공간상의 변화를 모델링하기 위해 사용되고 있다. 공간분석은 사용자가 데이터를 재현하는 것을 허락함으로써 정보와 새로운 관점들이 생성될 수 있게 한다. 공간분석 기법들은 복잡성의 정도에서 다양한데, 단순한 질의나 중첩에서부터 정교한 환경 모델링에 이르기까지 그 폭은 넓다. 모든 공간분석이 공식 혹은 컴퓨터 질의와 연결되어 있는 것이 아니라는 점을 기억하는 것은 중요하다. 눈은 '시각화visualization' 라는 과정을 통해 데이터에 내재되어 있는 패턴을 확인할 수 있다. 패턴을 인식하는 인간 두뇌의 놀라운 능력은 시각적 데이터를 처리하는 두뇌 신경 세포의 비중과 연결되어 있다. 즉, 모든 두뇌 신경 세포의 70%가 시각적 데이터를 처리하는 데 사용된다. GIS가 정보를 소통하는 능력에서 지도를 능가하는 것은 바로 이러한 시각화와 컴퓨터 모델링의 조합이다. 그러나 모든 형태의 공간분석 중에서도 가장 특징적인 GIS 방법론으로 남아 있는 것은 중첩이다.

중첩 분석, 집합론 그리고 지도 대수

중첩 분석(제3장 참조)은 아마도 가장 일반적인 GIS 분석 기능일 것이다.

중첩을 이용하면 2개 혹은 그 이상의 속성들에서 공통적인 특성을 보이는 지역을 확인해낼 수 있다. 예를 들어, 토지 용도상 주거용이면서 동시에 기존 주거지 내의 도시 공원이나 얕은 대수층을 포함하지 않는 유휴지를 발견할 수 있다. 작은 지역에 대해 몇 개의 속성만을 다루는 경우에는 중첩을 통한 질의가 비교적 단순해 보일 수 있다. 그러나 개입되는 속성의 수가 증가되고 분석의 스케일이 감소하면(수반되는 면적의 증가) 그 복잡성은 빠르게 증대된다. GIS의 능력이란 바로 대용량의 데이터를 효율적으로 분석하는 능력을 의미한다.

GIS 연구자인 제롬 돕슨Jerome Dobson(1993)은 이러한 능력의 예시를 위해 GIS가 없었다면 불가능했을 연구 프로젝트의 예를 들고 있다. 이 가상의 프로젝트는 대륙 이동과 관련된 요인들에 대한 분석인데, 전 지구적 차원에서 160개가 넘는 속성의 조합이 결부되었다. 이러한 조합은 GIS를 통해서는 손쉽게 테스트되었다. GIS 없이 손으로 했다면 기껏해야 총 데이터의 5% 정도만을 포괄하는 가설에 머물렀을 것이다. 돕슨은 GIS에 의해 가능해진 그러한 공간 로직은 '광범위한 지역에 걸쳐 있는, 포괄적인, 통합적인 문제들의 해결'에 적절하다고 결론짓는다. GIS는 지리적 문제에 대한 총체적인 분석을 가능케 하며 수많은 속성이 개입되는, 모든 스케일에서, 인과적 · 관련적 질문을 추구할 수 있는 능력을 통해 다른 정량적 테크놀로지와 자신을 구분 짓는다(Dobson 1993, 437).

상대적으로 대축척에서의 중첩 분석의 예를 들기 위해 공원에 서식하는 점박이부엉이의 사례를 들고자 한다. 점박이부엉이는 캐나다와 미국에서 멸종 위기에 처한 종으로 간주된다. 이 사례에서 점박이부엉이 국립공원은 남아 있는 점박이부엉이를 보호하고 있는 가상의 휴양지이다.

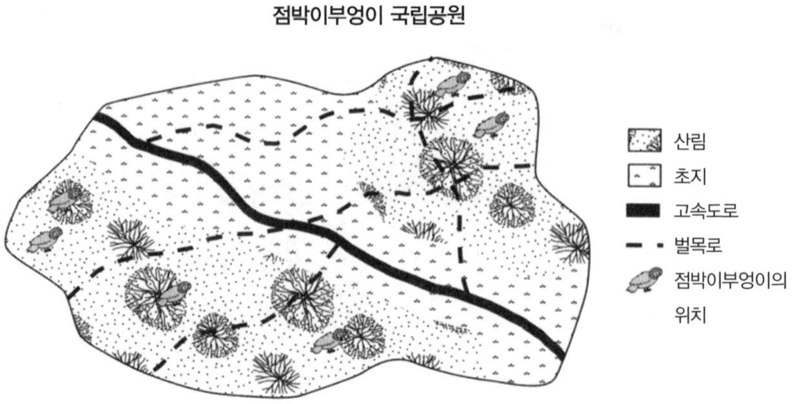

질의 : 고속도로로부터 500미터 이상 떨어져 있고 동시에 산림지로부터 100미터 이내에 위치하고 있는 부엉이를 나타내시오.

[그림 4.3] GIS에서의 질의는 포인트, 라인, 에어리어 간의 관련성에 관한 질문들에 대한 해답을 제시해준다.

공원 관리자는 여름 동안 학생들을 고용하여 점박이부엉이를 탐지하여 그 위치를 기록하게 했다. 그 위치들을 데이터베이스화하면, 부엉이의 서식지에 영향을 끼치는 요인들의 조합을 지도화하는 것이 가능해진다. 예를 들어, GIS를 통해 부엉이들이 어디에 위치하고 있는지를 시각화할 수 있다. 이것은 대략적으로 부엉이들을 위한 최적의 서식지가 공원의 어느 부분인지를 나타내준다. 또한 GIS를 통해 어떤 나무들이 그 서식지에 있는지, 도로가 서식지 근방에 존재하는지의 여부들을 직접적으로 시각화할 수 있다. 이것을 통해 부엉이가 어떤 종류의 식생을 선호하는지, 그리고 부엉이들이 차량에 의해 곤란을 겪고 있는지의 여부를 판단할 수 있다. 이러한 관련성은 '질의'의 형태로 표현될 수 있다. 이 경우, 질의는 다음과 같이 표현될 수 있다. "고속도로로부터 500미터 이상 떨어져 있고 동시에 산림지로부터 100미터 이내에 위치하고 있는 부엉이를 나타내시오.” 이 질의의 결과는 〈그림 4.3〉에 표시되어 있다.

GIS 중첩 분석의 또 다른 예로서, 남부 캘리포니아의 산불 발생 위험 지역을 확인하는 프로젝트를 살펴보자. 〈그림 4.4〉에서 각 레이어는 산불 위험과 대응이라는 관점에서 선택된 테마들을 의미한다. 첫 번째는 인구 집중지인데 지도에서 점으로 표시되어 있다. 강은 불의 확산을 막는 데 도움을 주므로 또 다른 유관 레이어를 구성한다. 교통 네트워크는 지도 이용자들이 자신의 위치를 파악할 수 있게 해주며, 위험 대응 루트를 나타내주기도 한다. 산불 위험 구역도와 식생 분포도는 시각화와 GIS 분석을 위해 포함된다. 최종적인 지도는 산불 위험 구역 내부와 그 구역의 1킬로미터 버퍼buffer 구역 내부에 포함되는 모든 인구 중심지를 나타내고 있다.

버퍼는 GIS에서 빈번하게 사용되는 것으로, 특정한 공간적 객체 주변에 구역을 설정한다. 이 경우에 중첩 분석은 공간적 객체 그 자체뿐만 아니라 그것의 버퍼 구역까지 고려한다. 예를 들어, 쓰레기 투기로부터 보호되어야 하는 영역을 설정하기 위해 연어가 이동하는 강 주변에 버퍼를 설정할 수 있다. 고속도로나 공항 주변에는 소음 버퍼가 생성될 수 있는데, 이 구역은 개활지이긴 하지만 소음 수준이 높기 때문에 주거용 건물이 들어설 수 없는 땅이다. 환경 분석에서는 습지 주변에 버퍼가 만들어지는데, 이는 습지에 서식하고 있는 민감한 야생 생물을 보호하기 위해서이다. 버퍼는 특정한 공간적 개체의 주변에 일정한 폭을 가지고 생성되지만 그 폭은 다양할 수 있다. 유해 폐기물 유출을 따라 생성된 버퍼 구역은 폭에서 다양할 수 있는데, 특히 학교 주변에 특별한 보호를 행하기 위해 그럴 수 있다. 이와 유사하게, 삼림지 주변에 생성된 버퍼는 〈그림

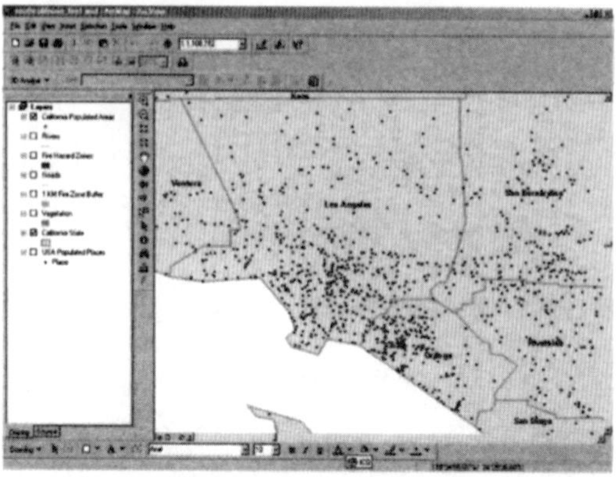

인구 집중지

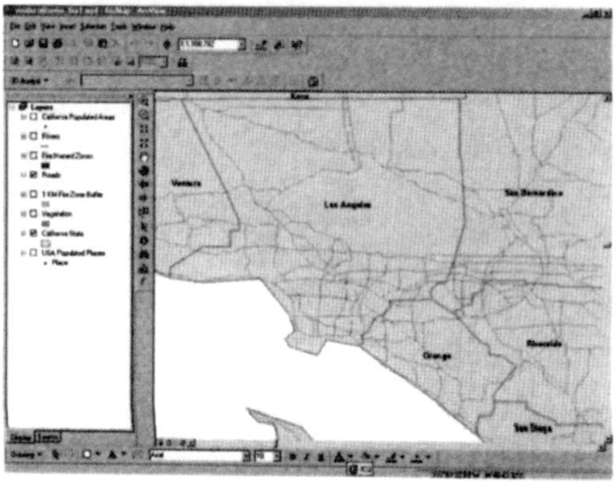

도로

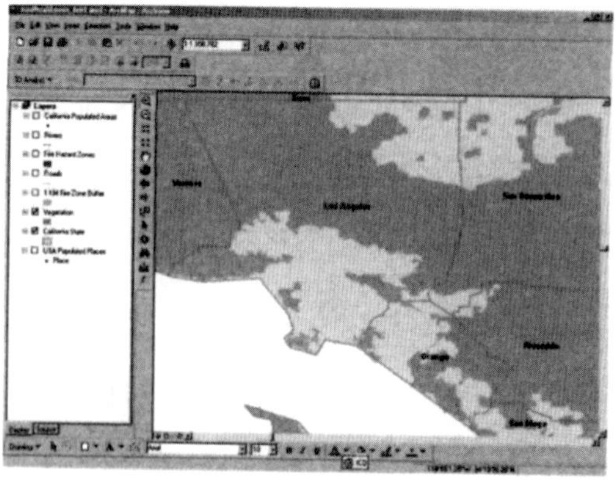

식생

[그림 4.4] 남부 캘리포니아 지역에서 산불 발생 시 가장 큰 위험에 노출될 수 있는 지역에 대한 지도를 생산하기 위해 사용되는 레이어들

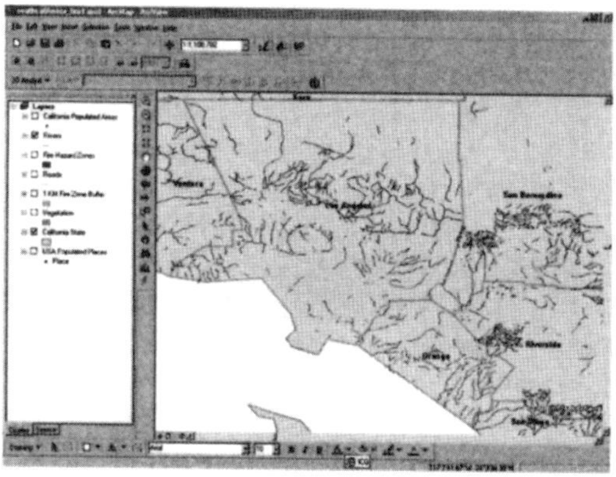

강

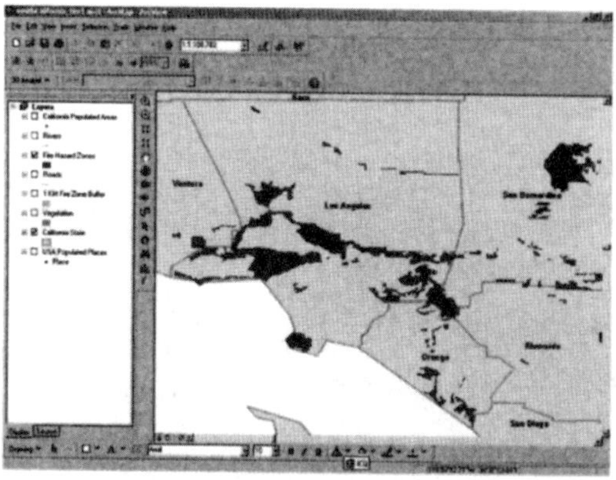

산불 위험 구역

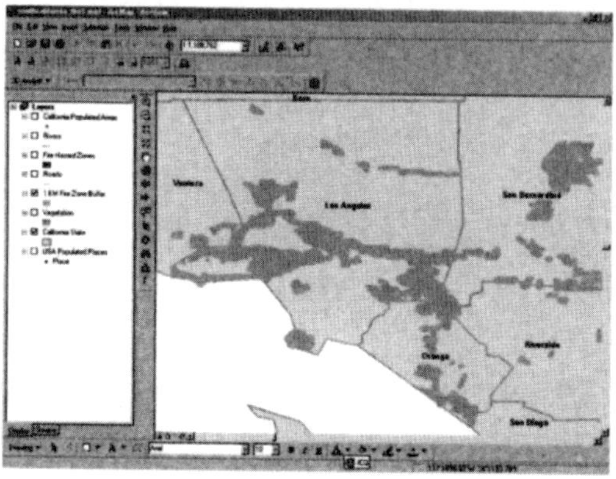

산불 구역 버퍼

[그림 4.4] (계속)

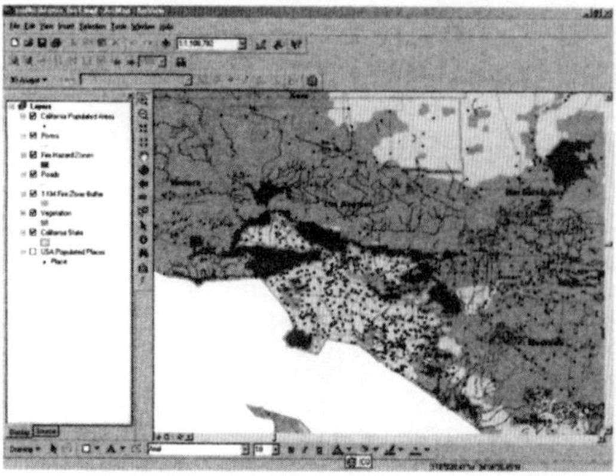

산불 구역 주변의 버퍼를 포함한 모든 레이어들을 보여주는 누적적 질의 결과

[그림 4.4] (계속)

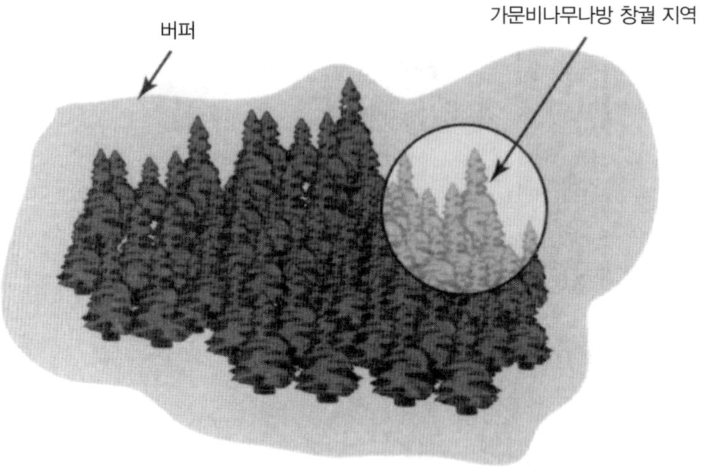

[그림 4.5] **가변 버퍼**
가문비나무나방의 창궐이 탐지된 지역이 보다 폭이 넓은 버퍼(연회색으로 표현된 지역)로 둘러싸여 있음에 주목하라.

4.5〉에 도해되어 있는 것처럼 가문비나무나방이 우글거리는 말단 지역 주변에서 폭이 더 넓어질 수 있다. 버퍼링은 중첩 분석을 확장하는 한 방식인데, 보호 구역을 설정하기 위해, 그리고 공간적 변화에 의해 영향

받는 영역을 설명하기 위해 사용된다.

중첩을 위한 전산 절차는 래스터 데이터냐 벡터 데이터냐에 따라 달라진다. 중첩은 래스터 데이터에 잘 맞으며, 각 레이어가 이미 공간적으로 등록되어 있기 때문에 전산적으로 용이하게 수행된다. 〈그림 4.6〉에는 국제적인 스키 리조트인 휘슬러 산Whistler Mountain 주변 지역의 고도에 대한 래스터 데이터가 원격 탐사 이미지와 도로 네트워크와 함께 제시되어 있다. 중첩 오퍼레이션은 상대적으로 간단하고 명쾌하며, 공간적 관련성을 나타내는 GIS의 능력을 명확히 드러낸다. 미래의 목초지를 결정하기 위해 현재의 목초지 레이어와 함께 유휴지 레이어가 중첩될 수 있다. 래스터 중첩에서는 그리드 셀과 결합되어 있는 속성값들이 지리적으로 기록되어 있기 때문에 래스터 중첩은 지표면상의 패턴과 관련성을 탐지하는 전산적으로 효율적인 수단이다.

폴리곤 중첩의 실행은 래스터 중첩에 비해 훨씬 더 어렵다. 실질적으로, 폴리곤 중첩의 알고리즘을 개발하는 어려움 때문에 벡터 GIS의 발전이 더뎌졌다. 워싱턴대학교 지리학과 교수인 닉 크리스맨Nick Chrisman의 회고에 따르면, 폴리곤 중첩의 문제는 하버드대학교 컴퓨터 그래픽 및 공간분석 연구소에서 그와 동료들이 ODYSSEY라 명명된 프로그램을 개발한 1970년대 후반에 이르러서야 해결되었다고 한다. 1980년대, 민간 GIS 업체는 기초적인 중첩 기능이 장착된 벡터 제품을 시장에 내놓을 수 있게 되었다. 폴리곤 중첩이 래스터 중첩에 비해 훨씬 더 복잡한 이유는 중첩 과정에서 새로운 지오그래피에 대한 계산이 이루어져야 하기 때문이다. 개별 레이어에서 공간 단위(셀)들이 자동적으로 등록되어 있는 레스터 중첩과 달리, 새로운 폴리곤이 에어리어 간의 중첩에 근거해

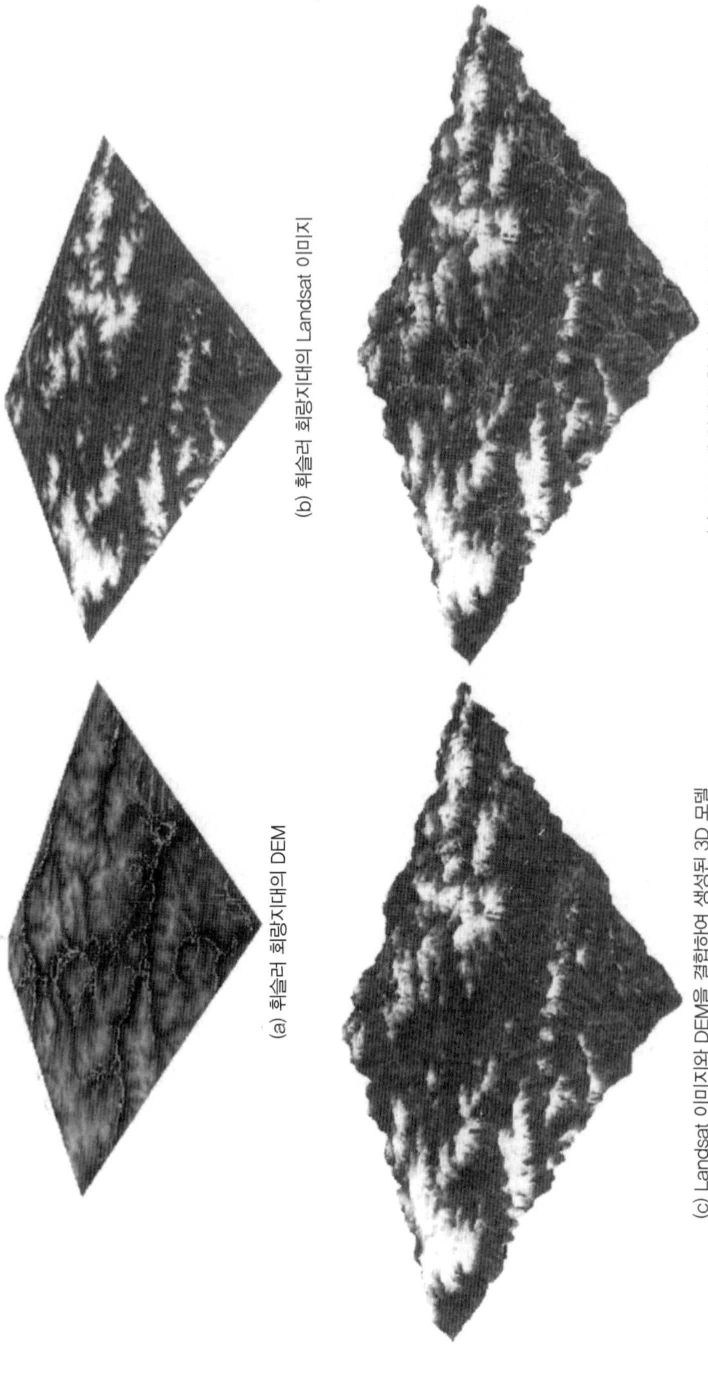

(a) 휘슬러 회랑지대의 DEM

(b) 휘슬러 회랑지대의 Landsat 이미지

(c) Landsat 이미지와 DEM을 결합하여 생성된 3D 모델

(d) 3D 모델 위에 중첩되어 있는 벌목로와 고속도로

[그림 4.6] **래스터 중첩을 통해 드러난 스쿼미시-휘슬러 회랑지대**

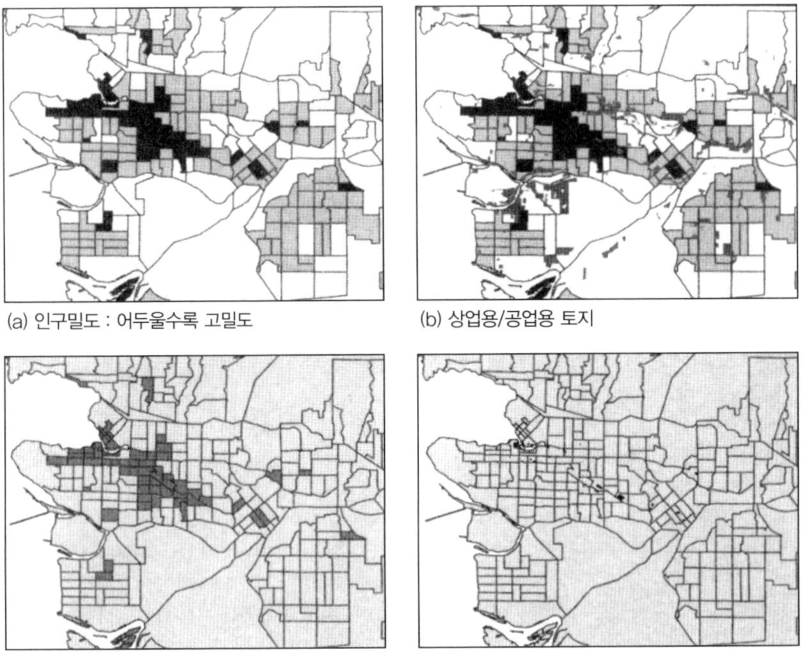

(a) 인구밀도 : 어두울수록 고밀도

(b) 상업용/공업용 토지

(c) 최고 인구밀도 지역

(d) 최고 인구밀도 지역 내의 상업용/공업용 토지

[그림 4.7] **폴리곤 중첩의 결과**

고 인구밀도 지역이 (a)에 나타나 있다. 상업용/공업용 지역이 (b)에 표시되어 있다. 최고 인구밀도 지역이 (c)에 따로 분리되어 표현되어 있다. 이 최고 인구밀도 지역과 상업용/공업용 토지의 중첩 결과가 (d)에 나타나 있다. 폴리곤 중첩의 과정은 레스터 중첩에 비해 전산적으로 훨씬 더 복잡하다. 그러나 공간적 관련성을 파악하는 데는 동등하게 유용하다.

계산되어야만 한다. 인구밀도 데이터와 상업적 토지 이용의 중첩은 2개의 속성 레이어와 결부되는데, 그 둘은 매우 상이한 폴리곤 체계로 이루어져 있다. 〈그림 4.7〉은 상업용/공업용 토지가 인구밀도 값을 저장하고 있는 센서스 구역과는 매우 다른 형태의 폴리곤들과 연관되어 있음을 보여주고 있다. '고 인구밀도' 범주와 상업용 토지의 중첩 결과를 얻기 위해서는 모든 폴리곤 인터섹션intersection에 대해 새로운 폴리곤이 계산될 필요가 있다. 결과적으로, 토지 용도의 모든 범주와 인구밀도의 모든 범

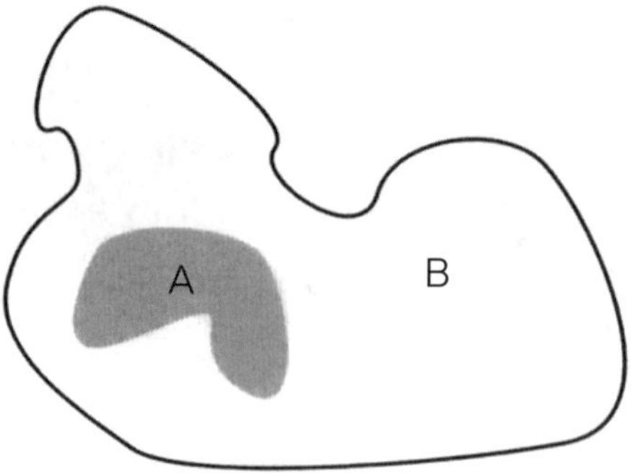

[그림 4.8] **집합의 단순한 예**
모든 우량 농업용 토지는 B에 포함되어 있다. 옥수수가 자라고 있는 지역은 A에 포함되어 있다. 집합 A는 집합 B에 포함되어 있다.

주의 중첩 결과 생성되는 모든 구역을 묘사하기 위해 폴리곤들이 증식된다. 모든 가능한 폴리곤이 생성된 후에, 프로그램은 주어진 질의에 해당되는 폴리곤만을 디스플레이한다. 이 연산 과정은 각 정사각형 셀이 정확하게 중첩되는 래스터 속성 레이어들의 중첩보다 훨씬 더 복잡하다.

전산적 수준에서, 중첩 분석은 **집합론**set theory에 기초하고 있다. 집합론은 게오르크 칸토어Georg Cantor에 의해 발전된 수학 이론이다. 그는 1867~1871년에 자신의 아이디어를 기술한 일련의 논문을 발표했다. 집합론에 대한 이미 증명된 수학적 한계에도 불구하고, 이 이론은 GIS를 포함하는 많은 정보 과학에서 분석의 토대 구실을 하고 있다. 집합론은 GIS의 토대가 되는 에어리어 혹은 공간적 개체들 간의 관련성을 정식화하기 위해 사용된다. 〈그림 4.8〉을 보면, 에어리어 A에는 옥수수가 자라고 있고(A), 모든 우량 농업용 토양과 연관되어 있다(B). 이 경우 집합 A는 B에 포함된다(A⊆B). 만일 모든 B에서 옥수수가 자란다면, A는 B와 등가인 것으로 간주된다(A≡B, 물론 여기서는 옥수수가 오로지 양질의

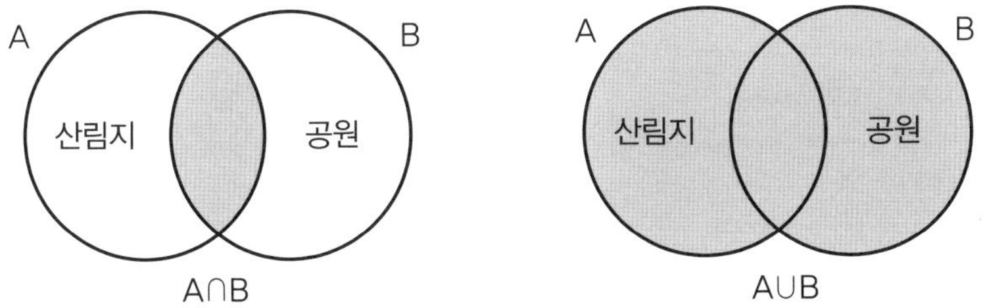

[그림 4.9] **불 대수**
만일 A가 산림지이고 B가 공원이라면 A∩B는 둘이 공유하고 있는 영역을 산출한다. A∪B는 어느 한 쪽이라도 차지하고 있는 공간의 전체 영역을 산출한다.

농업용 토양에서만 자란다는 것이 전제되어 있다). 집합론에 근거함으로써 공간적 개체에 대한 논리적 오퍼레이션이 수행될 수 있다. 그러므로 공간적 개체들 간의 관련성에 대한 질의에 대한 해답을 제시하는 데 높은 가치를 가지고 있다. 〈그림 4.9〉는 삼림지와 공원 간의 불 관계Boolean relationships를 묘사하고 있다. 삼림지와 공원의 교집합AND과 합집합UNION이 각각 표현되어 있다. 두 경우 모두에서 불 대수에 근거한 연산이 이루어진다. 모두 16가지 주요 불 연산자가 있지만, 가장 빈번하게 사용되는 것으로 ∩AND와 ∪UNION이 있다. AND는 두 개체가 모두 발견되는 에어리어를 의미하고, 반면에 UNION은 둘 중 어느 하나에 의해서라도 해당되는 에어리어를 의미한다.

집합론의 유용성은 지도 대수map algebra에 의해 확장되는데, 지도 대수란 래스터 데이터상에서 작동하는 수리적 연산의 집합을 의미한다. 지도 대수는 원래 래스터 속성값의 변형을 위해 디자인되었다. 지도 대수는 말 그대로 셀 속성 값들을 더하고, 빼고, 곱하고, 나눈다. 〈그림 4.10〉에 나타나 있는 예를 보면, 지도 대수는 2개의 투입 레이어[면적(각 래스

레이어 1 : 인구

500	650	450
350	950	550
650	300	250

÷

레이어 2 : 면적(km^2)

25	25	25
25	25	25
25	25	25

=

레이어 3 : 인구밀도(명/km^2)

20	26	18
14	38	22
26	12	10

[그림 4.10] **지도 대수**
지도 대수는 지도 질의를 만족시키기 위해 불 대수의 개념을 적용한다. 여기서는, 셀 인구를 셀 면적으로 나눔으로써 밀도를 산출한다. 지도 대수는 다양한 공간적 관련성을 계산하기 위해 사용되는 래스터 GIS 테크닉이다.

터 셀의 크기)과 각 셀의 인구 수]에 기반하여 인구밀도라는 새로운 속성 값을 계산하기 위해 사용된다. 모든 종류의 연산이 지도 대수에서 사용될 수 있는 데, 결국 셀 속성 값의 재분류로 귀결된다.

재분류reclassification는 가장 유용한 테크닉 중의 하나이다. 왜냐하면 재분류를 통해 공간 단위의 정의를 변화시키지 않으면서 새로운 셀 값을 생성할 수 있기 때문이다. 중첩 분석과 마찬가지로, 재분류는 동일한 기본 지오그래피와 결부되어 있는 속성 레이어를 사용한다. 그러나 중첩과 달리 속성 관련성에 기반을 둔 새로운 공간적 정의가 결과되지는 않는다. 재분류는 산림 관리에서 빈번하게 사용되는데, 벌목에 적합한 혹은 부적합한 지역을 지정하는 데 사용된다. 〈그림 4.11〉을 보면, 재분류 질의가 40년 이상 된 백송의 포함 여부에 의거하여 어떤 래스터 셀에서 벌목이 이루어질 수 있을지를 도해하기 위해 디자인되어 있다. '백송 AND 수령 40년 이상' 으로 표현되는 질의를 실행하게 되면 두 투입 레이어에 대한 재분류가 이루어진다.

레이어 1 : 수령

15	12	17	29
12	20	30	42
20	25	42	53
27	40	40	65

레이어 2 : 수종

WH	WH	WH	DF
WH	WH	DF	DF
WH	DF	DF	WP
WP	WP	DF	WP

DF = 미송
WP = 백송
WH = 솔송

질의 : 백송 AND 수령 40년 이상

0	0	0	0
0	0	0	0
0	0	0	1
0	1	0	1

1 = 참
0 = 거짓

[그림 4.11] **래스터 값에 대한 재분류**
이 사례에서 보면, 벌목에 적합한 지역(혹은 환경 보호를 위한 후보 지역)은 셀들의 수령과 수종이라는 속성 값을 서로 비교함으로써, 그리고 수령 40년 이상의 백송으로 재분류된 새로운 레이어를 만들어냄으로써 계산된다.

재분류는 다수의 투입 레이어를 반드시 필요로 하는 것은 아니다. 재분류는 적합도suitability에 기반을 둔 범주 생성을 위해서 혹은 데이터의 단순화를 위해서 사용될 수 있다. 예를 들어, 추정된 결핵 환자 수를 속성으로 가지고 있는 지도 레이어가 있다고 하자. 치료와 예방을 위한 정부 지원 대상 여부에 따라 각 셀을 재분류할 수 있다. 〈그림 4.12〉는 래스터 셀을 대상으로 그러한 종류의 재분류를 위한 개념적 토대를 예시하고 있다. 또한 재분류는 이용자가 이해하기에 너무나 많은 수치들이 포함되어 있는 속성 데이터를 단순화하기 위해 사용될 수 있다. 이질적 데

레이어 : 결핵 환자 수

2	0	0	5
0	15	1	0
0	5	0	1
0	10	3	25

질의 : 10명 이상(정부 지원 대상 기준)

0	0	0	0
0	1	0	0
0	0	0	0
0	1	0	1

1=대상
0=비대상

[그림 4.12] **정책 도구로서 사용되는 단순한 재분류의 예**
이 사례에서, 결핵 환자 수가 많은 셀들은 의료 지원 대상인 것으로 재분류되기도 하고, 지원 대상이 아닌 것으로 재분류되기도 한다.

이터 값의 좋은 예로 주택 가격을 들 수 있다. 매우 좁은 지역에서조차 주택 가격은 292,000~567,500달러 범위에서 다양할 수 있다. 면적이 더 넓은 지역에서는 이보다 가격 범위가 더 넓을 것이다. 이 경우 주택 가격을 저가, 중가, 고가의 세 범주로 재분류하면 다른 유용한 해석이 가능해질 수 있다.

집합론과 지도 대수는 많은 GIS 기반 분석 및 모델링의 토대 구실을 해왔다. 집합론과 지도 대수는 계획가나 모델러가 의사결정 시나리오를 설정하고 공간적 변화를 예측하기 위해 사용하는 중첩 분석을 포함하는 구조화된 질의의 밑바탕을 이룬다. 다음 절에서는 특정한 지리적 문제를 해결하기 위한 공간분석의 세 가지 예가 제시될 것이다. 첫째는 공장의 환경오염 평가를 위한 모델이고, 둘째는 도시의 쓰레기 매립지에 대한 입지 분석이며, 셋째는 시각화를 활용한 탐색적exploratory 데이터 분석의 예이다. 이러한 예를 통해 재분류, 집합론 그리고 지도 대수에 기반을 둔 전형적인 GIS 분석의 모습을 살펴볼 수 있을 것이다. 더 나아가 공간적 의사결정 지원 도구로서의 GIS의 가능성도 보게 될 것이다.

필드에서의 공간분석 : 환경 모델링

웨스턴오스트레일리아대학교의 팡 첸Fang Chen과 줄리 딜레니Julie Delaney(1998; 1999)는 산업 공단의 공해 수준을 결정하기 위한 모델을 개발했다. 이 모델은 산업의 종류와 알려진 오염원을 토대로, GIS와 공해 모델링 도구 양자에 기반하고 있다. 즉, GIS나 환경 모델링 중 하나만을 사용하는 것이 아니라 그 둘의 통합을 지향했다. 예를 들어, 환경 모델러들에 의해 개발된 소음 질 모델noise quality model은 소음 방출체에 대한 GIS-기반 위치 데이터와 소음 수준의 추정을 위한 지형 정보와 연결되어 있다. 또한 매연 확산 테크닉plume dispersion techniques에 기반을 둔 대기 질 모델링도 GIS와 연결되어 있다. 공간적 데이터베이스, 오염원의 위치 정보, 대상 지역의 정의는 GIS에 저장되어 있고, 반면에 오염원의 모델링은 모델링 소프트웨어를 통해 이루어진다. GIS와 환경 모델링 간의 이러한 통합 스킴은 〈그림 4.13〉에 나타나 있다.

이 통합 프로젝트는 GIS에서의 공간 데이터의 재현과 조직화로 시작한다. 중간 단계에서는 환경 모델러들에 의해 개발되어온 특수한 정량적 도구를 이용해 대기 오염 배출, 소음과 위험도를 포함한 환경적 영향력을 분석한다. 그러고 나서 이것들을 GIS로 되돌려 보내 중첩 테크닉을 이용해 분석한다. 기존의 모델링 환경과 GIS를 결합함으로써 연구자들은 산업 단지에 입주해 있는 공장들의 환경적 영향에 대한 의사결정을 지원하기 위하여 GIS의 능력을 확장할 수 있었다.

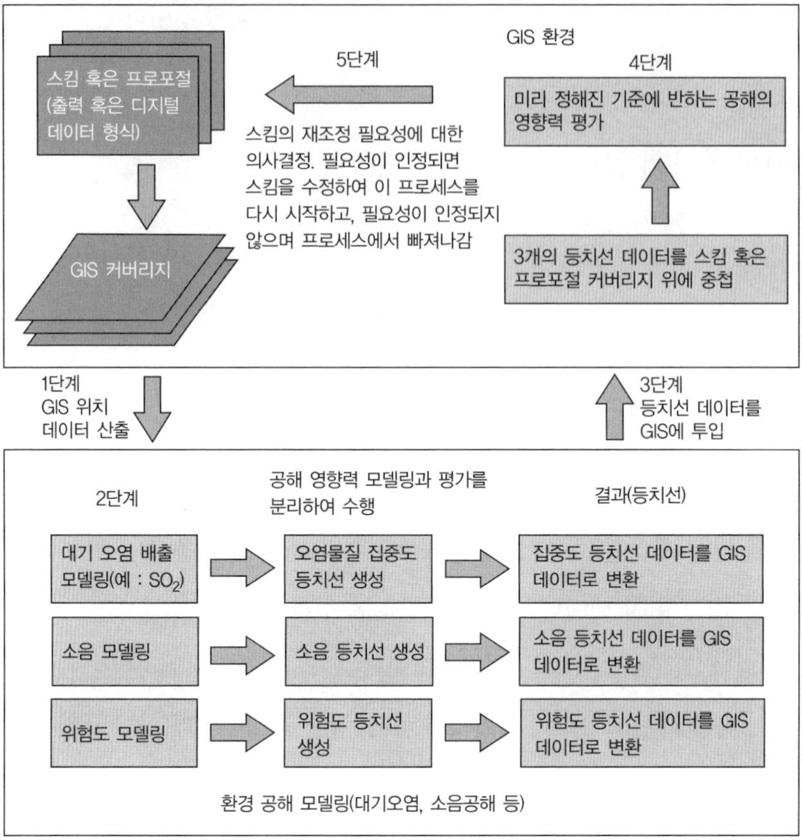

[그림 4.13] **이 흐름도는 GIS와 환경 모델링 간의 결합을 보여주고 있다. 이를 통해 첸과 딜레니는 대기오염 및 소음공해에 대한 정교한 모델을 발전시킬 수 있었다.**

이 모델을 실행하기 위해 가설적 공장들이 디자인되었고, 그 공장들의 오염 배출 수준은 기존 연구 결과를 토대로 추정되었다. 산업별 특성을 고려한 공해 발생 분석틀에 기초하여 대기 오염과 소음 공해에 대한 환경 모델이 만들어졌다. 웨스턴오스트레일리아의 이스트로킹엄 산업단지 East Rockingham Industrial Park에 입주한 가설적인 제강 공장, (이산화 티

탄을 사용하는) 안료 공장 그리고 화학 공장의 잠재적인 환경적 영향이 테스트되었다. 제강 공장에 대한 데이터는 공장 플랜, 아황산가스 배출 수준, 계획 레이아웃 내의 포인트 오염원에 관한 것을 포함했다. 이 데이터들은 기존의 대기 오염 모델을 통해 분석되었는데, GIS로부터 제공되는 위치 데이터가 이 모델 속으로 투입되었다. 〈그림 4.14a〉는 아황산가스의 지표 수준 농도 추정치에 대한 등치선을 보여주고 있으며, 〈그림 4.14b〉는 공원 근처의 소음 수준에 대한 등치선도이다. 아황산가스 배출 추정치에 대한 분석 결과, 그 수치가 미국 환경보호청Environmental Protection Agency의 기준보다 낮은 것으로 나타났다. 이와 유사하게 소음 공해 수준도 등치선을 이용해 표현되어 있다. 35데시벨 소음에 대한 등

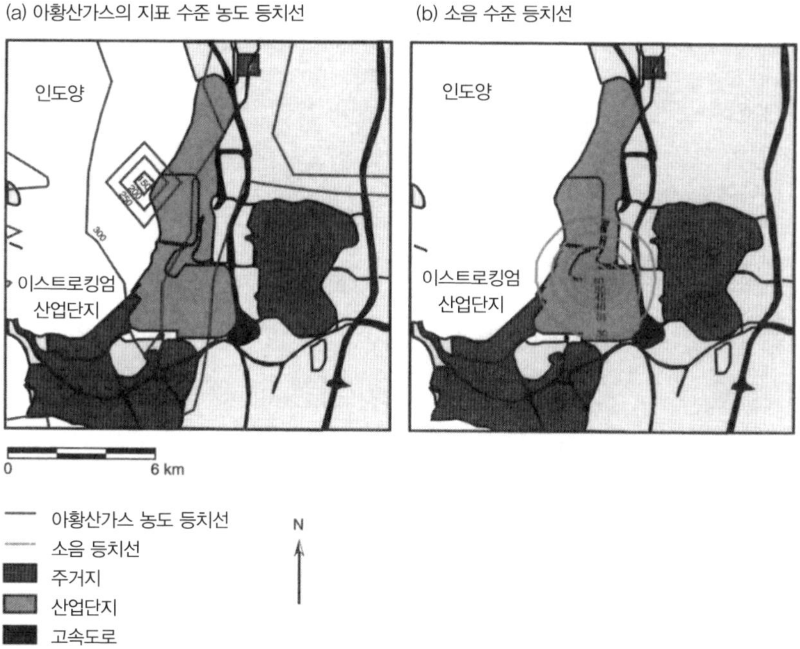

[그림 4.14] GIS와 환경 모델링 도구를 이용하여 첸과 딜레니가 발전시킨 환경 모델

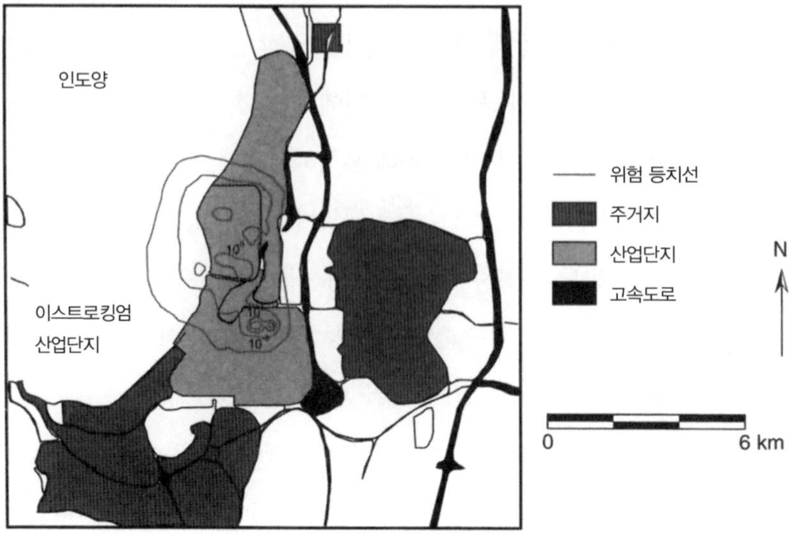

[그림 4.15] **제강 공장 개발의 위험 등치선**

치선이 산업 단지의 경계 내부에 놓여 있으므로 다른 공장들의 소음이 고려되지 않는다면 용인가능한 수준인 것으로 분석된다. 〈그림 4.15〉는 제강 공장의 실행가능성를 추정하기 위해 개발된 복합 위기 요인을 보여주고 있다. 여기에서 보면, 위험도 등치선은 대부분 산업단지 내부에 국한되고 있다. 그런데 이러한 분석에서 중요한 요소는 환경 영향의 수준이 어떻게 결정되느냐이다. 예를 들어, 아황산가스의 시간당 최대 산출량은 350μg/m³으로, 최대 소음 수준은 35데시벨(dB)로 설정되어 있다. 이 수준은 미국 환경보호청에 의해 설정된 것으로 개인적 보건과 환경과 관련된 위험 모델에 근거하고 있다. 규제 기준은 비정부 환경 단체들이 주장하는 것보다 더 높을 수도 있다. 또한 근처에 살고 있는 주민들은 35데시

벨로 설정된 최대 허용 소음 공해 수준에 동의하지 않을 수도 있다. 그들이 일상생활에서 감내할 수 있는 수준에서 타협이 이루어질 것이다. 개별 인자는 복합 위험 프로파일 속으로 섞여 들어간다. 만일 복합 위험 프로파일이 현실을 정확하게 반영하지 못한다면 최종 모델의 유용성은 심각하게 훼손될 것이다.

모델이 무엇인가라는 개념적 논의는 매우 중요하다. 왜냐하면 모델은 사회적 · 인지적 · 기술적 영역들 간의 상호의존성에 대해 우리가 갖고 있는 것들 중 최선이기 때문이다. 모델은 개체와 재현 간의 대응 관계 morphism에 의존한다. 앞의 예에서 개체는 제강 공장이 야기하는 환경오염의 양이고, 재현은 위험 수준에 대한 등치선이다. 물론, 우리가 이스트로킹엄 산업단지를 이곳저곳 돌아다닌다고 해서 그 등치선을 볼 수 있는 것은 아니다. 등치선들은 대기 오염과 소음 공해를 결합한 총체적 공해도를 표현하고 있는 가상의 선이다. 그러나 산업단지를 돌아다니는 중에 대화가 어려울 만큼 소음이 심하고, 대기에 포함되어 있는 공해 물질로 인해 우리의 목이 따끔거린다는 것을 느낄 수는 있다. 이처럼 등고선과 우리의 증상 간에는 어떠한 관련성이 존재한다. 모델이 현실 세계 그 자체인 것은 아니지만 한 시스템의 중요한 속성을 묘사할 수는 있다.

지리적 질문을 변인들로 번역하는 것은 변인들 간의 관계를 분석하기 위해 필수적인데, 이러한 번역은 GIS를 의사결정과 예측에 사용하고자 하는 흐름을 반영하고 있다. 시뮬레이션 모델은 대개 주어진 위치에서의 다양한 위험도에 대한 흐름도 작성으로부터 시작된다. 최종적인 위험도를 산출하기 위한 일련의 과정이 다이어그램 형식으로 표현된다. 그다음에는 일련의 단계들이 GIS 혹은 환경 모델링 프로그램 속에서 정식화된다. 그런데 여기서 중요한 것은 시스템의 저자는 모델의 한계를 항상 인식하고 있어야만 한다는 점이다. 예를 들어, 많은 산사태 모델은 산사태 빈도에 대한 완벽한 과거 기록이 남아 있을 때 가장 잘 작동할 뿐, 일반화된 위험 평가의 도구 이상으로 그 모델을 사용하는 것은 적절하지 않다. 모델 속에서 수행되는 시뮬레이션 과정은 추론을 이끌어내기 위해 인공적인 역사를 만들어낸 것에 불과하다(Keylock, McClung and Magnusson 1999). 그럼에도 불구하고, 모델은 환경적 의사 결정을 지원하기 위한 GIS의 힘의 토대가 된다. 모델은 이론에서 시작해 프로그램으로 끝난다(Schuurman 1999). GIS 속에 장착된 모델은 개체를 생산한다. 제강 공장의 예에서 생산된 실체는 허용 기준을 초과하는 환경적 위험에 노출되어 있는 지역들이다.

생산된 개체가 우리가 파악할 수 없는 실체에 대한 보다 폭넓은 이해, 혹은 모델을 대체한다. 각각의 모델링 시스템은 (등치선과 같은) 추상적 실체를 생산하며, 이러한 등치선은 가상 실체의 한 형태로서의 렌더링rendering[5]이다. 자연적 · 사회적 환경을 렌더링한다는 것이 무의미해 보일 수도 있다. 그러나 렌더링을 통해 우리는 환경 실험에서의 산출물 예측을 위한 규칙들을 발견할 수 있다. 렌더링의 유용성은 앞에서 살펴본 산업단지의 예든 해수면 상승의 예측을 위한 GIS 사용의 예든 동일하게 드러난다. 렌더링에 대한 강조는 사실주의(유일한 직접 경험 혹은 세상에 대한 재현)의 가능성을 무시하는 것도 아니다. 이 시점에서 옳은 모델

---

5) 디자인 용어로, 상상도 혹은 예상도 정도로 번역되지만 원어를 그대로 읽어 사용하기로 함(역주)

과 그른 모델에 대해 이야기하는 것은 중요하지 않다. 오히려 "모든 모델은 틀렸지만 어떤 모델은 유용하다."라는 공리에 따르는 것이 더 유용한 관점이다. 첸과 딜레니의 모델이 가지고 있는 강점은 환경 공해를 평가하기 위해 공간적 · 비공간적 데이터를 통합하는 능력이다. 결과적으로 우리가 갖게 되는 것은 현재 GIS에서 독립적으로 존재하는 것보다, 혹은 환경 모델링의 영역에 존재하는 것보다 훨씬 더 강력한 도구 셋이다. 요체는 공간분석을 산업 공해를 평가하기 위한 테크닉과 결합하는 것이다.

직관적인 모델의 구축 : 다기준 평가

GIS의 적용에서 가장 흔한 것 중의 하나가 공간적 입지에 대한 의사결정을 지원하는 것이다. MCEmulti-criteria evaluation(다기준평가)는 래스터 기반 모델링 툴인데, 다중 기준(속성)의 결합을 통해 위치 별 적합도 인덱스suitability index를 도출할 수 있다. MCE에서의 첫 번째 단계는 문제를 정의하고 그에 의거해 기준을 설정하는 것이다. 각 기준은 공간적 해결책에서의 유관성 정도에 따라 점수화된다. 점수부여 과정은 주관적인 것이지만, 그것이 얼마나 분석의 목적에 부합하도록 이루어지느냐가 성공의 관건이 된다. 유관성이 높으면 높은 가중치를 부여받고, 결국 적합도 방정식에서 해당 요인의 영향력이 증대되는 결과를 낳는다. MCE의 가치는 사용자들이 다양한 기준들에 가중치를 부여함으로써 모델을 미세 조정할 수 있다는 데 있다. 2개 이상의 관점을 포용하기 위해 서로 경쟁적인 기준이 사용될 수 있으며, 이 경우에서조차도 결과는 산출된다. MCE는 특정한 목적하에서 특정한 위치의 적합성을 평가하기 위해 사용된다. 첸과 딜레니 모델은 제강 공장을 특정한 위치에 입지시킴으로써 야기되는 잠재적인 환경적 영향을 보여주었다. 이와는 대조적으로 MCE는 일련의 기준을 통해 가장 해악이 적은 제강 공장의 위치를 발견하기 위해 사용된다. 예를 들어, 지방자치단체들은 환경 유해 시설물이나 서비스 시설물의 입지 결정을 위해 MCE를 사용할 수 있다.

밴쿠버 지역에 있는 GVRDGreater Vancouver Regional District(밴쿠버대도시권)는 22개의 자치단체로 구성되어 있다. GVRD의 역할은 그 지역 내의 상하수도 관리와 쓰레기 처리와 같은 기초 서비스를 제공하는 것이다. 공동 서비스를 통해 지역 내 주민들에 대한 서비스 형평성을 높일 수 있고 서비스 제공의 관점에서 규모의 경제를 획득할 수 있다. GVRD에 포함되어 있는 자치단체들은 고체 쓰레기의 매립지 시설을 공유한다. 1989년 이래로, 이 지역의 쓰레기는 캐시크리크Cache Creek로 보내지는데, 이곳은 밴쿠버의 북동쪽으로 수백 킬로미터 떨어진 곳으로 캐나다 횡단고속도로 주변에 48헥타르 규모의 단지가 조성되어 있다. 처음 8년 동안, 약 30만 톤의 쓰레기가 이곳에 매립되었다. 다른 매립지가 문을 닫은 1998년 이후에는 쓰레기양이 두 배 이상으로 증가했다. 200만 명의 주민이 생산하고 있는 쓰레기양의 증가 추세를 감안할 때 캐시크리크는 2007년에 임계 수용 능력에 도달하게 될 것으로 보인다. 1995년 GVRD는 '고체 쓰레기 관리 계획'을 수립하고, 쓰레기양을 줄이고 재활용을 진작시키는 정책을 수립했다. 이러한 정책에도 불구하고 쓰레기 매립지 증설에 대한 필요성이 대두되었고, 2000년 GVRD는 캐시크리크 근방에 4,200헥타르 규모의 애슈크로프트 랜치Ashcroft Ranch를 사들였다. 애슈크로프트 랜치의 200헥타르만이 매립지로 개발될 예정이다. 중요한 것은 환경 보전, 기존 매립지 시설, 도로, 고고학적 사이트와의 접근성, 경사도 등과 관련된 다중 변인들에 기반을 두어 가장 적합한 지역을 찾아내는 것이었다.

쓰레기 매립지의 입지를 결정하는 일은 지리적 고려 외에 환경적·경제적·정치적 제한점들도 함께 고려해야 하는 매우 논쟁적인 문제이다. 애슈크로프트 랜치 내에서 새로운 매립지를 위한 최적의 입지를 찾는 데 MCE가 어떻게 사용되었는지를 보도록 하자. 여기에서 만들어진 모델은 오직 도해를 위한 것일 뿐, GVRD가 입지 결정을 위해 사용했을 프로세스의 어떠한 부분도 반영하지 않는다. 여기서 묘사되는 MCE 모델은 요인들과 제약들 모두를 고려하는 것이다. 제약들과 요인들은 두 종류의 서로 다른 기준이다. 제약은 불 기준(예 혹은 아니요)으로 특정한 지리적 영역에 분석의 한계를 부과한다. 요인들은 각 지역의 적합도를 규정하는 기준들이며 점수화된다. 다른 말로 하면, 제약은 대안들의 적합도에 한계를 가하는 조건이라면 요인들은 주어진 지점의 접합도에 영향을 주는 조건들이다. 제약들에는 매립지의 입지 조건에 대한 정부의 요구사항을 만족시키는 것, 악취와 대기 오염에 노출되는 인구를 한계 짓는 것, 보기 흉한 땅에 대한 공공의 두려움을 관리하는 것 등이 포함된다. 요인들은 도로에 대한 접근성, 수원으로부터의 거리, 원주민 고고유적지로부터의 거리, 매립지의 표면을 덮기 위해 사용되는 자재 공급처까지의 접근성, 경사도, 지질 등을 포함한다(표 4.1 참조).

요인들과 제약들에 대한 이 리스트는 MCE를 위해 개발된 다른 것들과 마찬가지로 절대적이고 객관적인 것이 아니다. 오히려 MCE는 다중적 관점을 받아들이며, 분석의 결과는 요인들과 제약들이 서로와의 관련성 속에

표 4.1 4,200헥타르에 달하는 애슈크로프트 랜치 안에 GVRD를 위한 쓰레기 매립지의 위치를 결정하기 위한 기준들

기준	요인/제약	조건
정부 규제	제약	지표수로부터 최소 100미터, 주거지로부터 최소 300미터, 랜치 경계로부터 최소한 15~50미터
사이트 특수적 고려	제약	알려진 고고유적지로부터 최소 100미터, 현재 관개 토지로부터 최소 300미터(경작되고 있는 것으로 가정), 40% 이상의 경사도는 제외
도로와의 근접성	요인	기존의 도로에 가능한 한 인접
기존 건물과의 근접성	요인	기존 건물로부터 가능한 한 격리
고고유적지와의 근접성	요인	알려진 고고유적지로부터 가능한 한 격리
지표수와의 근접성	요인	잠재적 환경 문제를 줄이기 위해 가능한 한 지표수(호수, 하천 등)로부터 격리
토지 피복	요인	산림지가 아닌 공지 선호
경사도	요인	완전히 평평하지도, 급경사지도 아니어야 함
지질	요인	점토나 낮은 지하수면을 가진 균열 없는 모암과 같은 낮은 투수율을 가진 지질 물질 상에 건설되어야 함

서 어떻게 순위가 매겨지느냐에 따라 달라진다. 가중 모델의 개발을 거쳐 마지막 단계에서는 모든 정보를 결합해 **다중적합도인덱스**composite index of suitability를 개발하고 그것을 새로운 매립지의 최적 입지를 선정하는 데 사용한다. MCE 분석의 결과는 〈그림 4.16〉에 나타나 있다.

마침내 우리는 매립지를 위한 최적의 위치를 찾았는가? 이 질문에 대한 대답은 MCE의 수행 주체, 데이터의 질 그리고 기준과 요인의 선정에 의존적이다. 어느 정도는 모델은 항상 어젠다를 반영한다. 유명한 학자이

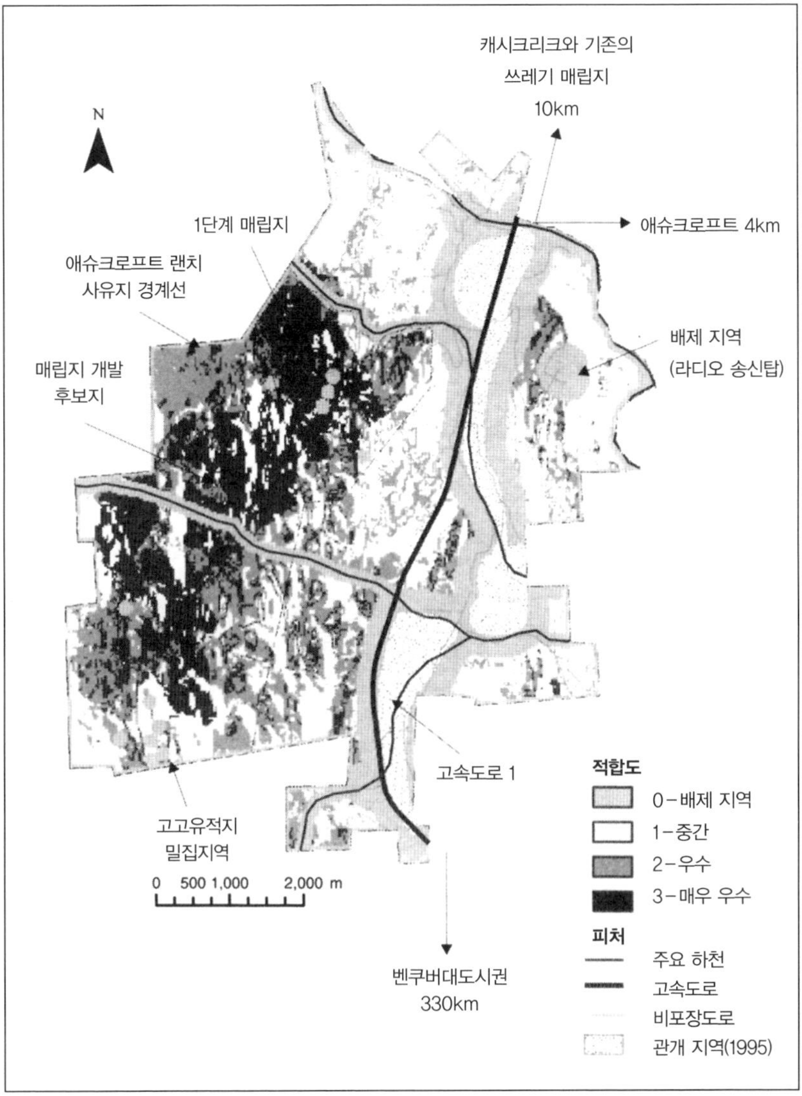

[그림 4.16] **애슈크로프트 랜치의 쓰레기 매립지 적합도**

출처 : BC TRM Data. Assessment of Resource Potential Ashcroft Ranch: vols 1 and 2. Golder Associates Ltd(1999).

자 지도 비평가인 브라이언 할리Brian Harley는 "지도는 영토territory가 아니다(1989, 233)."[6]라고 비꼰 바 있다. 이처럼, 모델은 영토가 아니라 재현을 단순화하는 방식이며, 이를 통해 우리는 특정한 적용을 위한 위치별 가능성viability을 더 잘 해석할 수 있다. 모델과 관련된 문제는 모델이 실제 자체와 혼동된다는 것인데, 사실상 모델이 요인과 제약의 수정에 조응하여 변화하는 복잡한 시스템이기 때문이다. 크리스틴 슈라더-프레셋Kristin Shrader-Frechette(2000)은 모델들이 정책 결정자의 동기에 따라 다르게 해석될 수 있음을 보여주는 예를 제시한 바 있다. 핵폐기물의 매립지를 결정하는 데 수문지질학적 모델이 사용되는데, 미국 에너지부Department of Energy는 고수준 방사능 폐기물의 매립지로서 네바다의 유카 플래츠Yucca Flats가 적합한지를 평가하기 위해 이 모델을 사용한다. 1992년 일군의 전문가 집단은 지각 활동과 여타의 불확실성을 감안할 때 장기적인 폐기물 매립지로서 그 지역이 적합하지 않다는 것을 밝히기 위해 그 모델을 사용했다. 그러나 1995년의 보고서에는 지질학적 기록으로 볼 때 동일 장소에서 동일한 폐기물 매립이 가능한 것으로 나타나 있다. 명백히, 지구 시스템에 대한 과학적 모델에 대한 해석은 이해관계에 따라 달라질 수 있으며, 모델과 세상과의 관련성은 다르게 해석될 수 있다. GVRD의 쓰레기 매립지의 경우, 모델은 주어진 기준과 그것의 수정에 의거한 최적의 위치를 결정한다. 다른 기준의 세트는 다른 위치의 선정으로 귀결될 것이다. 그러나 MCE는 GIS를 위한 강력한 도구로 남을 것이다. 왜냐하면 그것은 상이한 요구조건을 가진 이질적인 집단이 요인과 제약 모두에 대해 협상하는 것을 허락하기 때문이다. MCE는 비합리적 과정을 수용하는 합리적 도구이다.

---

6) 지도에 표현된 것은 땅 자체가 아니다(역주).

보는 것의 힘 : 시각화와 새로운 지도학

앞에서 살펴본 프로젝트는 구조화된 공간분석의 유용성을 예증하고 있다. 그러나 그 프로젝트는 패턴을 탐지하는 인간 시력의 힘과 GIS에서의 주관성의 역할을 강조하는 데 실패하였다. 양적 혹은 구조화된 탐구가 GIS에서 필수적이라는 것은 분명한 사실이지만, GIS를 이러한 계량혁명의 정량적 접근과 스스로를 차별화할 수 있게 해주는 것은 바로 시각성과 '직관' 의 강조이다. GIS의 초기 발전 시기에서부터 공간 데이터를 분석하기 위해 컴퓨터를 사용하는 사람들과 공간 데이터를 그래픽한 형태로 지도화하기 위해 컴퓨터를 사용하는 사람들 사이에 구분이 존재했다. 후자는 패턴과 개념을 전달하는 시각성의 힘에 의존한다. 이러한 시각화를 향한 지향은 정량화에 대한 거부를 의미하는 것이 아니라 분명한 진전으로 이해되고 있다. 즉, GIS는 정량적 접근을 '탈수학화하고 있는 demathematizing' 혹은 확장하고 있는 것이다. 따라서 정량적 접근은 점점 더 탐색적이 되고, 그러나 더 적은 수의 확실성 측도와 관련되고 있다 (T. Poiker 1997, 개인적 인터뷰). GIS를 통해 연구자는 훨씬 더 많은 수의 변인들을 다룰 수 있다. 변인을 더해감에 따라 분석의 수학적 정밀도 precision는 낮아지게 된다. 신뢰 구간과 같은 정밀도의 측도는 점점 더 확립하기도 획득하기도 어려워진다. 대신에 MCE의 예에서 사용되는 것과 같은 다중 변인들이 허용된다.

데이터에 대한 직관적이고 주관적인 탐색을 진작시키는 데 있어 GIS가 갖는 역할을 특징화하면서, 마이클 굿차일드Michael Goodchild는 다음과 같이 지적한 바 있다.

> GIS는 빈사 상태에 빠져 있던 어떤 것에 새로운 생명을 불어넣었다. 예를 들어, 1970년대 후반과 1980년 초반에 우리가 발전시킨 공간분석의 방법들은 고수준의 지리 수학적 분석으로 대변되는데, 그것들은 점점 더 추상적이고도 난해하기 그지없는 것이 되고 있었다. 지리 수학적 방법들이 학술지에 발표되고 있었기 때문에 결국에는 그것들이 사용될 것이라 생각되었지만, 실질적으로도 그렇게 될지의 여부는 불투명하였다. GIS가 도래했을 때, 많은 사람들은 GIS를 통해 그러한 방법들이 실행될 수 있고, 사용하기 편리하게 되어, 결국에는 널리 사용될 것이라는 생각을 가졌다. 그러나 실질적으로 발생한 것은 그것과 정반대였다. GIS는 그 방법들이 지향한 하드코어 확증적 가설 검정 테크닉 대신에 직관의 중요성과 탐색의 단순성을 재확립했다(M.F. Goodchild, 1998, 개인적 인터뷰).

이 관점에 따르면, GIS는 다양한 데이터 원천을 활용하는 수단을 제공함으로써, 그리고 공간 데이터의 시각화를 허락함으로써 계량적 방법론에 구명 밧줄을 던져준 것이다. GIS는 지리학자들에게 공간적 배열을 시각화하는 길을 제공하며, 그 과정에서 타당한 발견적 테크닉으로서의 직관을 회복한다.

'직관' 이라는 용어는 GIS 연구자에 의해 지리적 데이터의 시각적 디스플레이를 이해하거나 해석하는 수단으로서 사용된다. 직관은 인지적 과정과 연결된 것으로 아직까지도 완전히 이해된 것이 아니다. 시각적 인지, 지식 발견 그리고 컴퓨터 테크놀로지 간의 결합은 과거 10년 동안 뜨거운 연구 주제였는데, 이는 부분적으로 시각화가 전통적인 의사결정 과정으로부터의 급진적인 분리를 의미하기 때문이다. '과학적' 시각화를 연구하는 학자들은 그 방법론을 특별한 것으로 만들어주는 것이 다름 아닌 정보 소통에서의 그래픽 디스플레이의 긍정적인 역할이라는 점을 강조하고 있다.

EDAExploratory Data Analysis(탐색적 데이터분석)와 데이터베이스에서의 KDDKnowledge Discovery in Databases(지식 발견)는 시각화와 정보 소통간의 직접적 상관성을 옹호하는 상호연관된 방법론이다. 이것들이 가능해진 것은 디지털 데이터 셋과 패턴 식별과 컴퓨팅을 위한 알고리즘의 수렴을 통해서이다. KDD와 EDA는 주어진 분석에 있어 데이터의 적합도를 판단하기 위해 기존의 데이터를 면밀히 조사한다. 통상적으로 데이터마이닝data mining이라고 불리는 지식 발견은 기계 학습 전산 테크닉과 시각화를 결합하여 패턴을 인식하고 확립된 기준에 의거해 데이터의 적합도를 판정한다. KDD와 EDA는 과학적 시각화scientific visualization라고 알려져 있는 것의 신판인데, 과학적 시각화는 염색체 구조나 생태적 상호의존성과 같은 복잡한 과학적 관련성에 대한 시뮬레이션, 데이터 분석 그리고 시각화의 결합을 의미한다. 적용 영역은 의료 영상학, 유전학, 생화학, 생태학 그리고 대기과학 등이다. GIS에서 지리적 시각화는 인간이 어떻게 시각적 이미지를 해석하는지, 데이터 매니퓰레이션의 알고리즘, 인간-컴퓨터 상호작용의 패턴 등에 집중하는 하위 전공으로 등장하고 있다. KDD처럼 지리적 시각화는 데이터로부터 의미를 생산하기 위해 사용되는 도구이다. 아이러니하게도 GIS와 지도학은 최근에 과학적 시각화를 전면으로 가져오게 한 원칙들에 항상 기반을 두어왔다. 〈그림 4.17〉은 GVRD에서의 결핵 환자들에 대한 간단한 시각화를 보여주고 있다. 결핵의 발생이 높은 곳은 표면의 높은 고도와 색상에서의 변화로 표현되고 있다. 이것은 공간적 현상을 이해하는 강력한 테크닉이다.

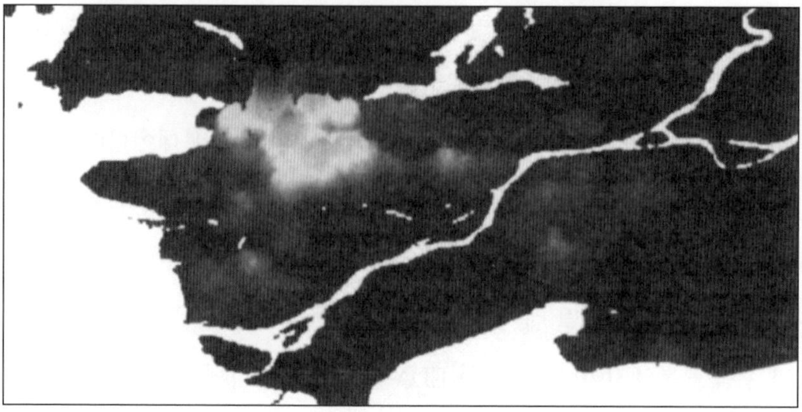

[그림 4.17] **밴쿠버 대도시권에서의 결핵 환자 발생의 시각화**
결핵 발병의 최고 집중지가 차이나타운과 스트라스코나strathcona를 포함하고 있는 도심부에서 나타나고 있다. 이 두 구역은 모두 사회경제적 침체를 겪고 있으며, 높은 이민자 혹은 원주민 비중을 보여주고 있다.

사이먼프레이저대학교에서 행해진 연구에서, 수잔나 드라기세빅Suzana Dragicevic과 저자는 브리티시컬럼비아대학교의 임상역학센터의 센터장인 마크 피츠제랄드Mark Fitzgerald와 공동연구를 행했는데, 전염병을 통제하는 데 EDA가 가지는 역할에 대해 연구했다. 이 연구(2003)는 GVRD에서의 결핵 발생과 관련된 인구학적 요인들에 대한 이해를 향상시키기 위한 EDA 기법을 개발했다. 결핵은 일군의 병원균으로 구성되어 있는데, 이 균은 천천히 번식하여 수 세기에 걸쳐 생존할 수 있는 전염병이 된다. 오늘날 전 세계적으로 약 900만 명의 결핵 환자가 있다고 하는데 발생률은 보통 인구 10만 명당 발생 건수로 측정된다. 다중약물내성 결핵을 포함하는 활동성 결핵의 보균자는 역사상 가장 기동성이 좋다. 현재 전체 결핵 환자의 10%가 약물내성이고, 이민이 이러한 약물내성 결핵의 확산에 한 요인이 되고 있다. 전 세계적으로 약물내성 결핵이 가장 높은 곳은 구소련의 서쪽 지역이고, 중국, 인도, 파키스탄이 그 뒤를 잇고 있다. 결핵의 확산과 관련된 정치경제학이 있다. 결핵 치료약에 대한 특허 중 많은 것이 만기가 되면서 HIV/AIDS와 같은 병들이 연구와 치료에서 보다 매력적인 것으로 되었다. 결핵의 예방이 치료보다 더 비용 효과적이기 때문에 위험 지역을 확인하고 그것에 따라 결핵 통제를 위한 자원을 배분하는 것이 보다 적절하게 된 것이다. 이 연구의 목적은 GVRD 내의 결핵 확산의 위험 지역을 확인하는 보다 예리하고 포괄적인 도구를 개발하는 것이었다.

결핵과 같은 전염병의 확산에 대한 연구를 지배하고 있는 2개의 주요 패러다임이 존재한다. 두 접근법은 의료 과학자와 공공 보건 연구자들에 의해 사용되는 상이한 탐구 방식으로부터 나온다. 의사들과 역학자들은 일반적으로 개인적 행동을 중시하는 반면, 주로 근린지구에 살고 있는 환자들을 다루는 사람들은 전 커뮤니티의 웰빙에 초점을 둔다. 결국 역학자들은 확증적confirmatory 혹은 '예측적predictive' 접근에 집중하는 경향을 보이게 되고, 반면에 공공 보건 연구자들은 일반적으로 조사와 분석에서의 탐색적exploratory 혹은 '인과적causal' 양식을 사용하는 경향을 보이게 된다. 이러한 구분으로 말미암아 자원과 전문 인력의 엄격한 분할이 발생하게 되었고, 결국 보건 이슈들을 효과적으로 다루는 것이 어렵게 되었다. GIS는 역학과 공공 보건 연구에 중대한 공헌을 할 수 있는 요건을 갖추고 있다. 왜냐하면 GIS는 확증적(예측적) 분석 유형과 탐색적 분석 유형을 결합할 수 있기 때문이다. 이 연구에서, 우리는 결핵의 확산에 기여한 요인들을 개인별 요인과 사회적 요인으로 구분하여 다루었다.

종족성ethnicity은 결핵의 확산과 결부되어 있는 사회적 요인들 중 하나이다. 종족성이 결정 요인인 것은 아니지만 결핵의 확산을 증폭시키는 다양한 요인들의 합류 지점에 위치하는 요인이다. 다른 사회경제적 지표들에 노숙 여부, 저임금, 질병에 대한 선천성, 젠더, 연령, 원주민 여부, 해외 출생지, 이민 연도 등이 있다. 개인적 특징들은 결핵의 분자 역학적 유형에 기반을 둔다. 결핵 탐지에서 가장 위대한 진보들 중 하나는 특정한 결핵 유형의 분자 역학적 특성 규명이다. 각 유형의 군집화와 확산은 앞서 언급한 사회경제적 요인들에 의해 설명되는 데 HIV 감염 여부가 부가적으로 고려되었다. 결핵을 분석하기 위한 어떠한 시각화 혹은 통계 테크닉도 우선적으로 결핵의 종류를 확인해야 한다. 그래야만 사회경제적 요인들과의 관련성을 규명할 수 있기 때문이다. 결핵의 종류가 확인되지 않는다면 클러스터의 확인은 아무런 의미가 없을 수도 있다. 왜냐하면 클러스터가 확산 요인들을 전혀 공유하지 않는 다중의 유형들을 포괄하고 있을 수도 있기 때문이다.

이 연구에서, GIS의 분석 기능들이 시각화 장치들과 결합하여 역학의 맥락에서 EDA를 실행하는 수단을 제공한다. EDA 과정은 다음과 같은 단계를 거친다.

1. GIS를 이용한 탐색적 시각화
2. 공간적 패턴과 경향성에 대한 통계적 · 수리적 분석(이 경우 요인분석과 군집분석)
3. GIS를 이용한 결과의 시각화와 소통
4. 다른 통계적 · 수리적 방법의 사용이 필요한 경우 2단계를 반복

5. 최종 결과물을 표와 그래프, 질병 클러스터의 지도 혹은 질병 확산의 시나리오로 제시

클러스터를 확인하기 위해 공간분석의 테크닉을 사용함으로써, 그리고 그 패턴을 디스플레이함으로써, 〈그림 4.18〉에 나타나 있는 것처럼 GVRD에서 5개의 주요 결핵 클러스터를 확인할 수 있었다. 이 연구의 단점들 중 하나는 데이터에 다량의 결측치missing values가 존재한다는 사실이다. 결과에서의 일관성consistency과 완결성integrity을 확보하기 위해, 이 연구는 속성값을 갖지 않는 사례들을 버려야만 했다. 게다가 그 데이터는 공간분석이라는 특정한 목적을 위해 수집된 것도 아니었다. 개별

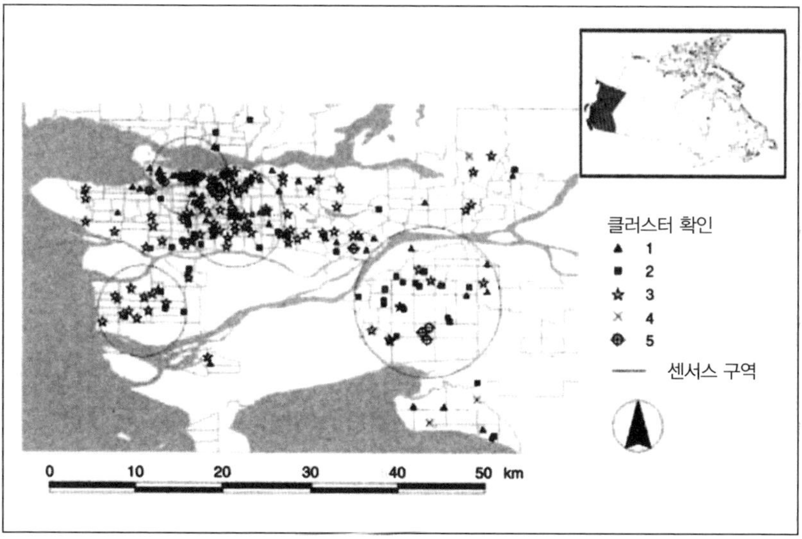

[그림 4.18] **결핵의 클러스터**

탐색적 데이터분석은 수리적 테크닉과 재현적 테크닉을 결합한 구조화된 형태의 지리적 시각화이다. 지도에는 5개의 결핵 클러스터가 확인되어 있다.

케이스를 확인하기 위해 주소가 아닌 우편 번호가 사용되었다. 그 결과, 데이터의 공간성과 결부된 분석은 한계점을 가질 수밖에 없었고, 어떤 클러스터는 탐지되지 않은 채 숨겨지기도 했다. 이러한 사실은 데이터 수집과 표준화를 디자인하기 위해 GIS 전문가와 의료 역병 전문가가 지속적으로 협조해야만 한다는 사실을 잘 보여준다.

결과에 대한 시각화는 데이터 축소뿐만 아니라 사생활 보호의 측면에서도 영향을 받았다. 각 데이터 클러스터에 대한 800미터 오프셋이 개인의 사생활 보호를 위해 선택되었다. 이것은 지도 사용자들이 질병의 확산과 관련된 특정한 국지적 요인들에 관해 오해하게 될지도 모른다는 것을 의미한다. 그러나 개인별 보건 데이터를 다루는 연구에서는 필수불가결한 타협물이기도 하다. 이러한 제약들에도 불구하고, EDA에 기반을 둔 클러스터의 확인은 매우 효율적으로 이루어진다. 더욱이, 유관한 공동 인자cofactors를 파악하기 위해 공간분석을 사용하는 것은 EDA의 정확도를 향상시키며, GIS를 단순히 직관에만 기반을 둔 시각화 테크닉인 것에서 보다 복잡한 형태의 분석에 토대한 것으로 이행시킨다.

데이터에서 분석으로 : 인구 보건에 대한 사례 연구

데이터와 분석이 밀접하게 연관되어 있다는 것은 분명한 사실이다. 이것은 특히 역학과 인구 보건 연구에 있어서 그러한데, 데이터의 이용가능성, 데이터의 질 그리고 데이터 통합에서의 제약들에 의해 연구 전체가 영향을 받는다. 사이먼프레이저대학교의 보건연구교육연구소Institute for Health Research and Education에서는 대규모의 인구 보건 연구가 진행

중인데, 마이크 헤이즈Mike Hayes와 수잔나 드라기세빅이 프로젝트를 이끌고 있으며 저자는 GIS 전문가로 참여하고 있다. 그러한 프로젝트에서 보통 그렇듯이, 대부분의 일은 그 연구소의 GIS 분석가인 다린 그룬드 Darrin Grund에 의해 이루어졌다.

인구 보건은 사회적 관계가 개인이나 커뮤니티의 보건에 어떠한 영향을 끼치는지를 다룬다. 보건 연구에는 개인적 특질(리스트 인자)과 질병 특수적 과정을 강조하는 생의학적 관점의 전통이 강하게 존재한다. 사회적 프로세스는 더 적은 관심을 받지만, 개인들이나 커뮤니티 전체의 보건에 상당한 영향을 끼친다. 현재까지 주택의 사회적 · 경제적 · 문화적 특징의 보건과의 관련성에 대한 연구는 상대적으로 미미하지만 주택은 피난처와 사생활을 제공하는 것 이상의 역할을 한다. 주택은 일상생활의 경험을 가능케 하고 개개인이 세상에서 굳건히 서는 데 일조한다. 즉, 주택은 한 개인의 생활환경에 대한 통제감에서 궁극적인 요소이다. 주택 시장 역시 부의 분배에서 중요한 역할을 한다. 그러나 이러한 심대한 영향력에도 불구하고, 주택을 통해 생산되는 불평등이 보건에 미치는 영향에 대한 연구는 매우 부족하다. 그러므로 우리의 연구는 주택, 소득, 범죄율, 환경오염 그리고 녹지를 포함하는 다중 인자들을 GVRD의 인구 보건 상황의 분석 속으로 통합하고자 한다.

첫 번째 연구 목표는 센서스 데이터, 이용가능한 다양한 데이터 원천들(보건 지역, 자치시, 부동산 위원회, 인구 동태 통계, 경찰서 그리고 부차적인 데이터 셋), 그리고 브리티시컬럼비아 데이터베이스(우편 번호 수준에서의 개인별 보건 데이터)를 결합하여 GVRD에 대한 통합 데이터베이스를 구축하는 것이었다. 여기에는 두 가지 난제가 있었는데, 첫 번째는 공간적 경계를 규정하는 것이었고, 두 번째는 스케일을 규정하는 것이었다.

공간적 경계의 규정은 매우 힘든 과제이다. 왜냐하면, 자치시, 지역 그리고 주 정책결정자들로부터의 데이터는 모두 상이한 지리적 구획을 사용하고 있기 때문이다. 이것은 벡터 데이터를 다룰 때 발생하는 흔한 난제 중의 하나이며, 연구자들이 특정한 경계 구획으로 자신들의 연구를 제한해버리는 가장 중요한 이유들 중의 하나이다. 예를 들어, 인구 보건 연구자들은 근린지구의 프로파일을 개발하기 위해 센서스 데이터를 사용하기로 결정할 수 있고, 어떠한 보충적 데이터 수집도 센서스의 조사구에 의거해 진행된다. 그러나 이것은 연구를 스스로 제약하는 것이다. 왜냐하면 이것은 국가적 수준에서 사회경제적 데이터를 수집하기에 적절한 공간적 규정(즉, 조사구)이 근린지구 수준에서의 인구 보건을 이해하는 데도 동등하게 적절하다고 가정하기 때문이다. 우리 연구팀은 이질적인 공간적 경계를 갖는 다양한 데이터 셋들을 결합하고자 힘썼는데, 이는 인구 보건과 상관성을 갖는 더 광범위한 요인들을 연구에 포함시키고 싶었기 때문이다.

〈그림 4.19〉는 이질적인 그러나 중첩되는 경계들에 등록되어 있는 공간 데이터에 의해 나타나는 문제를 도해하고 있다. 첫째, 데이터들은 벡터 폴리곤들과 연관된 동질성 가정을 따르는 것으로 간주된다. 통상적으로 인구는 어딘가에 집중되어 있지만, 각 센서스 구역과 결부된 인구 수준은 전 공간에 걸쳐 균질적으로 분포하고 있는 것으로 가정된다. 이 문제는 보건 지역처럼 넓은 면적을 가진 공간단위에서 더욱 심각하다. 예를 들어, 보건 서비스 사용에 대한 통계치는 보건 지역 전체에 대한 것일

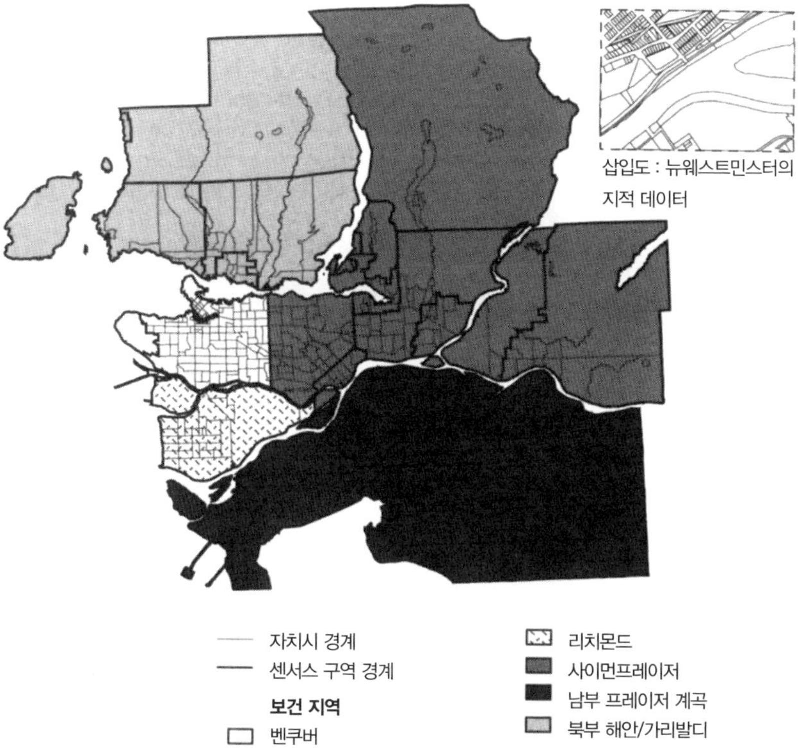

[그림 4.19] **경계 불일치**
다양한 행정적 경계들이 밴쿠버 주변의 로우어 메인랜드Lower Mainland 지역을 구획하고 있다. 자치시, 센서스 그리고 보건 지역 경계 등이 이에 해당한다. 삽입도는 지적 경계를 보여주고 있다. 이 경계들 각각은 현상을 묘사하는 속성 데이터와 결부되어 있는데, 경계 내부의 특성만을 반영한다. 여기에 나타나지 않는 수많은 다른 행정 경계들이 있는데, 치안 경계, 용도구역, 학구 등이 예가 될 수 있다.

뿐 개별 인구에 대한 것은 아니다. GVRD 전체 내에서의 보건 상태에 대한 '큰 그림' 관점을 발전시키기 위해 다양한 데이터 셋을 통합하는 데 있어 가장 즉각적인 문제점은 다중의 유관 데이터 셋들을 단일한 공간적 프레임워크 혹은 다중의 프레임워크와 연결시키는 것이다. 예를 들어, 소득과 학업 성취도 간의 관련성을 분석할 경우에는 1~2개의 블록 규모

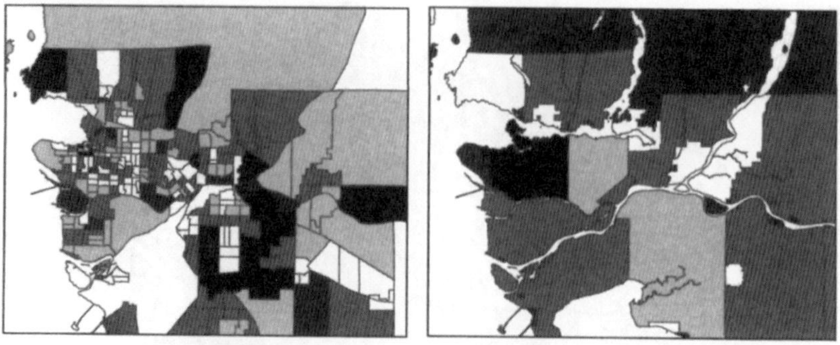

a. 센서스 구역 수준에서의 고용률
(어두울수록 고용률 높음)

b. 센서스 서브디비전 수준에서의 고용률
(어두울수록 고용률 높음)

[그림 4.20] **GIS 결과의 해석에 있어서의 합역의 효과**
밴쿠버대도시권에서 높은 고용률을 가진 지역은 짙은 색의 센서스 구역 폴리곤으로 나타난다(a). 센서스 구역을 센서스 서브디비전으로 합역하면 높은 실업률 지역에 대해 다른 해석이 이루어진다. 공간적 변인에 대한 합역의 효과를 MAUP라고 부른다.

가 적절한 공간단위겠지만, 보건 서비스의 이용가능성에 대한 평가의 경우에는 자치시가 기본적인 공간단위가 되는 것이 적절할 수 있다. 이처럼 공간적 프레임워크는 유연해야 하는데, 분석 구역의 형태와 면적은 문제의 종류에 따라 달라질 필요가 있기 때문이다. 보건 지역, 우편 구역, 혹은 센서스 구역의 현재적 경계는 조정성이 없다. 즉, 공간적 규정은 고정되어 있다. 그러한 공간단위들을 커뮤니티 보건을 연구하기 위한 토대로 사용한다는 것은 근원적인 패턴이 임의적으로 주어진 공간단위에 의해 교란될 수 있음을 함축하고 있다.

인구 보건의 양상은 연구의 스케일과 사용되는 변수들에 의존하면서 매우 다양한 양상으로 나타나는데, 이러한 다양성은 공간적 분포로 표현되었을 때 손쉽게 이해될 수 있다. 인구 보건 상황은 보육 시설 지원, 저렴한 주택 공급, 혹은 학교 급식 혹은 보충/심화 교육 프로그램의 제공

등을 위한 적절한 정책을 수립하기 위한 토대가 된다. 그런데 이것을 위해서는 유연한 공간적 프레임워크가 필수적이다. 하나의 대안으로 래스터 그리드의 사용을 제안할 수 있다. 영국의 GIS 전문가인 데이비드 마틴David Martin은 국가 센서스의 사회경제적 데이터를 분석하기 위해 래스트 면surface의 사용을 주장하는 논문을 발표한 바 있다. 그는(1996) 사회경제적 데이터는 사생활 보호를 위해 주로 집계된 형태로 제공되지만, 많은 분석들은 래스터 분석에 더 잘 맞는다고 주장하였다. 래스터 프레임워크는 또한 스케일이 큰 연구를 허락한다. 특히 근린지구 수준의 인구 보건 연구에 적합하다. 래스터 데이터가 에어리어 데이터로부터 도출된 경우조차도 그 결과는 좋으며, 궁극적으로 더 많은 분석의 유연성이 허락된다. 보다 최근에, 마틴과 동료들은 면을 사용하면 인구 분포에 대한 더 좋은 재현을 구축할 수 있다는 점을 주장한 바 있다(Atkinson and Tate 2000). 더욱이, 다중의 벡터 폴리곤을 래스터로 전환하는 것은 다중적이고, 이질적인 데이터 셋을 통합하는 하나의 방식일 수 있다 (Tate 2000).

인구 보건 연구에 래스터 데이터를 사용하는 전례가 부족함에도 불구하고, 우리는 이 접근법을 채택하기로 결정했다. 이를 통해 우리는 첫째, 다중 데이터 셋을 통합하고, 둘째, "데이터가 스스로 말하는 것"을 더욱 진작시키고자 했다. 벡터 데이터를 래스터 데이터로 전환하는 것은 사실상 행정적으로 구정된 벡터 폴리곤을 주로 사용한 보건 연구자들이 직면했던 전통적인 제약을 회피하는 유일한 방법이다. 래스터 데이터를 선호하는 것에 또 다른 정당화가 가능한데, 공간적 경계를 정의하는 것, 그리고 공간단위를 합역하는 것의 어려움과 연관되어 있다. GIScience에서 가장 해결하기 어려운 문제들 중의 하나가 MAUPmodifiable areal unit problem(공간단위 임의성의 문제)이다. 이 문제는 우편 구역 혹은 조사구와 같은 공간단위를 보다 면적이 넓은 공간단위로 합역할 때, 혹은 동일한 스케일이지만 다른 방식의 공간적 분할을 사용하게 될 때 발생한다. 공간단위를 합역하거나 변화시키는 것은 전혀 다른 결과에 이를 수 있다. 큰 스케일(적은 수의 공간단위)에서 높은 수준의 실업률을 보였다 하더라도 다른 합역 수준에서는 낮을 수도 있다. 〈그림 4.20〉은 실업률이 합역 수준에 따라 다양하게 나타난다는 사실을 예시하고 있다. 공간단위의 합역에 기반을 둔 다양한 연구 결과는 특정한 메시지를 전달하기 위해 데이터를 조작하기 위해 손쉽게 사용될 수 있다. 명백히, 보건 자원의 할당과 관련된 결정이 공간 데이터에 기반을 두어 이루어진다는 점을 감안할 때, MAUP는 엄정하게 감독되어야 한다.

MAUP는 공간분석을 힘들게 하는 다른 문제와도 밀접히 관련되어 있다. **생태학적 오류**ecological fallacy라고 불리는 이 문제는 인구 전체나 집단의 특성을 개인에게 귀속시킬 때 발생하는 편향을 의미한다. 푸드뱅크가 위치해 있는 근린주구에서 많은 수의 보조금 신청이 발생할 수 있지만, 이것이 필연적으로 그 근린지구에 노숙자가 많거나 빈곤의 수준이 높다는 것을 의미하지는 않는다. 단지 푸드뱅크가 그 근린지구에 위치해 있기 때문일 수 있다. 〈그림 4.21〉은 고졸 이하 학력자 비율을 보여주고 있다. 첫 번째 지도에서, 비율은 다양하게 나타나는데, 한 눈에 주목을 끄는 사항은 발견되지 않는다. 두 번째 지도는 분석의 토대로 조금 면적인 넓은 공간단위를 사용한 것인데, 그 결과는 심대하게 다르다. 정말로 높은 고졸 미만 학력자 비율을 나타내는 짙은 색 구역들이 교육자나 정책입안

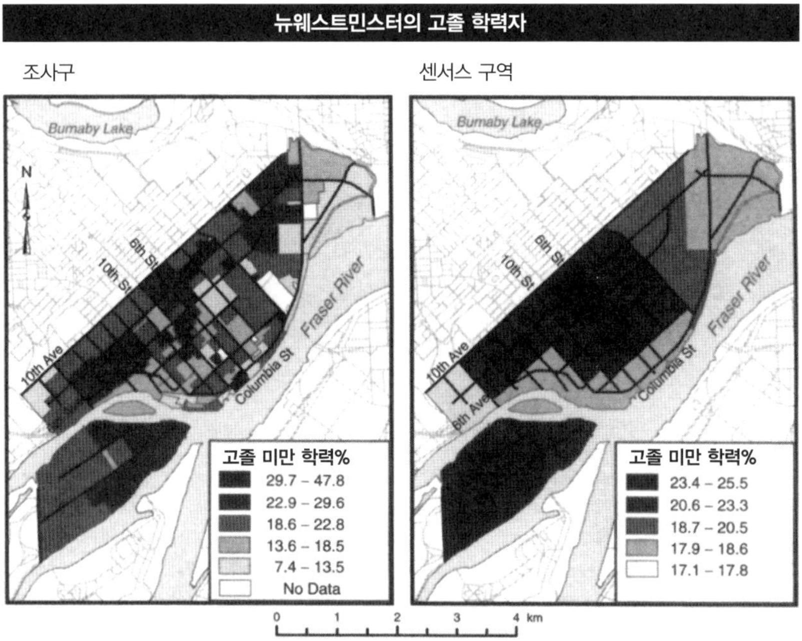

[그림 4.21] **고졸 미만 학력자 비율 : 2개의 서로 다른 합역 수준**

자들의 중대한 관심을 불러일으킬 것 같다. 동일한 데이터를 사용하더라도 공간단위가 다르면 해석도 달라지는데, 이것은 명백히 공간분석이 가진 단점이다. 한 에어리어의 특성(높은 결핵 발병 수 혹은 낮은 고졸자 비율)을 가지고 개별 인간 혹은 심지어 그 에어리어 내의 특정한 지점의 특성에 대해 이야기하는 것이 가능한지의 여부는 판단하기 어려운 일이다. 개인들에 관한 잘못된 결론이 에어리어 전체의 특징으로부터 추론되었을 때, 우리는 이것을 생태학적 오류라고 부른다. 공간 데이터를 통합하기 위해서 래스터 그리드를 사용하는 이점들 중의 하나가 MAUP와 생태학적 오류의 문제를 다소간 해소할 수 있다는 것이다.

래스터 기반 시스템을 사용하는 것의 단점은 벡터 데이터를 래스터로 전환하기 위해 내삽interpolation이 행해져야 한다는 것이다. 만일 데이터가 특정한 지역에 대해 수집되었다면, 지역을 묘사하는 폴리곤은 수집이 행해진 그 에어리어라는 것이 가정된 것이다. 예를 들어, 브리티시컬럼비아의 사망률 데이터는 보건 지역 수준으로 합역된 것이다. 만일 커버리지가 래스터 데이터로 전환되면 그 데이터는 래스터 커버리지를 생성하기 위해 분역分域, disaggregation되어야만 한다. 이것은 그 데이터와 결부된 동질성homogeneity 가정을 유지할 것을 요구한다. 각 래스터 셀은 그것이 재현하는 보건 지역과 동일한 사망률 값을 할당받는다. 문제는 데이터의 수집이 각 셀 단위가 아니라 보건 지역 단위로 이루어졌기 때문에 마치 우리가 양질의 혹은 고해상도의 데이터를 가진 것처럼 보일 수도 있다는 것이다. 래스터 전환 과정에서 보건 지역이라는 원래의 데이터 수집 카테고리가 사라져 버리는 것이다. 〈그림 4.22〉는 브리티시컬럼비아의 보건 지역의 사망률을 벡터와 래스터 두 형식으로 제시하고 있다. 여기서 래스터 데이터는 벡터 데이터의 전환을 통해 생성되었다. 보건 지역별로 계산된 사망력 데이터는 래스터 그리드 셀로 전환되는데, 전환된 래스터 데이터만 보게 되면 원천 데이터가 마치 보건 지역보다 더 높은 상세성을 가진 데이터인 것처럼 보이게 된다. 결과를 보여주는 공간 단위의 크기는 더 이상 데이터 수집을 위한 공간단위를 반영하지 않으며, 넓은 범위에 걸쳐 관찰되는 동질성은 래스터 셀들을 가로질러 존재하는 진정한 변동과 조응하지 않는다.

이 문제의 예로 캐나다 센서스의 인구 데이터를 래스터로 전환하는 것을 들 수 있다. 여기서 벡터 폴리곤(센서스 구역과 같은)과 래스터 셀 양자는 모두 인구가 폴리곤 내 혹은 셀 내에서 등질적으로 분포하고 있는

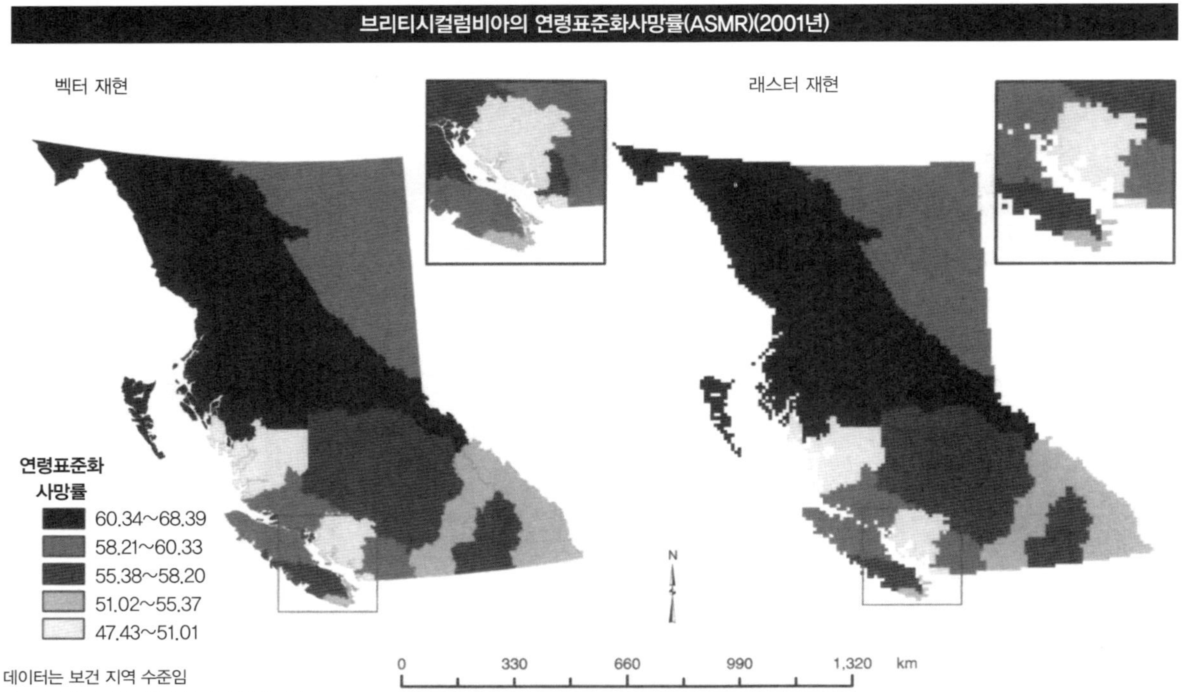

주 : 데이터는 보건 지역 수준임

연령표준화사망률(ASMR)은 인구 10,000명 기준임

[그림 4.22] **벡터에서 래스터로의 데이터 전환의 효과**

벡터 데이터가 래스터 데이터로 전화되었을 때 작은 래스터 셀 사이즈는 데이터가 마치 더 대축척에서(더 작은 에어리어에서) 수집된 것 같은 인상을 주게 된다.

것으로 가정한다. 실질적으로는 인구는 군집 분포하는 경향이 있다. 사이먼프레이저대학교의 보건연구교육연구소의 인구 보건 팀은 이러한 한계와 보건의 위험 인자에 대한 분석에서 그러한 한계가 가지는 함의에 대해 잘 인식하고 있었다. 그들은 인구 밀도에 대한 등질성 가정을 교정하기 위해 대시메트릭dasymetric 매핑 프로젝트를 발전시켰다. 대시메트릭 매핑은 에어리얼 인터폴레이션areal interpolation을 보조하기 위해 국지지식을 사용한다. 여기서는 고해상도의 항공 영상 자료와 함께 그 지역에 대한 사전 지식을 활용하여 고밀도/저밀도 지역을 확인하였다. 가로망 네트워크 역시 주택 밀도를 산정하기 위해 사용되었는데, 그러한 정보에 기반을 두어 인구를 할당한다. 또한 각각의 보건 지역과의 협력 체계가 확립되었는데, 이를 통해 지역별로 합산되어 있는 데이터 대신 우편 구역과 연동되어 있는 출생과 사망에 대한 개인별 동태통계 데이터에 대한 접근이 가능해졌다. 벡터에서 래스터로 전환하는 것은 단순한 알고리즘적 오퍼레이션이 아니라 자동화된 데이터 전환과 인간의 개입이 결합된 것이다.

MCE와 분석

데이터의 합체가 이루어졌다면 이제 우리의 목표는 다양한 지표와 MCE를 이용해 GVRD의 보건 상태를 분석하는 것이다. 여기에서 우리는 보건과 커뮤니티/보건 시스템 특성의 비의료적 결정인자와 브리티시컬럼비아의 보건 서비스의 제공 및 이용가능성을 의미하는 보건 시스템의 수행성에 대한 비의료적 결정인자에 관심을 가진다.

우선 다음과 같은 원천 질문을 제기하고자 한다.

1. 삶의 질 관련 지표들은 GVRD 내의 근린지구별, 자치시별로 다양하게 나타나는가?
2. 삶의 질 관련 지표들은 보건 상태와 보건 서비스의 사용에서 드러나는 공간적 차이와 어떤 관련성을 맺고 있는가?

전통적으로 불량한 보건 프로파일을 가진 근린지구가 연구의 주목을 받아왔는데, 센서스 구역 혹은 우편 구역과 같은 고정된 벡터 공간적 프레임워크에 적용되는 지표들을 사용함으로써 확인되었다. 이러한 유형의 폴리곤 경계는 주로 행정적 관할권의 의미만을 갖는다. 이 때문에, 행정 구역은 보건 데이터의 분석을 위한 이상적인 공간단위가 결코 될 수 없다. 왜냐하면 보건적으로 양호한 커뮤니티든 불량한 커뮤니티든 그러한 보건적 구역이 행정적 관할 구역과 일치할 수는 없기 때문이다. 그러므로 커뮤니티 보건에 영향을 주는 자기 조직화 인자들self-organizing constellations of factors을 확인한다는 의미에서 래스터 데이터 포맷이 더 좋은 연구의 토대를 제공한다고 말할 수 있다. 사례의 프로젝트가 직면했던 문제들 중의 하나는 대부분의 보건 인덱스가 벡터 데이터를 위해 개발되어왔다는 점이다.

널리 알려진 인덱스들 중의 하나가 낙후도underprivilege를 측정하기 위해 개발된 저먼 8Jarman 8이다. 이것은 보건 계획을 수립할 목적으로 낙후지역을 확인하기 위해 영국에서 개발된 것이다. 일반의general practitioners의 업무량에 영향을 끼치는 요인들을 조사한 국가 서베이를

표 4.2 보건 계획과 자원 배분을 위해 사용되는 낙후도에 대한 저먼 8 인덱스를 계산하기 위해 사용된 8개의 변수(상대적 가중치 포함)

개인 주택에 거주하는 60세 이상 인구 중 1인 가구 거주 인구의 비율(6.62)	총 인구 중 5세 미만 인구 비율(4.62)	편부모 가정 비율(3.01)	피고용자 중 노동자 혹은 관련 직종 종사자 비율(3.74)
15세 이상 인구 중 실업자 비율(3.34)	개인 주택의 침실당 평균 인구 수(2.88)	1년 전 1세 이상 인구와 현재 1세 이상 인구 간의 차이(전체 1세 이상 인구에서의 비율로 표현)(2.68)	총 해외 출생자 수에서 오세아니아의 다른 국가, 영국, 아일랜드, 다른 아메리카 국가에서 출생한 수를 뺀 값(전체 인구에서의 비율로 표현)(2.50)

토대로 8개의 변수가 선정되었다. 변수별 가중치는 설문조사에 참여한 일반의들이 부여한 중요도의 평균값에 의거해 결정된다. 사이먼프레이저대학교의 보건연구교육연구소에 의해 채택된 모델은 저먼 8 인덱스의 오스트레일리아 버전에 그 토대를 두고 있다. 이는 1986년의 오스트레일리아 센서스 변수와 1996년의 캐나다 센서스 변수가 매우 유사했기 때문이다. 오스트레일리아 인덱스에서 사용된 8개의 변수는 〈표 4.2〉에 나타나 있다.

저먼 8 인덱스는 캐나다의 맥락에 맞추기 위해 약간 수정되었다. 우리는 저먼 8 인덱스의 8개 인자 중 7개 인자를 사용했고 따라서 두 방식의 결과를 비교할 수 있었다. 첫 번째 인자에 대해서는 캐나다 센서스에서 사용되는 '독거 노인' 카테고리를 반영하기 위해 '60세 이상' 대신 '65세 이상'으로 수정하였다. MCE에서 우리가 사용하지 않은 인자는 '소수 민족 집단' 이었는데, 정의가 캐나다의 맥락에서 보면 모호한 측면이 있었기 때문이다. 캐나다는 민족적 다양성이 심대하기 때문에 어떤 카테고리가 소수 민족을 구성하는지를 결정하기란 쉽지 않다. 그리고 어느 민족이 소수 민족이냐의 문제는 지역에 따라 달라진다.

〈그림 4.23〉은 GVRD의 한 자치시인 뉴웨스트민스터New Westminster의 인덱스 결과를 보여준다. 이 인덱스의 주된 단점은 센서스 조사구 경계를 **선험적**a priori 공간 규정으로 간주한다는 사실이다. 즉, 사회경제적 데이터의 수집을 신속히 처리하기 위해 개발된 센서스 조사구 경계가 보건 상황에 의거하여 근린지구를 조직화하는 합리적인 토대를 구성할 수 있다는 가정이 전제되어 있는 것이다.

앞서 제기한 원천 질문을 염두에 둔다면, 행정적 편의에 의해 정의된 근린지구에 의존하기보다는 데이터 스스로가 근린지구를 정의하게 하는 것이 보다 더 타당하다는 것이 명백해진다. 데이터를 래스터로 전환하는 것의 이점은 래스터 데이터의 특징인 경계에 대한 존재론적 집착이 적다는 것이다(제2장 참조). 보건 연구자들에 의해 사용되는 벡터-규정적 근린지구가 마치 자연적으로 주어진 것으로 간주되지만, 우리는 근린지구의 존재가 보건과는 무관한 인자들에 의존적이라는 점을 알고 있다. GIS의 관점에서 보면, 데이터가 '말하는' 것을 허락하는 한 가지 방법은 보건 상황과 관련이 있는 변수들의 클러스터를 확인하기 위해 래스터 질의를 사용하는 것이다. 이 목적을 달성하는 데 MCE는 제격이며, 이는 우리의 원천 질문을 인자들과 제약들로 번역할 필요가 있다는 것을 의미한다.

다기준 의사결정 분석이 이루어지기 위해서는 기준별 점수들이 표준화되어 인자들이 동일한 스케일에서 서로 비교될 수 있어야 한다. 두 종류

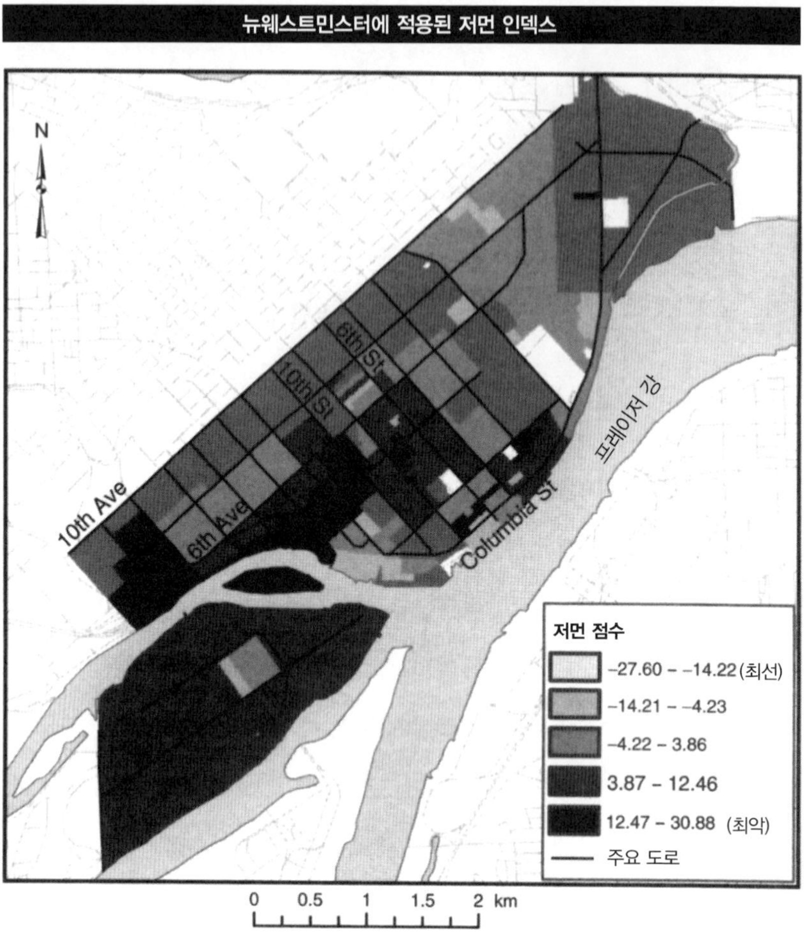

[그림 4.23] **밴쿠버의 교외지역인 뉴웨스트민스터 시에 적용된 저먼 인덱스의 결과**
저먼 인덱스는 특정한 장소의 낙후도를 측정하기 위해 개발되었다. 짙게 표현된 지역은 이 인덱스에 의거할 때 낙후도가 더 높은 지역을 의미한다.

의 표준화 방법이 이 맥락에서 적절하다. 첫 번째 방법은 모든 값을 0~255 사이의 값으로 전환하는 것이고, 두 번째 방법은 0~1의 값으로 전환하는 것이다. 두 방법 모두 단순 선형 척도화linear scaling 기법을 사용

표 4.3 MCE 분석을 위한 표준화된 변수와 상대적 가중치

인자	가중치
독거노인(la65)	0.3933
5세 미만(und5)	0.1650
편부모(onep)	0.0776
비숙련(unsk)	0.1106
실업(unem)	0.0957
과밀(ovcr)	0.0822
거주지 이동(chad)	0.0755
	1.0000

한다. 여기서는 두 번째 방법이 사용된다. 데이터의 표준화가 이루어지면 〈표 4.3〉에 예시되어 있는 것과 같이 가중치를 부여받는다.

MCE 지도와 저먼 점수 지도를 비교하면 그들 간에 어떤 관련성이 있는지 살펴볼 수 있다. 두 지도는 모두 5개의 계급으로 이루어져 있는데, 보건 상황이 좋으면 밝은 회색으로, 보건 상황이 좋지 않으면 짙은 회색으로 표시된다(그림 4.24 참조). 두 지도에서 드러난 패턴은 상당히 다른데 여기에는 두 가지 요인이 있다. 첫 번째, 각 지도는 서로 다른 측정 스케일을 사용하고 있다. 그러므로 값의 범위가 달라 직접적인 비교가 불가능하다. 두 번째 요인은 스케일 불일치에 기인한다. 즉, 카테고리가 일치하지 않는다. 예를 들어, MCE의 191∼209 카테고리와 저먼의 −4.22∼3.86 카테고리가 정확히 같은 것이 아니다. 카테고리 값의 재분류는 별로 도움이 되지 않는데, 카테고리 내의 값의 분포가 두 가지 방법 사이에서 서로 다르기 때문이다. 이 문제를 해결하기 위해 두 방법에 의해 산출된 값들을 동일 스케일로 표준화하는 것이 필수적이다. 그러나 두 방법

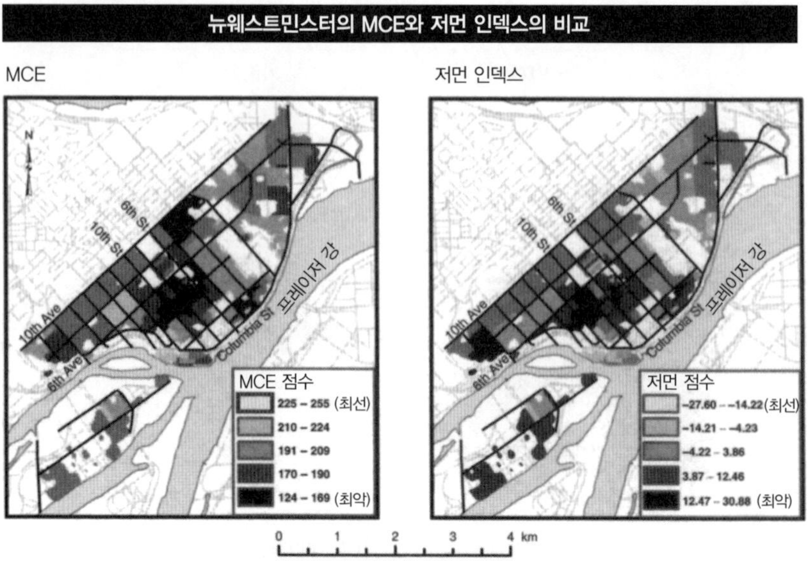

[그림 4.24] **서로 비교가능한 낙후도에 대한 추정치가 도출된다. MCE의 장점은 인자들이 상이한 관점이나 어젠다를 반영하기 위해 조정될 수 있다는 것이다. MCE는 분석의 토대로서 다양한 크기의 셀 사용을 허락하는 래스터 데이터 구조를 사용한다.**

의 산출 과정이 서로 다르기 때문에 이러한 표준화를 정당화하는 것은 결코 쉬운 일이 아니다. MCE에 기반을 둔 지도화의 장점은 그것의 카테고리가 매우 상이한 목적을 위해 개발된 속성들에 의존하기보다는 데이터 내에 있는 수많은 속성들로부터 도출된다는 것이다. 그러므로 결과적으로 드러나는 근린지구는 자기 발생적self-generating이며, 따라서 보건 연구자들에게 보다 유용하다.

GIS 결과를 해석하는 데 있어서 야기되는 본래적 난제 중 몇 가지가 이 예를 통해 강조될 수 있다. 가장 중요한 교훈은 저먼 인덱스와 MCE 분석 그 어느 것도 국지적 현장 지식에 대한 완전한 대체물이 될 수는 없다는 것이다. 예를 들어, 밀도가 높아지면 불량한 보건 상황과 결부될 위

뉴웨스트민스터의 인구밀도와 '위험도' MCE의 비교

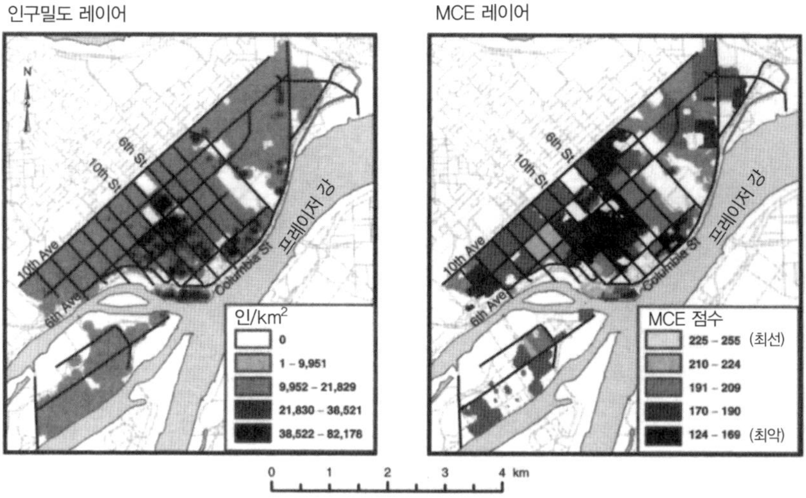

[그림 4.25] **인구밀도와 낙후도에 대한 MCE 분석은 인구밀도와 낙후도와 관련된 보건 위험도 간에 상관관계가 있음으로 보여주고 있다. 그러나 이러한 관련성이 GVRD의 전역에서 나타나는 것은 아니다. 예를 들어, 밴쿠버 다운타운의 높은 인구밀도는 낮은 위험도와 관련되어 있다.**

험성도 높아진다는 사실은 이미 잘 알려져 있다. 이러한 통상적 역학 추정을 감안한다면, 높은 인구밀도는 불량한 보건 상황과 관련되어 있다고 결론지어야 할 것이다. 〈그림 4.25〉는 분석 결과 도출된 2개의 지도를 보여주고 있는데 하나는 인구밀도 지도이고 또 다른 하나는 저면 변수에 의거한 불량한 보건 상황과 결부될 '위험도'에 대한 지도이다. 두 지도에서 높은 값의 분포가 지리적으로 일치하고 있음에 주목하라. 또한 비주택지를 분석에서 배제하기 위해 토지이용 상황이 이용되었음에 주목하라. 토지이용 상황을 감안해 인구밀도 값을 재분배함으로써 인구 분포에 대한 보다 정확한 재현을 획득할 수 있다. 결론적으로, 도시 지역의 과밀화가 거주민의 보건상의 위험도를 더욱 높여왔다고 말할 수 있다. 인구밀도와 MCE 점수 간의 거의 완벽한 일치가 이 결론을 지지하고는 있지만 밴쿠버 다운타운 지역에서는 이러한 일치가 확인되지 않는다. 거주 연령을 통제한 상태에서 살펴보면, 다운타운 지역에서는 극단적인 고밀도화가 상대적으로 건강한 인구 보건과 관련되어 있음을 알 수 있다. 〈그림 4.25〉는 과밀화의 형태에 따라 소득과 부동산 가격이 관련되는 방식이 다르다는 사실이다. 즉, 밴쿠버 다운타운 지역은 소득과 부동산 가격의 관련성에서 구별되는 특징을 가지고 있고, 결국 밀도와 보건 위험 간의 음의 상관관계로 귀결된 것이다. 시각화와 탐색적 데이터분석에 대한 토론에서 살펴본 것처럼, 시각화는 관련성에 대한 확증적 검정과 결합될 필요가 있다. 그러나 이 절에서 다루어진 예는 GIS에 대한 비판적 검토를 지속적으로 할 필요성 또한 제기하고 있다. GIS는 결국 특정한 가정에 기반을 두어 특정한 집단의 이익에 의거해 수행되는 계산의 한 형태이다.

계산과 GIS의 합리성

이 장에서는 다소간 무비판적으로 GIS의 계산 테크놀로지에 집중했다. GIS의 계산 기술들은 다양한 현상들 간의 복잡한 상호작용을 묘사하고 모델링하는 데 매우 유용하다. 이 책에서 제시되는 예들은 그러한 분석의 유용성을 환경 관리, 자원 분배 그리고 공공 규범 유지의 맥락에서 보여주고 있다. 그러나 계산 기술들은 특정한 사회정치적 맥락 속에서만 기능한다. GIS를 구성하고 있는 양적 분석과 시각화의 강력한 결합으로부터 한 걸음 물러서서 다음과 같은 상상을 해보자. 조지 밴쿠버 선장 Captain George Vancouver이 18세기에 조우했다는 하와이 원주민들에게 파인애플 경작의 적합도가 묘사된 GIS 지도를 보여줬을 때 과연 원주민들이 그 지도에 혹할까? 혹은 현재 시점으로 돌아와 다음과 같은 상상을 해보자. 미국 주정부의 연구자들이 네바다의 지표하 암석층이 핵폐기물을 저장하는 데 이상적이라는 주장을 했을 때 원주민들 혹은 그 지역의 다른 거주민들이 납득할까? 맥락과 프레임은 재현 시스템의 적법성에 공헌한다. 캐나다 문학 비평가인 노드롭 프라이Northrop Frye(1982)는 교회가 지배하던 18세기 유럽에서는 19종의 천사가 있었지만 단 한 종의 지층도 없었다고 썼다. 어떤 사회적 · 자연적 현상이 재현되는지, 그리고 그것들이 어떻게 재현되는지는 한 사회의 우선 순위와 비전, 그리고 통치 구조에 의존한다.

마크 포스터Mark Poster(1996)는 정부가 시민들을 통계적 개체들(예 : 나이, 사회보험번호, 소득, 직업, 납세 등)로 바라보는 증대되는 경향성에 대해 비판적인 글을 쓴 바 있다. 포스터는 이러한 개체들을 '디지털 시민digital citizens' 이라고 불렀다. 당신을 디지털 시민이라고 묘사하는 것은 당신을 '인간flesh and blood' 이라고 묘사하는 것과 비교했을 때 매우 공허하게 들리겠지만, 그럼에도 불구하고 당신이 은행 융자, 입학장학금, 여권과 같은 것들을 신청하려고 할 때, 당신에 대한 대체물이 된다. 정부는 데이터를 수집하는 유일한 기관이 아니다. 마케팅 담당자들은 디지털 데이터 수집의 전문가이고, 신분 확인을 위해 사회보험번호(미국과 영국에서는 사회보장번호)가 광범위하게 사용됨에 따라 다중 원천의 통합이 용이해졌다. 한 개인이 '고객우대카드' 혹은 할인카드를 사용하는 매 순간마다 그 사람의 구매행위는 기록되고 구매 패턴(어디에서 무엇을 구매하는가)의 저장고는 점점 더 거대해진다. 스마트라벨smartlabel이 점점 더 널리 사용됨에 따라 이러한 경향성은 더욱더 악화된다. 스마트라벨은 새로운 상품 태그인데, 재고 정보를 포함하고 있기 때문에 대형 슈퍼마켓은 공급 통제를 더 잘 할 수 있게 된다. 그러나 스마트라벨은 계산대를 통과한 이후에도 정보를 유지하고 있다. 상품들은 직불카드나 신용카드(고객우대카드는 물론)의 사용으로 획득되는 고객 데이터에 기반을 두어 그 상품들을 구매하는 고객들과 연결되어 있다. 따라서 스마트라벨이 붙어 있는 제품은 구매가 이루어진 후에도 어느 가구가 구입했는지 추적할 수 있다. 이것은 소비자 정보 수집의 공간적 형태로 볼 수 있다. 스마트라벨에 대항하는 조치로서 일종의 '삭제' 명령을 개발하는 것이 있었는데, 이를 통해 고객은 계산대에서 스마트라벨을 끌 수 있다. 하지만 이 경우 재고 통제에는 어려움이 발생할 수 있다. 미국의 9/11 사건 이후, 데이터 수집을 향한 지향은 증대되었고 GIS는 이러한 형태의 감시에서 중요한 역할을 담당한다. 하지만 데이터 저장고와 결부된 기술들에게 비난을 퍼붓는 것은 지나치게 단순한 것이다. 테크놀로지는 사회적 과정의 산물이다.

정부와 기업은 특정한 '합리성' 내에서 작동한다. 제러미 크램프턴Jeremy Crampton(2000)은 특정한 시간과 장소와 결부된 관행들은 더 광범위한 사고방식, 즉 합리성의 반영물이라고 주장한다. 미셸 푸코Michel Foucault(1979)가 훌륭하게 보여주었던 것처럼 합리성은 역사적으로 규정되는 것이며, 역동적으로 변화하는 것이다. 예를 들어, 크램프턴은 현 시대를 '지도보안carto-security'의 시대로 규정하는데, 이러한 감시는 마치 우리 내부에 있으면 색출하기 어려운 적과 같은 것이다. 공간적 감시 기술의 개발과 보급은 정치적인 이슈를 야기한다. 19세기의 통계적 기술의 발전은 시간에 대한 정치적 이슈와 밀접히 관련되어 있었다. 이처럼 테크놀로지와 사회 구조는 맞물려 돌아간다.

저명한 지리철학자인 마이클 커리Michael Curry(1997)는 GIS가 명백히 감시 사회의 심화라는 경향을 지원하고 있다고 지적한 바 있다. 데이터베이스에 공간적 요소를 첨가함으로써 사람들은 인구학적 클러스터가 아닌 개별 인간들의 위치를 파악하고 그들의 특성을 묘사할 수 있게 되었다. 그 결과 개별 가구의 소비 특성을 문서로 기록하는 '옥상rooftop' 마케팅이 발전하고 있다. GIS는 마케팅 정보의 정밀성을 향상시켜왔다. 지도-보안의 새로운 시대에서, 국가 기관은 공항이나 항구에서의 여권 스캐닝, 특정한 민족 집단의 지문 채취, 시각적 · 전자적 생체식별 조치 등을 통해 국민들에 대한 디지털 데이터를 축적하고 있다.

몇 년 전 선마이크로시스템Sun Microsystems의 회장이자 CEO는 다음과 같이 선언했다. "당신은 이미 모든 사생활을 상실했다. 그러니 그것을 잊어버려라(뉴욕타임스, 1999년 3월 3일)." 이 인상적인 한마디는 사생활 상실의 불가피성을 표현한 것이지만 모든 장소에서 적용되지는 않는 특수한 사회적 합리성을 보여주는 것이다. 유럽연합은 1995년과 1998년 개인정보보호법Directives on the Protection of Personal Data을 통과시켰는데, 이 법령에 따르면 개인정보를 판매하기 위해서는 당사자의 동의를 구해야만 한다. 유럽에서 보호되고 있는 데이터를 팔기 위해서는 그 데이터가 목적지 국가에서도 동일하게 보호된다는 보장이 있어야만 한다. 이 법령은 미국을 염두에 두고 만들어진 것이지만, 다양한 장소와 상황에서의 사생활 보호 권리를 보장하고 있는 유럽인권보호조약의 제8조에 나타나 있는 사생활 보호에 대한 전통을 반영하는 것이기도 하다. 이러한 사생활 보호 규제를 통해, 유럽연합과 동유럽(좀 더 완화된 형태)은 자기 스스로를 사이버-세상에서 사생활을 보호할 준비가 된 커뮤니티로 정의해왔다.

마이클 커리(1997, 1998)는 왜 어떤 사람들이 다른 사람들에 비해 감시로부터 더 잘 보호되는지의 미스터리에 대한 독특한 해석을 제시했는데, 윤리는 오직 특정한 문화적 맥락에서만 의미가 있다는 점을 지적하고 있다. 유럽인들은 정부나 기업의 감시로부터 개인의 보호를 강조하는 합리성 속에 살고 있다. 미국 사람들은 최근 테러 공격으로부터 고통을 당하고 있으며 현존하는 안보 위협을 절실히 느끼고 있다. 더욱이 미국의 경제는 데이터가 하나의 상품으로 간주되는 자유방임주의laissez faire 경제에 대한 철학적 선호에 기반을 두고 있다. 그러나 유럽인들과 미국인들의 이러한 차이는 불변적인 것이 아니며, 특정한 시점에서의 차이는 변화하는 사회적 · 정치적 합리성을 반영하는 것이다. 마이클 커리(1997)가 지적한 것처럼, 공적 영역과 사적 영역을 가르는 선은 역사적으로 변해왔다. 사람들은 그들의 삶에 깊숙이 들어와 있는 감시의 수준을 감안하면서 그들의 행위를 조정할 수 있고 또 그럴 것이다.

GIS와 그것의 실행은 보다 우세한 합리성에 의해 구축된다. GIS의 계산 방법론은 사회적 목표를 이루기 위한 수단이다. GIS가 PPGIS Public Participation GIS(공공참여 GIS), 환경 관리, 보건 연구, 군사 기동, 옥상 마케팅을 포함하는 폭넓은 영역에서 활용되고 있다는 점이 우리가 다중적이고 경쟁하는 합리성을 가진 다원사회에 살고 있다는 것을 방증하고 있다.

제5장

GIS의 실천 : 소프트웨어 훈련과 연구

제2장에서는 GIS가 특정한 지적 실천에 뿌리를 두고 있다는 점이, 제3장에서는 GIS가 데이터로 가득 차 있다는 점이, 그리고 제4장에서는 GIS가 수학적 분석에 의해 추동되고 있다는 점이 강조되었다. 이 마지막 장은 GISystems와 GIScience 간의 관계를 주로 다룰 것이다. 그 관계에 대한 통찰력을 획득함으로써, 독자들은 급성장하는 이 지리학의 분야에 어떻게 참여할 수 있을지를 알게 될 것이다. 이 장에서는 GIS 소프트웨어를 사용하기 위해 필수적인 훈련 과정이 설명되고, GIS를 정확하고 설득력 있게 사용하기 위해 요구되는 기술이 강조된다. 그러나 이러한 기술적인 측면뿐만 아니라 상용 소프트웨어 제품의 스크린을 가득 채우고 있는 아이콘과 명령 버턴에서 한 걸음 벗어나서 그 이면에 대해 사고할 필요성 역시 강조될 것이다. GIScience 연구는 지리적 현상을 재현하는 데 있어 현재 소프트웨어가 가지고 있는 한계점들과 그 한계점

들에 의해 영향을 받는 무수히 많은 사항들을 다루는 데 궁극적인 토대를 제공한다. 그러한 GIScience 연구의 예로서 2개의 주요 영역이 소개되는데, 온톨로지 연구와 페미니즘과 GIS 연구이다. 이 연구 영역 각각은 매우 다른 합리성과 동기에 기반하고 있지만 둘 다 GIS의 시야와 실천을 확장하는 데 도움을 준다. 마지막에서, GISystems와 GIScience 간의 상호의존성이 강조될 것이다. 양자 모두 지리학의 이 실제적 분야의 지속적인 사용과 발전에 필수적이다.

소프트웨어 훈련 vs. 연구

이 책을 지금까지 대충 훑어본 독자라 하더라도 GISystems와 GIScience가 매우 밀접하게 관련되어 있다는 것을(하지만 동일한 것을 아니라는 것을) 알 수 있을 것이다. 이 마지막 장에서는 그 관련성이 보다 심층적으로 다루어질 것인데, 결국 상호의존성이 강조될 것이다. 간단히 말해, GISystems는 소프트웨어와 하드웨어이고, GIScience는 이론과 그 이론을 뒷받침하는 지적 가정들이다. 이 이분법의 과도한 단순함에도 불구하고, GIScience가 연구 및 학술적 훈련과 관련되고, GISystems가 소프트웨어와 특정한 업체의 제품과 관련된다고 말할 수 있다. GIS를 가르치는 사람들은 추상적인 GIS의 원리와 그것의 실행 사이에 존재하는 거대한 간극을 잘 알고 있다. 경험이 많은 사용자들은 사업체와 조직에서 상당한 가치를 인정받는 반면, GIScience 연구자는 비실용적이고 주변적인 것으로 간주되는 경우가 많다. 하지만, 양자 모두 GIS의 지속적인 사용과 발전을 위해 필수적이다.

공간분석의 원리와 그것의 실행 간의 이러한 간극은 다음의 일화에 잘 나타나 있다. GIS 분석의 거장인 스탠 오펜쇼우Stan Openshaw는 다양한 연구 영역에서의 GIS의 잠재력에 대해 긍정적인 관점을 견지했다. 오펜쇼우에 따르면, 지리학이 지배적인 역할을 하는 임박한 새로운 질서 속에서 지리학자는 다음과 같은 일을 할 수 있다.

> 월요일에는 화성의 하천 네트워크를 분석하고, 화요일에는 브리스톨에서 암을 연구하고, 수요일에는 런던에서 저소득층의 분포를 지도화하고, 목요일에는 아마존 분지에서 지하수 흐름을 분석하고, 금요일에는 로스앤젤레스에서 쇼핑 활동을 모델링하면서 한 주를 마감한다. 정말로 이것은 시작에 불과하다(Openshaw 1991, 624).

이스트워싱턴대학교Eastern Washington University의 GIScience 전공 교수인 스테이시 워렌Stacy Warren은 이 야심찬 기획에 대해, 자신은 금요일에도 여전히 화요일의 암 폴리곤 라벨을 붙이고 있을 거라고 응대했다. 워렌의 코멘트는 공간분석의 야망과 그것의 실행 간의 간극을 요약적으로 보여주고 있다. GIScience의 많은 논문들은 상호운용성이나 공간적 개체의 차원으로서의 시간 개념을 포섭하는 것과 같은 어려운 문제들에 대한 이론적 해결책을 제시한다. 이러한 해결책을 이행하는 것 자체가 바로 난제이다.

GIS 개론 수업을 듣고 있는 게으른 학생은 첫 번째 프로젝트 제출 마감일 전날 밤 끔찍한 경험을 하게 된다. 바로 그 시점에서 GIS 소프트웨어를 다루는 것이 얼마나 어려운 일인지를 명확하게 깨닫게 되는 것이다. GIS 분석은 보고서 작성과는 완전히 다른 일이다. 잘 쓰진 못한다 하더라도 글쓰기는 짧은 시간 안에 해치울 수 있는 일이다. 우리는 말하기와 쓰기와 관련된 규칙을 잘 알고 있다. 완전히 잘못된 문장이라 할지라도 여전히 문서작성 프로그램에서 작성될 수 있다. 그러나 GIS에서의 어리석음은 끝장이다. 예를 들어, GIS 프로그램에서 토폴로지 테이블을 구축하지 못한다면 분석은 불가능하다. 각 프로그램은 반드시 수행되어야 하는 정확한 사용자 요구사항 위에서 구조화되어 있다. 이것은 모든 정보 시스템에 적용되는 것이다. 컴퓨터 프로그래밍을 할 때, 콜론(:)은 세미콜론(;)과는 완전히 다르게 해석되어야만 한다. '실행 시간 오류' 라는 무시무시한 메시지가 뜬 이유를 발견하기 위해서는 설명서를 주의 깊고 꼼꼼하게 읽어야만 한다. 숫자 '0' 이 쓰여야 할 자리에 문자 'o' 가 잘못 쓰인 것을 찾기 위해 긴 밤을 보낼 수도 있다. GIS 소프트웨어가 명령어 타이핑을 대체하는 아이콘과 사용자 편의의 메뉴로 발전해감에 따라 그러한 난관은 해소되고 있긴 하지만, 경험이 풍부한 GIS 사용자에 대한 수요는 줄어들 것 같지 않다.

GIS 이용자와 연구자 모두가 가치 있고 서로에게 없어서는 안 되는 존재이지만 다른 진영으로부터 등장한 것이다. 특정한 소프트웨어 환경에서 공간분석을 실행하는 방법을 배우고 싶은 학생들은 GIS를 시스템 해석의 관점에서 배우도록 권유받는데, 다양한 방법이 존재한다. 어떤 이용자들은 기성품 소프트웨어를 통해 배우기도 하지만, 대부분은 기술학교 혹은 전문학교에 등록해서 공간 데이터, 데이터베이스, 분석 오퍼레이션의 실행 등에 대해 훈련받는다. 기업체나 정부 기관에서 가장 능숙한 사용자들 중 많은 사람들은 최소한의 교육 훈련만을 받은 뒤 단순히 경험을 통해 배운다.

능숙한 이용자의 중요성에도 불구하고, GIScience는 결과의 신뢰성이라는 측면에서 결정적이다. GISystems에서의 데이터와 분석의 가장 완벽한 결합도 해상도, 데이터 통합 규준, 데이터 모델, 분석의 유형 그리고 지도학적 재현에서의 선택들을 정당화할 능력을 대체하지 못한다. GIScience의 뒷받침이 없다면 GIS 분석의 결과들은 피상적으로는 설득력이 있지만 다른 대안적 분석의 좋지 않은 대체물 혹은 보완물에 불과할지도 모른다. GIScience는 GIS 사용자의 획득하기 힘든, 가치 있는 스킬을 개발시키는 것과 보다 추상적이지만 동등하게 귀중한 지적 숙달을 추구하는 것 사이의 절묘한 균형을 지향한다.

GIScience는 소프트웨어의 지적 전제들에 대한 설명을 제공하고자 한다. 대학에서는 GIS의 궁극적인 사항들이 보다 형식적이고 추상적인 방식으로 제시되는데, GIS의 추상적인 원리와 복잡한 현상을 이해하는 데 있어 GIS가 가지고 있는 잠재력이 강조된다. 이러한 훈련이 현장에서 요구되는 정도의 실제적인 경험 수준을 담보하는 것은 아니지만, 이러한 훈련을 통해 복잡한 공간적 연관성의 설명, 의사결정의 보좌, 시각화를 통한 패턴 해석에 있어 GIS가 가지고 있는 잠재력에 대한 굳건한 신뢰를 갖게 된다. 이것이 GIScience에 대한 가장 보편적인 이미지이지만, GISscience는 이것에 한정되지 않으며 많은 하위 영역들이 이러한 이미지에 불편함을 느끼고 있다.

GIScience와 관련된 학문 영역의 팽창은 다양하게 진행되어 왔는데 이 분야를 대표하는 학술지들에 대한 내용 분석을 통해 그 면면을 살펴볼 수 있을 것이다. 이를 위해 〈표 5.1〉에 나타나 있는 카테고리가 내용 분석

표 5.1 GIS 저널의 내용 분석을 위한 카테고리, 1995~2001년

GIS의 애플리케이션	공간분석 및 모델링	데이터	지도학 및 시각화
GIS와 사회	온톨로지와 인식론	인지적/공간적 추론	알고리즘

을 위해 선택되었는데, 이 카테고리들은 주관적인 것이 선택된 것임을 밝혀둔다.

각각의 카테고리들은 모호하게 정의되며, 서로 겹치기도 하지만, GIS 연구의 통상적인 카테고리를 반영하고 있다. 4개의 대표적인 학술지가 내용 분석을 위해 선택되었다. 모든 학술지가 최소한 7년 이상 출판되어 온 것이며, GIS와 지리학 커뮤니티에 잘 알려져 있다. **환경과 계획 A와 B***Environment and Planning A, B* 같은 종합 학술지는 여기서 배제되었는데, GIS 관련 논문이 많은 게재됨에도 불구하고 GIS에 특화된 학술지가 아니기 때문이다. 신택된 4개의 학술지는 **국제 GIS 저널***International Journal of Geographical Information Science*, **GIS 회보***Transactions in GIS*, **지도학과 GIS***Cartography and Geographic Information Science, CAGIS*, **카토그래피카***Cartographica*이다. 이 학술지에 실려 있는 566편의 논문이 분석의 대상이 되었다. *CAGIS*와 **카토그래피카**가 포함되었다는 사실로부터 지도학과 GIS 간의 전통적인 친화성을 엿볼 수 있다. 이 학술지 모두 GIS와 지도학에 특화되어 있다.

분석 결과는 〈그림 5.1〉에 나타나 있다. 그래프를 통해 알 수 있는 것처럼, GIScience의 연구 중 절대 다수는 예상했던 것처럼 공간 데이터, 공간분석, 알고리즘 그리고 지도학이다. "북극의 순록 수를 세기 위해 나는 GIS를 어떻게 사용했나"와 같은 경박한 어감을 주는 애플리케이션 분야

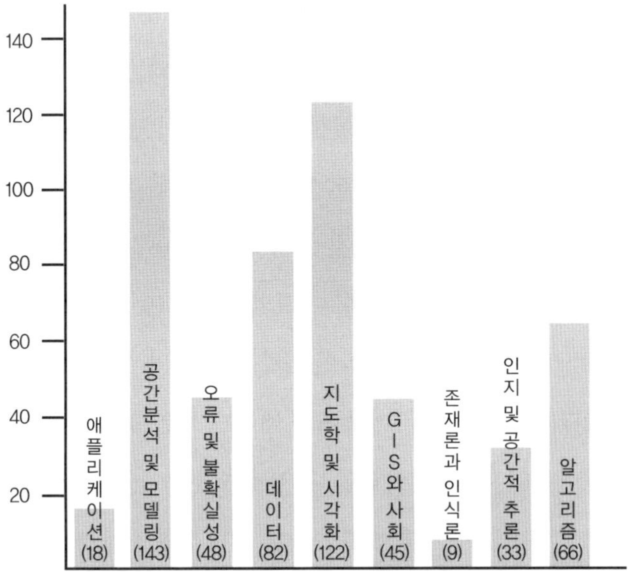

[그림 5.1] GIS 학술지의 내용 분석, 1995~2001년(566편의 논문을 대상으로 함)

의 연구는 소수이다. 환경 정의 혹은 토지 개혁과 같은 사회적 · 정치적 · 환경적 이슈를 다루는 데 있어 그러한 애플리케이션 논문들이 갖는 중요성에도 불구하고 결코 GIScience에 중심적인 것으로 취급되지는 않는다. 대신에 GIS 실행 논문은 기존 소프트웨어의 다양성과 가능성에 대한 상술을 제공한다. 이러한 유형의 논문은 기존 GIS 소프트웨어나 그것의 지적 가정들에 대해 거의 무비판적이며, 지리적 문제에 그 시스템을 적용할 뿐이다. 그러한 논문들은 GIScience와 구분된다. 왜냐하면 주 관심사가 시스템의 전제나 지적 토대를 확장하는 데 있는 것이 아니라 공간적 문제의 해결에 있기 때문이다.

히스토그램에서 짧은 막대는 이 맥락에서 특히 눈길을 끄는데, 그 분야는 현재 성장일로에 있으며, GIScience의 간학문적 성격을 잘 보여주고, 모든 지리학자들의 흥미를 끌 만하기 때문이다. 다음 절에서는 GIS의 최근 연구 영역 두 가지를 살펴볼 것인데, 특히 인문지리학자들이 관심을 가질 만한 것이다. 하나는 온톨로지와 인식론이고 또 다른 하나는 페미니즘과 GIS이다. 이 두 영역은 그냥 봐서는 아무런 연결고리가 없어 보인다. 그러나 둘 다 GIS의 재현 능력의 확대 가능성을 예증하고 있으며, 페미니스트 정치학의 한 공리인 다중적 관점의 수용을 지향한다. 온톨로지와 인식론은 GIS 사용자들에게 매우 중요한 것이다. 왜냐하면, 그것을 통해 '연구의 대상'을 확인할 수 있기 때문이다. GIS에 대한 페미니즘 분석은 지식 생산이 어떻게 편향성을 띠게 되는지를 잘 보여준다. 지식 생산은 선택적이고(비전지적이고) 주관적이다. 즉, 지식 생산은 사회적 · 정치적 · 경제적 환경에 의해 형태 지워진다.

온톨로지와 인식론 되짚어보기

제2장에서, 온톨로지와 인식론에 대한 철학적 내용들이 GIS의 맥락에서 다루어졌다. 즉, 철학적 내용들이 재현과 어떤 관련이 있는지, 그리고 데이터 모델과 데이터 구조는 어떠한 역할을 하는지에 대한 사항이 다루어졌다. 요약하면, GIS는 세상을 객체와 필드로 구분하는데, 그 둘은 래스터 데이터 구조에 의해 재현될 수도 있고 벡터 데이터 구조에 의해 재현될 수도 있다. 그러나 온톨로지를 데이터 모델로 치환한 이 관점은 현재 GIScience에 온톨로지가 이해되고 연구되는 스펙트럼 모두를 포괄하는 데는 한계가 있다. 오히려 그것은 GIS 학자들이 디지털 공간 재현의 매

개변수와 관련하여 제기했던 관심들을 대변하고 있다. 이러한 관심들은 지난 10년 동안 급속히 확산되어 하나의 활동적인 연구 영역으로 성장했는데, 이 영역은 정보학, 인문지리학, 인지과학, 인공지능을 포함하는 많은 분야에 함의를 제공한다.

〈표 5.1〉에 나타나 있는 학술지의 내용 분석에서 보듯이, 온톨로지라는 주제는 1995~2001년에는 결코 지배적인 연구 분야가 아니었다. 그러나 이것은 두 가지 이유로 오해의 소지가 있다. 첫째, 온톨로지 연구로 분류된 것의 대부분은 국제 GIS 저널의 2000년 특별호에 실린 것들이다. 또한 데이터나 공간분석과 관련된 논문들에서도 온톨로지가 다루어졌지만 히스토그램에는 반영되어 있지 않다. 둘째, 보다 중요한 것으로 온톨로지만을 집중적으로 다룬 2002년 논문들이 배제되었다. 콜로라도의 볼더Boulder에서 개최된 제2차 GIScience 학술대회에서는 온톨로지 연구의 중요성을 강조하고 이 연구 영역을 정의하는 데 통찰력을 제공하는 12편 이상의 발표가 이루어졌다. 이 학술대회는 오직 GIScience 이슈들만 다루어질 뿐만 아니라, 전 세계의 GIScience 연구자들이 한자리에 모이기 때문에 중요한 행사이다.

GIScience의 떠오르는 틈새 영역으로서의 온톨로지는 학자들마다 다르게 이해되고 해석되고 있다. '온톨로지ontology'는 적어도 다음과 같은 의미를 가진다. 첫째, 온톨로지는 데이터 모델과 공간적 현상을 재현하는 데이터 모델의 능력에 관한 것이다(제2장 참조). 둘째, 온톨로지는 공간과 공간적 개체에 대한 인지적 · 지각적 표현들과 관련되어 있다. 셋째, 온톨로지는 일종의 분류 체계이다. 온톨로지를 이해하는 이 같은 다중적인 방식은 정보 과학 분야에서 철학적 온톨로지와 형식적 · 전산적 온톨로지를 구분하는 것과 결부되면서 훨씬 더 복잡한 방식으로 드러난다.

온톨로지에 대한 철학적 해석[7]은 서양 철학의 오랜 전통에서 도출된 것인데, 해석이나 감각을 통한 매개 없이도 모든 개체와 결부되어 있는 존재의 본질essence of being은 있다는 것이다. 형식적 · 전산적 온톨로지는 특정한 지식 도메인 속에서의 개체에 대한 엄밀한 규정에 기반하는데, 그 지식 도메인 속에서 각 객체의 정의와 다른 개체와의 관련성은 미리 규정된다. 디지털 세상에서, 이러한 온톨로지는 가상적 우주로 바뀌는데, 이 우주 속에서 공간적 개체들은 명확하게 정의되며, 주체로서의 동작 범위range of beharvior 역시 명확하게 규정된다. 예를 들어, 온톨로지를 통해 교각, 도로, 호수, 강을 정의할 수 있고, 그것들 간의 위상적 · 기능적 관련성 역시 규정할 수 있다. 즉, 호수는 강과 연결될 수 있고, 도로는 교각 아래를 지나갈 수 있다. 이러한 온톨로지 개념은 인문학에서 일반적으로 다루어지고 있는 존재론과는 매우 다른 것이다.

온톨로지에 대한 다양한 견해 중 어떤 것이 다른 어떤 것보다 상위에 있다고 얘기하는 것은 불가능하다. 오히려 동일한 단어가 서로 다른 사람들에게는 다른 것을 의미할 수 있다는 것을 이해하는 것이 중요하다. 이러한 의미의 모호성은 GIS 과학자 개리 헌터Gary Hunter(2002)가 GIS 회보 *Transactions in GIS*의 사설에서 사용했던 타이틀에 잘 표현되어 있다. "시맨틱스와 온톨로지 이해하기 : 당신이 내 말을 이해한다면 이 단어들도 정말로 쉽게 이해될 걸!(Understanding Semantics and Ontologies: They' re

---

7) 우리말로는 주로 존재론으로 번역됨(역주)

Quite Simple Really-If You Know What I Mean!)" 정말로 '온톨로지' 에 대한 다양한 해석은 단순히 GIS뿐만 아니라 모든 정보과학을 괴롭히고 있는 의미 통합semantic integration의 문제의 핵심을 찌르고 있다.

어떤 학자들은 온톨로지가 이전의 데이터 모델, 정형 명세formal specifications, 시멘틱스와 같은 것들에 대한 새로운 이름이라고 주장한다. 그러나 철학자들은 매우 복잡한 주제에 대한 매우 단순한 해석 정도로 취급한다. 그러나 온톨로지를 데이터 모델과 동일한 것으로 보는 관점이 갖고 있는 실용주의적 정당성이 있다. GIS에서 재현은 항상 데이터 모델을 통해 이루어진다. 재현적 온톨로지는 그것을 구현하는 데이터 모델에 의해 제약된다. 베르너 쿤Werner Kuhn(2001)은 오늘날의 온톨로지 논쟁을 피처 속성 혹은 특성에 관한 역사적 논쟁의 연장으로 본다. 이 논쟁은 디지털 데이터 모델과 구조의 범위에 관한 것이었다. 쿤은 온톨로지는 명사로서 지명되는 경향이 있다고 주장하면서, 데이터 모델과 구조 간의 동치를 거부하였다. 호수, 연못, 건물, 강, 교각, 커뮤니티, 지역 등은 모두 공간적 속성의 인스턴스(실현치)이고 특정한 도메인 속의 특정한 온톨로지의 부분으로 간주된다. 그러나 쿤은 대부분의 공간적 개체는 위치나 다른 속성과 결부되어 있는 것이 아니라 **프로세스**processes와 결부되어 있다는 점을 지적한다. 그는 온톨로지에 프로세스 정보를 포함시킴으로써 도메인 간 데이터 통합이라는 목적에서 봤을 때 온톨로지의 의미는 보다 더 명확해진다고 주장한다. 사실상 프로세스 정보를 포함하게 되면 사용자들은 시멘틱 용어가 의미하는 바를 보다 더 잘 평가할 수 있게 될 것이다.

쿤은 상이한 온톨로지는 상이한 유형의 논리적 오퍼레이션과 재현을 제공한다는 점을 설명하기 위해 **어포던스**affordances[8] 개념을 사용했다. 예컨대, 브리티시컬럼비아의 야생 서식지 하나는 회색곰과 엘크를 지원한다. 도로는 자동차 교통을 지원하고, 어떤 경우에는 자전거 교통만을 지원한다. 시멘틱 용어가 어포던스와 결합하게 되면 더 풍성한 묘사를 제공할 뿐만 아니라 미래의 의미 통합을 위한 기초를 제공한다. 쿤은 어포던스와 같은 도메인 정보는 다른 시스템의 논리적 능력에 기반을 둔 데이터 모델에 포함되어야만 한다고 주장한다. 이러한 쿤의 접근법은 이미 존재하고 있는 프레임워크 안에서 작동한다는 의미에서 매력적인 대안인데, 결국 프레임워크 내의 데이터를 더 잘 재현할 수 있게 해준다. 공간적 개체의 어포던스를 기술하는 새로운 필드가 기존의 데이터베이스에 첨가될 수 있다. 그 필드에는 적절한 사용 방법뿐만 아니라 그 필드와 관련된 맥락도 포함되어 있어야 한다. 그런데 이 방법의 문제는 그러한 작업이 기술적인 것이 아니라 사회적인 것이라는 점이다. 즉, 이 방법은 대부분의 데이터가 정리되는 **임시방편적**ad hoc 방식에 부합되지 않는다. 또한 단선적인 프로세스에 초점을 맞추기 때문에, 공간적 현상에 대한 독특하고 다양한 해석(사실상의 인식론)을 설명하는 데 실패한다.

마틴 라우발Martin Raubal(2001)은 쿤의 모델을 확장했는데, 그의 주장에 따르면 어포던스는 인식론에 의해 결정된다. 문화적 · 사회적 맥락이 어포던스에 영향을 주는 방식에 주목함으로써, 어포던스 개념이 입체화된다dimensionalized. 라우발은 공항을 돌아다니는 엄마와 어린 아들의 예를 사용한다. 엄마에게 있어 티켓 카운터는 항공회사 직원과의 거래를 지

---

8) 지원성 정도로 번역 가능하지만 원어를 그냥 읽어 사용하기로 함(역주)

원할affords 뿐만 아니라 그녀가 지갑을 내려놓는 장소이기도 하다. 그녀의 아들에게 있어, 그 카운터는 거래에의 참여를 막는 수직적인 장애물이다. 라우발의 연구는 이 예에서처럼 공항과 도서관 같은 넓은 공공 공간을 돌아다니는 사람들에게 도움을 주기 위한 자동화된 직원(개인화된 소프트웨어 툴)을 개발하는 것이다. 그는 공공 공간의 구성 요소들인 객체, 사람, 표면, 행동 루트에 대한 온톨로지와 어포던스를 개발하기 위해 인지적 · 생태적 연구에 의존한다. 여기에서 온톨로지는 내비게이션 과제에 특화된 것이며, 어포던스는 특정한 상황particular situations에 처한 사용자들의 인식론을 반영한다. 이러한 온톨로지와 인식론의 개발을 통해 복잡한 공공 공간을 돌아다니는 사용자를 돕는 소프트트웨어 공항 직원이 만들어지는 것이다.

다른 지리학자들은 온톨로지 연구가 컴퓨터의 데이터 핸들링 방식이나 그것의 한계에 대한 특정한 전제 위에서 행해져서는 안 된다고 주장한다. 오히려, 사람들이 공간적 개체를 인지하고 표현하는 방식을 연구하고, 사람들이 이미 사용하고 있는 카테고리에 민감한 GISystems를 만들어야만 한다고 주장하는 것이다. 배리 스미스Barry Smith와 데이비드 마크David Mark는 1998년 논문에서 온톨로지는 인간의 관행practices을 설명해야 한다고 주장했다. 2001년, 그들은 더 나아가 일반인의(즉, 훈련받지 않은) 지리적 관점은 전문가의 지리적 관점과는 다르다고 주장했다. 따라서 온톨로지는 정보 과학자 혹은 도메인 전문가가 아니라 잠재적 사용자에 의해 사용되는 카테고리에 기반을 두어야만 한다는 것이다. 스미스와 마크는 비전문가가 원초적인 공간적 카테고리를 사용하여 지리공간적 현상을 개념화한다는 것을 보여주는 연구를 진행하였다. 예를 들어, 지리적 피처 혹은 객체를 나열해보라는 질문을 받았을 때, 대부분의 참여자들은 산 혹은 호수와 같은 자연지리적 예를 제시하였다. '지도 위에 표현될 수 있는 것들' 의 리스트를 제시해보라는 질문을 받았을 때, 그들은 자연지리적 피처들뿐만 아니라 도로나 도시와 같은 것을 더 잘 제시했다. 가장 일반적인 의미에서, 이 연구는 일반 대중들에 의해 사용될 객체/온톨로지를 정의할 때에는 한 도메인에 대한 외적 개념화external conceptualization가 반드시 고려되어야 한다는 것을 보여주고 있다. 이 연구의 단점은 우간다의 대학생 참가자가 미국의 대학생 참가자들과 동일한 방식으로 임했을 거라는 것을 가정한다는 점이다. 저자들은 인지적 관점에서의 보편성에 기반을 두어 이 가정을 정당화하고자 한다. 그러나 사람들과 도메인은 공간적 현상을 어떻게 정의하고 재현하느냐에 대해 서로 다른 해석을 가질 수 있다는 사실은 여전히 옳다.

도메인들이 유사한 현상에 대한 이해와 재현에서 서로 다르다는 사실은 다른 연구를 진작시켰는데, 프레데리코 포네스카Frederico Fonesca, 맥스 에겐호퍼Max Egenhofer, 페기 아구리스Peggy Agouris, 길버토 카마라Giberto Camara(2002)는 GIS에서의 다양한 온톨로지를 수용할 방법을 연구했다. 이 방법은 공유 데이터 모델도 아니고 그렇다고 다중 온톨로지를 통합하기 위한 기초로서의 지리적 실체에 대한 단선적 개념화도 아니다. 그들은 '온톨로지-추동 GISontology-driven GIS' 를 제안했는데, 이것에 따르면, 온톨로지는 분류 체계 혹은 사전을 의미한다. 시스템은 2개의 주요 구성요소를 이루어지는데, 지식 생성knowledge generation과 지식 사용knowledge use이 그것이다. 생성은 온톨로지 에디터를 사용하는 온톨로지의 명세화specification에 기반을 둔다. 시스템의 개발자들은 분류 체계상의 정보와 보통 데이터가 결하고 있는 다른 유관 정보를 포함하는 확장된 메타데이터의 형태를 취하는 지식 생성을 담당한다. 사용use 단계는 사용자들이 데이터 통합 혹은 데이터 추적을 위해 정식화된 객체와 클래스들을 조작할 수 있게 해준다. 온톨로지-추동 GIS의 매력 중의 하나는 데이터가 원 데이터 모델에 상관없이 통합될 수 있다는 점이다. 객체와 필드 데이터 모두가 온톨로지 에디터를 사용해 묘사되고 맥락화될 수 있다. 더욱이, 이 시스템을 통해 사람들이 물리적 우주를 다르게 인식하는 다중 인지적 우주를 고려할 수 있다. 저자들은 온톨로지를 GIS를 지배해온 지도 메타포를 개념적으로 뛰어넘는 방법으로 간주한다. 제안된 시스템은 시맨틱 상호운영성을 허락하는 데 이것은 다음의 두 가지에 기반하고 있다. 첫째는 정보 원천의 시맨틱을 이해하는 것이고, 둘째는 에디터에 내재되어 있는 온톨로지 정보에 기반을 둔 정보 리퀘스트에 대답하기 위해 자동화된 매개자mediator를 사용하는 것이다.

모든 종류의 데이터 모델을 다룰 수 있는 온톨로지 에디터는 객체와 필드 간의 구분에 근거한 이중성을 극복하기 위해 등장한 것이다. 톰 코바Tom Cova와 마이클 굿차일드Michael Goodchild(2002)는 객체와 필드를 결합하여 래스터 모델로부터 객체를 도출해내는, 객체 필드object fields의 생성 방법을 개발했다. 이 객체 필드는 역동적이며 퍼지 경계를 가질 수 있다. 객체 필드는 공식화formalization 시스템을 통해 전산적으로 묘사된다. 2개의 지배적인 데이터 모델이 지리적 실체에 대한 재현의 전부를 장악한다는 사고를 거부하고, 사용자들이 특정한 현상에 대한 일시적이고 기능적인 객체를 개발할 수 있게 해주는 실용적 · 개념적 모델이 제시된 것이다. 객체 필드는 사람과 언어가 필드보다는 객체에 대한 묘사를 더 잘한다는 점을 이용한다. 객체는 래스터 데이터 구조에서의 속성들의 클러스터보다는 더 본래적이다. 코바와 굿차일드는 〈그림 5.2〉에 나타나 있는 것처럼, 유해 물질의 누출에 의해 야기되는 객체들의 예를 제시한다. 유출 범위는 지표면의 상태와 고도에 따라 달라질 것이다. 객체 필드는 누출이 시작된 커버리지에 있는 모든 래스터 셀에 대해 독립적으로 계산된다. 여기서는 3개의 가능한 객체 필드가 나타난다.

객체 필드를 이용함으로써, GIS 이용자들은 현상이 연구 지역을 가로질러 얼마나 다양하게 드러나는지를 이해하게 된다. 만일 객체 필드가 특정한 상황에서 현실성 있게 작동하지 않는다면, 고급 사용자들은 객체 필드를 규정하는 파라미터를 수정할 수도 있다. 예를 들어, 한 호수의 수위에서의 변화를 재현하도록 디자인된 객체 필드의 경우, 주어진 강수량 조건에 따라 봄철의 지표 유출을 현실성 있게 설명하지 못한다면, 사용자는 경험적 실험 결과에 기반을 두어 파라미터를 수정할 수 있다. 객체 필드는 반복 과정을 통해 보다 현실에 부합하도록 조정될 수 있는 것이다. 객체 필드의 또 다른 이점은 데이터 셋 전체에 대해 객체 필드를 계산하도록 함으로써 더 많은 해결책이 고려될 수 있게 한다는 점이다(즉, 이용자들이 이미 가정하고 있는 해결책만이 아니라). 이것은 더 넓은 온톨로지 관점을 이용자나 뷰어들에게 부여하는 것이고, 예상치 못한 결과가 나타날 수도 있다. 그러나 객체 필드의 보다 중요한 함의는 필드 혹은 객체 데이터 모델과 결부되어 있는 전통적인 제한을 넘어서는 능력, 그리고 공간적 현상을 모델링하는 데 있어 더 큰 민감성을 갖는 메커니즘을 생산하는 능력이다.

객체 필드가 필드 데이터 모델에서 개체를 정의할 수 있게 해주지만,

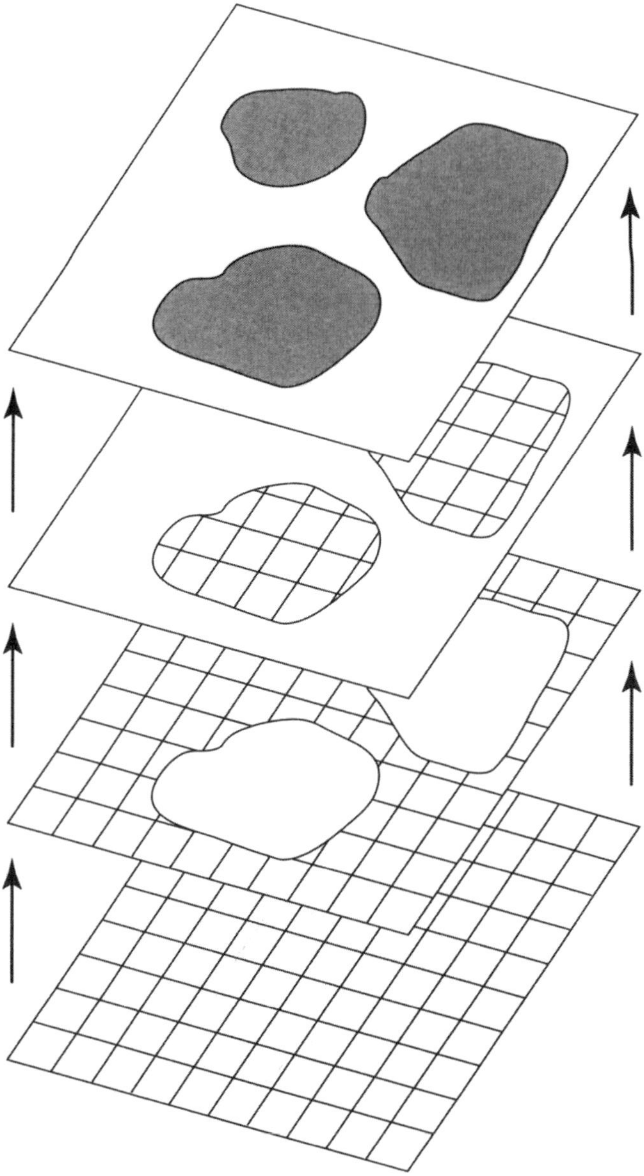

[그림 5.2] **코바와 굿차일드의 연구에서 묘사된 객체 필드의 개념**

유해 물질의 가설적 유출의 범위를 묘사해주는 3개의 객체 필드를 산출하기 위해 기본적인 래스터 커버리지와 다른 주요 속성들이 중첩되어 있다.

GIS에서 모호성을 수용해야 할 필요성 역시 존재한다. 인간은 '근처', '꽤 가까운' 혹은 '제법 먼'과 같은 모호한 관계적 용어를 사용한다. 이 말들이 의미하는 바는 순전히 맥락 의존적이다. 스코틀랜드는 웨일즈와 꽤 가깝고 내 집은 공원과 꽤 가깝다. 마이클 워보이스Michael Worboys (2001)의 목표는 사람들이 가까움nearness을 어떻게 인식하는지를 이해하는 것이었다. 그는 그러한 개념들을 포함시키는 정식화된 방법을 테스트하고자 했다. 이 맥락에서 '모호성'은 가까운 관계에서 애매함을 보여주는 2개의 지리적 실체 간의 관계를 묘사하기 위해 사용된다. '가까운' 장소로부터 점점 더 멀어진다고 할 때, 어떤 지점에서 그것은 멀리 떨어진 것이 되는가? 만일 한 학생이 학교로부터 자전거를 타고 멀어진다고 할 때 1, 2, 3, 혹은 4킬로미터 어느 지점에서 학교로부터 여전히 가깝다고 말할 수 있는가? 어떤 지점을 넘어서면 그 학생은 멀리 떨어졌다고 생각할 것이지만(국지적 맥락에서), 원근의 관계가 구별되지 않는 모호한 영역이 분명히 존재한다. 워보이스는 지리적 객체 간의 가까움에 대한 모호한(정확히 규정할 수 없는) 관계를 다루는 데 사용될 수 있는 3개의 서로 다른 형식적 시스템을 연구했다. 그들 각각은 다가논리multivalued logics(예 : 2개의 논리값이 아닌 4개의 논리값이 가능한 논리), 퍼지 논리, 근린 경계nearness neighborhood boundaries이다. 이들 각각은 지리적 관련성에서의 모호성을 재현하는 데 도움을 주었고, 개념적 온톨로지와 형식적 온톨로지 간의 연결을 확장한다.

워보이스의 연구는 이전의 관련 연구와 궤를 같이하는데, 사람들이 공간적 관계를 어떻게 개념화하고 표현하는지를 이해하려는 인지 연구가 그것이다. 1998년 샤리프Shariff 등은 피실험자들에게 그림에 기반을 두어 도로와 연못 간의 공간적 관련성에 대한 다중 재현을 묘사하도록 요구했다. 그 연구에 의해 밝혀진 것은 인간은 공간적 개체들 간의 관계를 상대적인 용어로 묘사하는 경향이 있다는 점이다. 연접성contiguity과 인접성adjacency에 기반을 둔 토폴로지 혹은 관련성은 매트릭스metrics보다는 사람들에게 훨씬 더 중요하다. 토폴로지는 노스다코타North Dakota는 사우스다코타South Dakota 위에 있다 혹은 노르웨이는 스웨덴의 서쪽에 있다와 같은 관련성을 얘기한다. 인간 지각과 달리, GISystems는 공간적 관계를 묘사하기 위해 기하학에 의존한다. GISystems의 메트릭 관점과 인간의 공간 인지 간에는 명확한 구분이 존재한다. 샤리프와 에겐호퍼의 뒤이은 연구(1998)는 호수와 연못 간의 개념적 관계에 대한 512개의 서로 다른 해석을 공식화하기 위해 집합론을 사용하는 방법을 묘사했다. 일반적인 상황에서는 단지 19개의 관련성만이 존재하지만, 토폴로지는 이보다 복잡할 수 있다. 예를 들어, 호수가 섬을 포함할 수 있고, 섬이 호수를 포함할 수도 있다. 도로와 연못은 복잡한 요철 형태를 가질 수 있고, 이것 때문에 2개 간의 가능한 관련성의 숫자는 엄청나게 늘어난다. 이 연구는 두 가지 이유 때문에 중요한데, 하나는 GIScience에서 기하학뿐만 아니라 인지(**온톨로지**를 포괄하는 표현)를 포괄하는 것의 가치를 강조하기 때문이고, 또 다른 하나는 그러한 통찰력을 포함시킬 공식적인 메커니즘을 제시하기 때문이다.

인지, 어포던스, 일반인의 공간적 카테고리, 모호성에 대한 새로운 연구들은 공간적 관계의 폭과 깊이를 재현하는 데 있어 현행 GISystems가 가지고 있는 단점을 지적하고 있다. 그러나 이러한 사항을 GIScience의 연구 어젠다에 포함시킴으로써, 더 광범위한 온톨로지 개념을 GIS에 통합시키는 것이 가능해질 것이다. 지금까지 GIScience에서의 온톨로지 연구는 매우 제한적인 것이었지만, 온톨리지와 관련된 다양한 연구와 접근이 존재한다. 이 짧은 개요 속에서 우리는 인지, 분류, 공식화 그리고 그것들의 디지털 데이터 모델과의 관련성, 이 네 가지가 교차하는 지점의 복잡한 문제들에 대해 간략히 살펴보았을 뿐이다. 가장 중요한 교훈은 GIScience의 연구자는 기술적인 솔루션을 제공하는 것에만 천착하지 말아야 한다는 것이다. 디지털 환경에서 데이터와 재현을 다각화하려는 중대한 운동이 있고, 이를 위해 다양한 인식론(다양한 온톨로지로 귀결되는)을 고려해야 한다. 데이터 모델이 인간 지각 혹은 표현의 전 범위를 포괄할 수 있다는 이전의 가정은 인식론과 온톨로지를 명시적으로 확인하는 디지털 실행의 수단을 개발하기 위해 폐기되어야 한다. 아이러니하게도, GIS 재현의 기초와 범위를 확장하려는 온톨로지 연구의 목적은 페미니즘과 GIS 연구자들의 목적과 밀접하게 관련되어 있다.

페미니즘과 GIS : 학문 경계를 희미하게 하기

GIS는 많은 사람들의 마음속에, '긱스geeks(흔히 남자)'와 컴퓨터에 의해 지배되는 지리학의 기술적인 영역으로 각인되어 있다. 이것은 불공정하다. GIS는 페미니즘 지리학 혹은 인문지리학 일반으로부터 멀리 떨어져 있는 것으로 간주되어 왔다(제2장 참조). 그러나 그 거리는 GIS에 본래적인 것이 아니라 지리적 연구의 서로 다른 문화와 관행의 결과일 뿐이다. 스테이시 워렌은 GIS가 본래 남성적이어야 할 아무런 이유가 없다고 지적한 바 있다. 현행 기술의 모든 요소와 그것의 실행은 항상 변화하는 것이다. 그리고 페미니즘이라는 용어 그 자체가 대단히 포괄적인 것이다. 즉, 사회과학자들은 그 용어를 평등, 소외, 부의 분배, 사회 정의, 권력 분할 등과 같은 관심사를 다루는 것으로 간주한다. 남자 역시 페미니스트가 될 수 있고, 페미니즘이 여성의 독점적인 영역인 것도 아니다. GIS에 익숙한 페미니즘 연구자들은 공히 사회적 · 자연적 현상의 공간적 차원을 설명하기 위해 GIS를 사용하는 것의 유용성을 인정한다. 그러나 모든 GIScience 연구자들과 마찬가지로 GIS의 한계성도 인정한다.

GIS와 젠더 연구의 가장 전통적인 만남은 여성과 여타의 핍박받는 커뮤니티와 관련된 공간 문제를 연구하기 위해 GIS를 사용한 것이다. 이러한 연구는 GIS에서 만들어진 지도가 공공 정책 결정에 영향을 줄 수 있다는 측면에서 사람들의 삶에 실질적인 영향을 줄 수 있는 잠재력을 가지고 있다. 하나의 예로 사라 엘우드Sarah Elwood(2000)는 커뮤니티 그룹들이 더 많은 자원을 획득하기 위한 정부 로비에서 어떻게 GIS를 사용했는지를 연구했다. 그 커뮤니티들은 물리적 인프라의 재건을 위해 공공 기금의 획득하고자 노력하고 있었다. PPNAPowderhorn Park Neighborhood Association(파우더혼공원근린연합)는 GIS와 데이터베이스 기술을 채택하여 자치시 정부와 주 정부에 자신들의 커뮤니티를 재再프레임하여 보여주었다. 엘우드는 PPNA가 다양한 수준의 정부와 상호작용하는 방식에 GIS의 채택이 상당한 영향을 끼쳤음을 보여주었다. 지리적 기술은 주와 커뮤니티 간의 권력 관계의 역동성을 변화시켰다. 예를 들어, PPNA는 원래 주 정부 수준의 재활 기금에서 제외되어 있었다. 그 기금을 얻기 위해서는 주택 상황에서의 상당한 개량이 이루어진다는 증거가 있어야 했다. 그들은 GIS와 일화적인 증거를 결합하여 기금 배분에 도전했다.

엘우드의 연구는 지리적 기술이 PPNA의 합법성 증대를 이끌었으며, 따라서 사회적 · 정치적 권력의 재분배를 이끈다는 점을 보여주었다. 그녀는 또한 지리적 기술을 사용함으로써 사회적 약자와 같은 어떤 부류의 사람들의 참여에 장벽을 만들지도 모르는 소위 합리적 정책 절차에의 의존이 강화되는 효과도 있음을 밝히고 있다.

사라 맥라퍼티Sara McLafferty(2002)는 페미니즘과 GIS 결합의 매우 다른 예를 제공한다. 그녀는 롱아일랜드의 여성 그룹의 이야기를 제시하는데, 그 그룹은 커뮤니티의 높은 유방암 발병률을 분석하기 위해 조직된 것이었다. 그들은 환경 문제가 그 질병의 발생과 관련이 있는지의 여부를 분석하고자 했다. 우선 뉴욕 주에 청원했지만, 뉴욕 주 과학자들은 높은 지방 소비와 같은 개인행동에 초점을 맞춘 설명에 집중했다. 이후 헌터대학교Hunter College에 있는 맥라퍼티 연구 그룹에 접촉해 유방암 발병의 클러스터와 하수도의 집결지, 골프장 지표유출, 근처 발전소로부터의 핵 공해, 농약, 혹은 오염된 토양과의 관련성을 규명해달라고 요청했다. 롱아일랜드의 거주자들의 정치적 압력 때문에 초기 연구가 이루어졌으며, 뒤이어 뉴욕 주의 상원의원이 나섰다. 그 결과 롱아일랜드의 높은 유방암 발병률과 관련된 가능한 환경적 위험요소들을 GIS를 활용하여 조사할 것을 국립암연구소National Cancer Institute에 요구하는 법령이 만들어졌다. 임시적 결과는 롱아일랜드 유방암 연구 프로젝트에서 살펴볼 수 있다.

역병에서의 증명 패러다임은 전통적인 과학에 기반을 두는데, 발생 빈도의 상당한 비중이 원인과 양의 상관관계를 보여야 한다. 이 경우, 연구는 부분적으로 역병에 고유한 난제들 때문에 교착상태에 빠지게 된다.

독물학자인 데브라 데이비스Devra Davis(2002)는 사람과 환경에 대한 역사적 데이터는 분석하기 어렵다고 지적한 바 있다. 그녀가 그렇게 이야기 한 이유는 여성이 보다 어린 나이에 위험 요소에 노출되었던 것이 그녀가 유방암을 진단받았을 때 살고 있는 곳보다 더 중요하기 때문이다. 유방암은 긴 잠복기를 가지는 질병이며, 원인과 결과 간의 확고한 연결고리를 확인하는 것은 매우 어렵다. 롱아일랜드의 여성들이 유방암과 결부되어 있을 것으로 의심하고 있는 환경 인자들은 의심의 대상이긴 하지만, 강력한 통계적 증거는 존재하지 않는다. 역병학자들이 직면하는 어려움들 중의 하나는 통계적 연결성이 획득되기 위해서는 가혹한 기준을 통과해야 한다는 것이다. 모든 정적인 관련성에 대해 그 숫자의 신용을 떨어뜨리는 반박이 있다. 사람들은 이동하며, 기억은 신뢰하기 어렵고, 암은 서로 겹치는 다양한 요인들의 결합에 의해 발생한다는 사실이다. 더구나 모든 정적인 관련성에 대해, 제안된 상관관계를 '반박하기' 위해 숫자들을 조작할 수 있고, 종종 오염 배출자들에게 규제의 연기나 폐지를 위한 수단을 제공할 수도 있다.

맥라퍼티는 GIS가 탐색적 질의뿐만 아니라 장소의 맥락 혹은 장소 '감sense'을 포함하는 데 사용될 수 있음을 보여주었다. 롱아일랜드 여성들은 과거의 환경적 경험을 묘사하는 구두 진술, 환경적 피처에 대한 스케치 그리고 역사적 사진들을 GIS 속에 포함시키기를 원했다. 그러나 이 스토리의 보다 흥미로운 측면들 중 하나는 롱아일랜드 여성들이 지리적으로 특수한 법령이 제정될 수 있는 정도까지 정책에 영향을 주는 데 성공했다는 점이다. 이 사례는 '딱딱한' 수치 데이터의 제약 없이, 시각화(그리고 권위 있는 프레젠테이션)에 기반을 둔 GIS의 설득력을 강조한

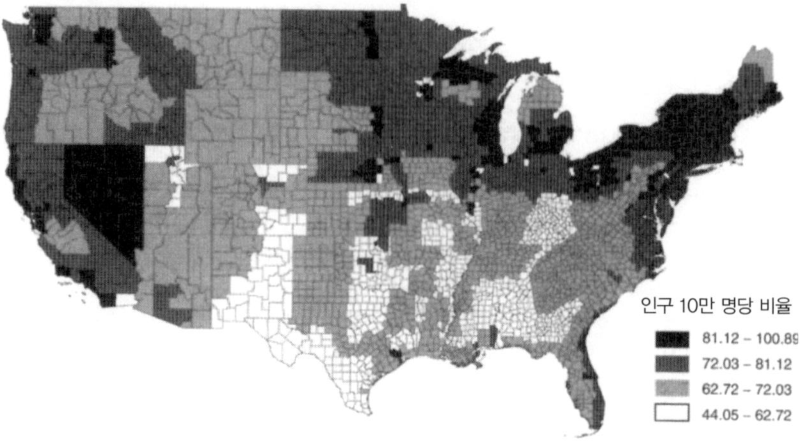

[그림 5.3] **미국의 카운티 단위로 표현된 유방암 지도**
어떤 카운티의 경계는 단순화되었다. 네바다 주의 높은 수치는 1950~60년대의 핵 실험과 관련되어 있을 수 있다.
출처 : Davis(2002).

다. GIS는 보다 질적인 방식으로 데이터를 조사하는 하나의 방법이다. 그것은 수 없이 많은 요인들 간의 의심되는 관련성을 표현하는 방법을 제공한다. 더욱이, 하나의 변수만 가진 단순한 지도는 (아직은 과학적 설명이 주어지지 않은) 공간적 관련성을 강력하게 표현할 수 있다. 예를 들어, 미국 유방암 사망력 지도는 북동부의 주와 오대호 연안의 주에 거주하는 여성들이 10만 명당 100명 정도의 수준에서 유방암에 걸린다는 것을 보여주고 있다(그림 5.3 참조). 그 외의 지역에서는 캘리포니아와 워싱턴의 소규모 지역에서 높은 발병률이 나타나고 있으며, 네바다 주는 전 지역이 높은 발병률을 보여주고 있다. 네바다는 1950년대에 핵실험이 이루어졌는데 이것이 높은 발병률과 관련되어 있을 수도 있다(증명된 것은 아니다).

페미니즘 GIS에 해당하는 다른 연구로 질적인 재료를 통합하여 다른 방식으로 사회적 관계를 표현하기 위해 시각화를 사용하는 것을 들 수 있다. 메이-포 콴Mei-Po Kwan은 이러한 흐름에서 선두에 서 있고, 페미니즘과 GIS 관련 논쟁을 처음으로 제기한 학자이기도 하다. 콴은 원래 그녀가 가지고 있던 기술 지향적이고 분석적인 능력을 질적인 지리학과 양적인 지리학 간의 논쟁에 대한 이해와 결합하여 새로운 형태의 테크놀로지에 대한 실험을 진행했다. 그녀의 초기 연구(1998; 1999)는 여성의 시공간 관계를 묘사하기 위해 네트워크-기반의 GIS를 사용하는 데 집중했다(제2장에서 묘사된 것과 같은). 개별 여성에 대한 설문조사와 정량적인 기법을 결합함으로써 여성들이 남성에 비해 도시 활동과 편의 시설에의 접근성에서 손해를 보고 있다는 점을 밝혔다. 정말로, 이동 시간과 과외 활동 간에는 거의 관련이 없음이 밝혀졌는데, 이는 여성들이 통상적으로 다양한 시간 수요에 얽매여 있기 때문이다. 여성의 공간적 '고정성fixity'은 다양한 GIS 및 통계적 테크닉을 통해 묘사되었는데, 시공간상의 활동 패턴을 표현하기 위한 3차원 GIS도 포함된다.

콴은 이러한 결과를 바탕으로 GIS 시각화를 이용하여 페미니즘 정치를 확장하는 것의 문제점과 가능성에 대한 연구를 진행했다. 이 연구들은 다음과 같은 질문을 제기한다. "GIS가, 양적인 재료에 훨씬 더 의존적임에도 불구하고, 페미니즘과 관련된 대안적 인식론에 부합하는가?" 콴의 임시적인 대답은 "예"이다. 이는 현행의 상용 소프트웨어 제품은 분석에서 질적인 정보를 잘 다루지 못하는 한계를 가지고 있다는 점을 감안한 조건적인 대답이다. 물론 그녀는 그것이 가능하다는 것을 보여주기도 했다(Kwan 2002).

온톨로지와 페미니즘 정치학은 GIScience 연구를 위한 2개의 사이트들이다. 재현에 대해 더 많은 관심을 가짐으로써 GIS는 보다 포괄적이 되고, 보다 미묘한 차이에 민감하게 되고, 지리와 공간적 관계의 복잡성을 더 잘 표현하게 될 것이다. 온톨로지와 페미니즘 정치학은 더 넓은 범위의 개체들에 대한 고려와 보다 더 차이에 민감한 재현을 강조한다는 측면에서 서로 연결되어 있다. 온톨로지 연구와 페미니즘 GIS는, GIS에서의 강조점을 이동시킬 수 있는 잠재력을 가지고 있다. 즉, 도로, 교각, 농장, 전기 설비와 같은 고정된 공간적 개체를 재현하는 것으로부터 벗어나, 인식론에 의거한 다중 밴티지 포인트vantage point를 제공하거나 통계적 공식으로 표현되기 어려운 다중적 변수들 간의 관련성에 대한 탐색적 연구를 용이하게 하는 것으로 강조점이 이동된다. 결론적으로 말해, 이러한 연구 사이트들과 그것을 지원하는 GIScience 연구 커뮤니티는 향상된 재현적 프레임워크를 발전시킬 태세를 갖추고 있는데, 이 프레임워크는 1990년대 인문지리학자들이 지적한 기술적 파라미터와 인식론적 허약성을 뛰어넘는 것이다.

결론 : 시스템과 과학 사이의 퍼지 영역을 설정하기

이 책은 GIS를 성립시킨 지적 영역에 대한 탐색으로부터 시작했다. 이 책은 또한 데이터에서 공간분석에 이르는 GIS 실천에 영향을 미치는 실질적인 문제들을 다루었다. 이러한 문제들과 애플리케이션들 중 많은 것은 GISystems와 GIScience 모두에게 핵심적이다. GIS라는 두문자어에 대한 두 가지 해석은 서로 밀접하게 연관되어 있다. 시스템 없는

GIScience는 없으며, 역으로 과학은 소프트웨어에서의 새로운 발전을 추동했다. 그리고 이러한 추동력은 새로운 공간분석 방법을 요구하는 시스템 사용자의 증대에 힘입은 바 크다. 이것은 GISystems와 GIScience의 시너지 관계를 잘 보여주는 것이다. GIS 사용자의 수는 증가일로에 있으며, GIS 소프트웨어의 선도적 개발자 중의 하나인 ESRI는 매년 엄청난 양의 소프트웨어를 판매하고 있다. 마이크로소프트사가 MapPoint라는 제품을 통해 GIS 세상에 뛰어듦에 따라 사용자의 수는 급격하게 늘 태세를 갖추고 있다. 시장 포화까지는 멀기 때문에 예측가능한 미래에 이러한 성장이 제한받을 것 같지는 않다. 어떤 사람들은 GIS 사용자 증대 잠재력은 원천적으로 제한되어 있다고 주장한다. 그러나 Excel이 마이크로소프트오피스의 한 부분으로 소개되기 전에 스프레드시트를 사용하거나 그것의 필요성을 알아차린 사용자는 거의 없었지만, 현재 스프레드시트의 사용은 만연해 있으며 표준적인 오피스 도구가 되었다는 점은 시사하는 바가 크다. GIS 사용은 이와 비슷한 궤적으로 성장할 것으로 보인다. 1997년 미국의 국가연구회의National Research Council는 미국의 과학계가 현상의 공간적 차원을 무시했기 때문에 그 허약성을 노정하고 있다고 주장하는 책을 출간한 바 있다. GIS 사용의 증가는 이러한 무시에 대한 효과적인(예기치 않은 것이라 해도) 반작용이다. 그러나 필요한 소프트웨어와 데이터를 가지기만 하면 공간분석을 실행할 수 있다고 믿는 것은 올바르지 못한 인식이다. 과학과 시스템 간의 구분이 불분명해지는 지점이 바로 여기이다.

GIS 교육자는 끊임없이 학생들에게 다음의 사실을 주지시키려고 노력한다. 자신들이 프린트하는 지도는 공간적 관계에 대한 종결적인 진술이 아니라 특정한 관점에 의거한 재현물이라는 사실과 훈련받은 이용자가 없다면 GIS는 공간적 현상을 재현하거나 예측하는 도구가 아니라 단순히 지도 그림을 만드는 도구에 불과할 뿐이다. 더욱이, GIS 지도의 유용성은 지도 생산에 고유한 지적 가정에 의존할 뿐만 아니라 GIScience에서 발전되어온 실행 표준에 얼마나 부합하는가에 의존한다. 그러한 표준들은 결과에 정당성을 부여하는 토대이다. 이 책은 공간 과학 혹은 관련된 지적 영토에 대한 별다른 이해 없이 GISystems를 채택하는 것이 얼마나 위험한 것인가에 대해 설명하고자 노력했다. 데이터 모델의 선택은 이러한 관점에서 매우 중요한 사안이다.

GIS의 데이터 모델은 필드와 객체로 나누어지며, 그것들을 디스플레이하는 메커니즘 혹은 구조로서의 래스터와 벡터로 나뉜다. 그러나 실질적으로는 래스터(혹은 그리드 셀) 재현은 항상 필드 모델과 연관되고, 벡터 재현은 필드와 객체 모델 모두와 연관된다. 각 재현 모델의 존재론적 결과는 다르다. 래스터로 실행된 필드 데이터 모델은 최소한의 존재론적 관심만을 가진다. 넓은 지역 전체가 내적 동질성을 가지는 고정 카테고리로 표현될 필요가 없으며, 속성의 공간적 분포는 손쉽게 저장된다. 그러나 교각, 도로, 농장, 도시와 같은 지리적 객체에 대한 벡터 재현은 인간의 인지적 카테고리에 보다 잘 부합한다. 그리고 벡터 재현은 유사한(종종 완전히 일치하지는 않는) 속성을 가진 셀들의 클러스터가 아닌 독립적인 개체의 관점에서 세상을 묘사하는, 잘 확립되어 있는 사회적 · 지적 전통에 보다 잘 부합한다. 필드와 개체의 이원론을 극복하려는 연구가 등장하고 있음에도 불구하고, 양 자는 재현을 위한 기본적인 토대로 남아 있다. 객체 필드와 GIS를 위한 온톨로지 에디터는 기존 데이터 모델의 대체물이 아니라 보완물이다. 사용자들은 여전히 래스터 혹은 벡터 선택의 존재론적 함의를 이해할 필요가 있다.

데이터의 질은 공간분석 결과의 질에 대한 가장 확실한 지표이다. 저급한 혹은 부적절한 데이터는 매우 그럴듯해 보이는 지도 산출물에도 불구하고 분석 결과를 무효화한다. GIS 사용이 증가함에 따라 분석의 무결성에 대한 요구가 단순히 지도 산출물에 대한 것에서 데이터 자체와 데이터의 조작을 위해 사용된 모델에까지 확장되고 있다. 과거 주민 회의나 토지이용 청문회에서 제시된 GIS 지도는 결과물이 지도로 표현되었을 때 일종의 보정 효과를 가진다는 사실을 청중들에게 설득력 있게 보여주었다. 그러나 증명의 짐은 GIS 생산의 모든 측면으로 확장된다. 이것은, 어떤 사람들에게는 매우 모호하게 들릴지도 모르는 '객관성' 이라는 용어에 대한 문화적 · 과학적 주장을 반영하고 있다. 과학적 '객관성' 에 대한 요구가 우리 사회의 정치적 · 법적 토대를 구성하고 있다. "많은 기관에서 GIS가 인기를 끌고 있는 본질적인 이유는, GIS를 통함으로써 사람들이 법정에서 자신들이 한 것을 정확하게 말하고 그것을 방어할 수 있게 되었기 때문일 겁니다(Michael Goodchild, 1998, 개인적 인터뷰)." 연구자와 이용자 모두 GIS의 산출물이 데이터의 질에 의존한다는 사실을 인식함에 따라, 데이터의 선택과 무결성에 대한 정당화의 요구는 더욱 커지게 되었다. 이것은 혹독한 법률적 검증에 처해졌던 통계학의 역사를 따라갈 것이다.

과거 20년 동안, GIS의 범위는 크게 확대되었다. GIS의 예측 능력과 공간적 의사결정에 도움을 주는 복잡한 분석의 수행 능력은 이러한 발전에 크게 기여하였다. 그러나 다양한 원천의 공간 데이터의 이용가능성

증대에도 힘입은 바가 크다. 데이터의 통합을 통해 연구자들은 넓은 영역에서 작동하는 복잡한 프로세스를 이해할 수 있게 되었다. 이러한 GIS의 예측 및 분석 능력의 증대와 다원천 공간 데이터의 통합이라는 두 가지 사항이 결합됨으로써, GIS는 지적 관리용 대지경계선 레코드 및 공공 토지 관리와 같은 단순한 프로젝트를 수행하는 테크닉으로부터 벗어나, 지구온난화에 영향을 주는 요인들의 이해 혹은 사망력 증대로 위험에 처한 커뮤니티의 확인과 같은 연구로 진화해나갈 수 있었다. 대규모의 다중원천 데이터를 통합하는 것은 매우 어려운 과제이지만, 그것을 통하지 않고서는 다면적인 사회적 · 자연적 프로세스에 대한 통찰력은 획득할 수 없다. 보다 일관성 있는 메타데이터의 사용을 포함한 사용자 커뮤니티의 고양된 의식만이 철저한 검증을 견뎌낼 수 있는 데이터 통합을 이룰 수 있을 것이다.

신뢰할 만한 GIS 결과를 얻는 데 좋은 데이터가 핵심적인 역할을 담당하긴 하지만, 부적절한 공간분석의 적용과 그 결과를 덮을 수는 없다. 대부분의 GIS 소프트웨어 프로그램은 대단히 강건하다. 사용자는 결합하면 안 되는 데이터에 공간적 조인을 명령할 수 있고, 소프트웨어는 그 명령을 군말 없이 실행할 것이다. 만일 분석 결과 생성되는 데이터 셋이 이후의 처리 과정을 거치게 된다면 논리를 위반한 초기 오류를 찾아내는 것은 전문가에게도 매우 어려운 일이 된다. 부적절한 그리고 잠재적으로 위험천만한 공간분석을 방지하는 가장 좋은 방법은 철저한 GIScience 교육이다. GIS 교육과 인식 재고의 중요성은 기술에 경도된 이용자뿐만 아니라 잠재적 연구자와 키보드는 건드려 보지도 않았지만 GIS를 사용하여 현상을 연구 및 관리하는 데 책임을 지고 있는 관리자들에게도 해당

된다. 이 책은 응용 GIS의 잠재력과 GIS의 사용에 타당성을 제공하는 근본적인 지적 영역에 대한 짧은 소개서이다. 응용 GIS와 근본적인 지적 영역을 가르는 선은 희미하며, 더 좋은, 더 신뢰할 만한 사회적 책임성을 가진 GIS이기 위해서는 그런 채로 남아 있어야만 한다.

참 고 도 서

제1장

BangaloreIT. What is e-governance? http://www.bangaloreit.com/html/egovern/egovern.htm. Accessed January 29, 2003.

Burrough, Peter A., and Andrew U. Frank, eds 1996. *Geographic Objects with Indeterminate Boundaries*. London: Taylor & Francis.

Campari, I. 1996. Uncertain Boundaries in Urban Space. In *Geographic Objects with Indeterminate Boundaries*, ed. by P.A. Burrough and A.U. Frank. Bristol, PA: Taylor & Francis, 57–69.

Chrisman, N. 1998. Academic Origins of GIS. In *The History of Geographic Information Systems*, ed. by T. Foresman. W. Upper Saddle River, NJ: Prentice Hall, 33–43.

Chrisman, N. 1997. *Exploring Geographic Information Systems*. New York: John Wiley & Sons, Inc.

Chrisman, N. 1988. The Risks of Software Innovation: A Case Study of the Harvard Lab. *The American Cartographer* 15 (3):291–9.

Daratech. *Geographic Information Systems: Markets & Opportunities*. Daratech 2002. [cited June 21, 2002.] Available from http://www.daratech.com/gis/markets_&_opportunities.shtml.

ESRI. GIS touches our everyday lives. http://www.esri.com/company/gis_touches/start.html. Accessed January 23, 2003.

Fisher, Peter F., and Jo Wood. 1998. What is a Mountain? Or The Englishman who went up a Boolean Geographical Concept but Realised it was Fuzzy. *Geography* 83 (3):247–56.

Flowerdew, Robin, and James Pearce. 2001. Linking Point and Area Data to Model Primary School Performance Indicators. *Geographical and Environmental Modeling* 5 (1):23–41.

Foresman, T., ed. 1998. *The History of Geographic Information Systems : Perspectives from the Pioneers*. Upper Saddle River, NJ: Prentice Hall.

Goodchild, M.F. 1992. Geographical Information Science. *International Journal of Geographical Information Systems* 6 (1):31–45.
Goodchild, M.F. 1995. Geographic Systems Information and Research. In *Ground Truth*, ed, by J. Pickles. New York: Guildford Press: 1–30.
Gregory, D. 1994. Ontology. In *The Dictionary of Human Geography*, ed. by R. J. Johnston, D. Gregory, and D. M. Smith. Oxford: Blackwell Publishing: 426–9.
Koch, Tom. 2003. The Map as Intent: Variations on the theme of John Snow. Unpublished manuscript.
Latour, B. 1987. *Science in Action*. Cambridge MA, Harvard University Press.
Poster, M. 1996. Databases as Discourse, or Electronic Interpellations. In *Computers, Surveillance and Privacy*, ed. by D. Lyon and E. Zureik. Minneapolis: University of Minnesota Press, 175–92.
Philo, C., R. Mitchell, and A. More. 1998. Guest Editorial: Reconsidering Quantitative Geography: The Things that Count. *Environment and Planning A* 30 (2):191–202.
Rhind, D.W. 1988. Personality as a Factor in the Development of a New Discipline: The Case of Computer-Assisted Cartography. *The American Cartographer* 15 (3):277–89.
Schuurman, N. 1999a. Speaking With the Enemy? An Interview With Michael Goodchild. *Environment and planning: D Society and Space* 17 (1):1–15.
Schuurman, N. 1999b. Critical GIS: Theorizing an Emerging Discipline. *Cartographica* 36 (4): 1–109
Schuurman, N., and G. Pratt. 2002. Care of the Subject: Feminism and Critiques of GIS. *Gender, Place, and Culture* 9 (3):291–9.
Smith, B., and Mark, D.M. 2001. Geographical Categories: An Ontological Investigation. *International Journal of Geographical Information Science* 15 (7):591–612.
Tomlinson, R.F. 1989. Presidential Address: Geographic Information Systems and Geographers in the 1990s. *The Canadian Geographer* 33 (4):290–8.
Tomlinson, R.F. 1988. The Impact of the Transition From Analogue to Digital Cartographic Representation. *The American Cartographer* 15 (3):249–61.
Tufte, E.R. 1997. *Visual Explanations: Images and Quantities, Evidence and Narrative*. Cheshire, CT: Graphics Press.
Unwin, D. 2001. *GIS and the Peopling of an Industry*. Paper read at GIS Workshop on *A Changing Society*, May 17–20, 2001, at The Ohio State University.
Warren, S. 2003. The Utopian Potential of GIS. *Cartographica* forthcoming.
Watson, J. 1969. *The Double Helix*. New York: Mentor.

제2장

Baker, V.R. 2000. Conversing with the Earth: The Geological Approach to Understanding. In *Earth Matters: The Earth Sciences, Philosophy, and the Claims of Community*. R. Frodeman. Upper Saddle River, NJ, Prentice Hall: 2–10.
Berry, J. 1999. Is Technology Ahead of Science? *GeoWorld* 12 (2): 28–9.

Brassel, K.E. and R. Weibel, 1988. A review and conceptual framework of automated map generalization. *International Journal of Geographical Information Systems* 2(3): 229–44.
Burrough, P. A. 1996. Natural Objects with Indeterminate Boundaries. *Geographic Objects with Indeterminate Boundaries*. P.A. Burrough and A.U. Frank. Bristol, PA,:Taylor & Francis, 3–28.
Buttenfield, B. P. and R. P. McMaster, 1991. *Map Generalization: Making Rules for Knowledge Representation*. New York, Wiley.
Couclelis, H. 1992. People Manipulate Objects but Cultivate Fields: Beyond the Raster – Vector Debate in GIS. In *Theories and Methods of Spatial-Temporal Reasoning in Geographic Space* ed. by A. U. Frank, I. Campari and U. Formentini. Berlin: Springer-Verlag, 65–77.
Couclelis, H. 1999. Space, Time, Geography. In *Geographical Information Systems: Principles, Techniques, Management and Applications*, ed. by P. A. Longley, M. F. Goodchild, D. J. Maguire and D. W. Rhind. New York: John Wiley & Sons, 29–38.
Curry, M. 1997. The Digital Individual and the Private Realm. *Annals of the Association of American Geographers* 87 (4): 681–99.
Demeritt, D. 2001. The Construction of Global Warming and the Politics of Science. *Annals of the Association of American Geographers* 91 (2): 307–37.
Dutton, G. 1977. *Proceedings of the First Internatinoal Study Symposium on Topological Data Structures for Geographical Information Systems*. First International Study Symposium on Topological Data Structures for Geographical Information Systems, Cambridge, MA., Laboratory for Computer Graphics and Spatial Analysis.
Dyson, F. 1999. *The Sun, the Genome, and the Internet: Tools of Scientific Revolutions*. New York: Oxford University Press.
Frank, A.U. 2001. Tiers of Ontology and Consistency Constraints in Geographical Information Systems. *International Journal of Geographical Information Science* 15 (7): 667–78.
Goodchild, M.F. 1991. Just the Facts. *Political Geography Quarterly* 10: 192–3.
Goodchild, M.F. 1992. Geographical Information Science. *International Journal of Geographical Information Systems* 6 (1): 31–45.
Goodchild, M.F. 1995. Geographic Systems Information and Research. In *Ground Truth* ed. by J. Pickles. New York: Guildford Press, 31–50.
Goss, J. 1995. Marketing the New Marketing: The Strategic Discourse of Geodemographic Information Systems. In *Ground Truth* ed. by J. Pickles. New York: Guildford Press, 130–70.
Gregory, D. 1978. *Ideology, Science and Human Geography*. New York: St. Martin's Press.
Gregory, D. 1994a. Ontology. In *The Dictionary of Human Geography* ed. by R.J. Johnston, D. Gregory and D.M. Smith. Oxford: Blackwell, 426–9.
Gregory, D. 1994b. Positivism. In *The Dictionary of Human Geography* ed. by R.J. Johnston, D. Gregory and D.M. Smith. Oxford: Blackwell, 455–7.
Gregory, D. 1994c. Pragmatism. In *The Dictionary of Human Geography* ed. by R.J. Johnston, D. Gregory and D.M. Smith. Oxford: Blackwell, 471–2.

Gregory, D. 1994d. Realism. In *The Dictionary of Human Geography* ed. by R.J. Johnston, D. Gregory and D.M. Smith. Oxford: Blackwell, 500.

Gregory, D. 2000. Realism. In *The Dictionary of Human Geography*, 2nd edn, ed. by R.J. Johnston, D. Gregory, G. Pratt and M. Watts. Oxford: Blackwell, 673–6.

Gruber, T. 1995. Toward Principles for the Design of Ontologies used for Knowledge Sharing. *International Journal of Human-Computer Studies* 43: 907–8.

Haraway, D. 1991. *Simian, Cyborgs and Women: The Reinvention of Nature*. New York: Routledge.

Haraway, D. 1997. enlightenment@science wars.com: A Personal Reflection on Love and War. *Social Text* 50: 123–9.

Harley, B. 1989. Deconstructing the Map. *Cartographica* 26: 1–20.

Harris, T., D. Weiner, et al. 1995. Pursuing Social Goals Through Participatory GIS: Redressing South Africa's Historical Political Ecology. In *Ground Truth* ed. by J. Pickles. New York: Guildford Press, 196–222.

Harvey, F. and N. R. Chrisman, 1998. Boundary Objects and the Social Construction of GIS Technology. *Environment and Planning A* 30: 1683–94.

Harvey, F. 2003. The Linguistic Trading Zones of Semantic Interoperability. In *Representing GIS* ed. by D. Unwin. London: John Wiley & Sons, Inc. forthcoming.

Heidegger, M. 1982. *The Question Concerning Technology and Other Essays*. New York: Harper Collins.

Jordan, T.G. 1988. The Intellectual Core: President's Column. *AAG Newsletter* 23: 5. Kuhn, T. 1970. *The Structure of Scientific Revolutions*. Chicago: University of Chicago Press.

Kuhn, W. 1994. *Defining Semantics for Spatial Data Transfers*. Sixth International Symposium on Spatial Data Handling. Edinburgh: Taylor & Francis.

Kwan, M. 1998. Space-Time and Integral Measures of Individual Accessibility: A Comparative Analysis Using a Point-based Framework. *Geographical Analysis* 30 (3): 191–16.

Kwan, M. 1999. Gender, the Home–Work Link, and Space–Time Patterns of Nonemployment Activities. *Economic Geography* 75 (4): 370–94.

Latour, B. 1987. *Science in Action*. Cambridge, MA: Harvard University Press.

Latour, B. 1988. *The Pasteurization of France*. Cambridge, MA: Harvard University Press.

Latour, B. 1999. On Recalling ANT. In *Actor Network Theory and After* ed. by J. Law and J. Hassard. Oxford: Blackwell Publishers/The Sociological Review, 25.

Law, J. 1994. *Organizing Modernity*. Oxford: Blackwell.

MacEachren, A.M. 1994. Visualization in Modern Cartography: Setting the Agenda. In *Visualization in Modern Cartography* ed. by A.M. MacEachren and D.R.F. Taylor. Tarrytown, NY: Elsevier, 1–12.

MacEachren, A.M., M. Wachowicz, et al. 1999. Constructing Knowledge from Multivariate Spatiotemporal Data: Integrating Geographical Visualization with Knowledge Discovery in Databases. *International Journal Of Geographical Information Systems* 13 (4): 311–34.

Mark, D.M. 1993. Towards a Theoretical Framework for Geographic Entity Types. In *Spatial Information Theory: A Theoretical Basis for GIS* ed. by A. U. Frank and I. Campari. Berlin: Springer-Verlag, 270–83.

Mark, D.M. 1999. Spatial Representation: A Cognitive View. In *Geographical Information Systems: Principles, Techniques, Management and Applications* ed. by P.A. Longley, M.F. Goodchild, D.J. Maguire, and D.W. Rhind. New York: Wiley, 81–9.
Mercer, D. 1984. Unmasking Technocratic Geography. In *Recollections of a Revolution* ed. by M. Billinge, D. Gregory, and R. Martin. London: Macmillan.
Monmonier, M. 1996. *How to Lie With Maps*. Chicago: University of Chicago Press.
Openshaw, S. 1991. A View on the GIS Crisis in Geography, Or Using GIS to Put Humpty-Dumpty Back Together Again. *Environment and Planning A* 23 (5): 621–8.
Openshaw, S. 1992. Further Thoughts on Geography and GIS: A Reply. *Environment and Planning A* 24: 463–6.
O'Tuathail, G. 1996. *Critical Geopolitics: The Politics of Writing Global Space*. Minneapolis: University of Minneapolis Press.
Pickering, A. 1995. *The Mangle of Practice: Time, Agency, & Science*. Chicago; University of Chicago Press.
Pickles, J. 1995. Representations in an Electronic Age: Geography, GIS, and Democracy. In *Ground Truth* ed. by J. Pickles. New York: Guildford Press, 1–30.
Pickles, J. 1997. Tool or Science? GIS, Technoscience, and the Theoretical Turn. *Annals of the Association of American Geographers* 87: 363–72.
Rouse, J. 1996. *Engaging Science. How to Understand Its Practices Philosophically*. Ithaca: Cornell University Press.
Raper, J. 1999. Spatial Representation: The Scientist's Perspective. In *Geographical Information Systems: Principles, Techniques, Management and Applications* ed. by P.A. Longley, M.F. Goodchild, D.J. Maguire, and D.W. Rhind. New York: Wiley, 71–80.
Raper, J. 2000. *Multidimensional Geographic Information Science*. New York: Taylor & Francis.
Roberts, S.M. and R.H. Schein, 1995. Earth Shattering: Global Imagery and GIS. In *Ground Truth* ed. by J. Pickles. New York: Guildford Press, 171–95.
Schuurman, N. 1999a. Speaking With the Enemy? An Interview With Michael Goodchild. *Environment and Planning: D Society and Space* 17 (1): 1–15.
Schuurman, N. 1999b. Critical GIS: Theorizing an Emerging Discipline. *Cartographica* 36 (4): 1–109.
Schuurman, N. 2000. Trouble in the Heartland: GIS and its critics in the 1990s. *Progress in Human Geography* 24 (4): 569–590.
Schuurman, N. 2002. Reconciling Social Constructivism and Realism in GIS. *ACME: An International E-Journal for Critical Geographies* 1 (1): 75–90.
Schuurman, N. and G. Pratt, 2002. Care of the Subject: Feminism and Critiques of GIS. *Gender, Place and Culture* 9 (3): 291–9.
Sheppard, E. 1995. GIS and Society: Toward a Research Agenda. *Cartography and Geographic Information Systems* 22 (1): 5–16.
Sieber, R. 2003. Public Participation Geographic Information Systems Across Borders. *The Canadian Geographer* 47 (1): 50–61.
Sismondo, S. 1996. *Science without Myth: On Constructions, Reality and Social Knowledge*. Albany: State University of New York Press.
Smith, B. and D.M. Mark, 1998. Ontology and Geographic Kinds. *Proceedings from the 8th International Symposium on Spatial Data Handling*, 308–20.

Smith, B. and D.M. Mark, 2001. Geographical Categories: An Ontological Investigation. *International Journal of Geographical Information Science* 15 (7): 591–612.
Smith, N. 1992. History and Philosophy of Geography: Real Wars, Theory Wars. *Progress in Human Geography* 16: 257–71.
Spivak, G.C. 1987. Can the Subaltern Speak? In *Marxism and the Interpretation of Culture* ed. by C. Nelson and L. Grossberg. New York/London: Routledge.
Taylor, P. J. 1990. GKS. *Political Geography Quarterly* 9: 211–12.
Taylor, P.J. and R.. Johnston 1995. GIS and Geography. In *Ground Truth* ed. by J. Pickles. New York: Guildford Press: 68–87.
Tomlinson, R.F. 1984. *Panel Discussion: Technology Alternatives and Technology.* Computer Assisted Cartography and Geographic Information Processing: Hope and Realism, Ottawa, Canadian Cartographic Association.
Watson, J. 1969. *The Double Helix*. New York: Mentor.
Weiner, D., T. Warner, et al. 1995. Apartheid Representations in a Digital Landscape: GIS, Remote Sensing and Local Knowledge in Kiepersol, South Africa. *Cartography and Geographic Information Systems* 22: 30–44.
Winter, S. 2001. Ontology: Buzzword or Paradigm Shift in GI Science? *International Journal of Geographical Information Science* 15 (7): 587–90.
Ziauddin, S. 2000. *Thomas Kuhn and the Science Wars*. New York: Totem Books.

제3장

Bowker, G. 2000. Mapping Biodiversity. *International Journal of Geographical Information Science* 14 (8): 739–54.
Bowker, G., and Star, S. L. 2000. *Sorting Things Out: Classification and its Consequences*. Cambridge, MA: MIT Press.
Burrough, P.A., and Mcdonnell, R. 1998. *Principles of Geographic Information Systems*. Oxford: Oxford University Press.
Desbarats, A.J., M.J. Hinton, et al. 2001. Geostatistical Mapping of Leakance in A Regional Aquitard, Oak Ridges Moraine Area, Ontario, Canada. *Hydology Journal* 9: 79–96.
Devogele, T., Parent, C., and Spaccapietra, S. 1998. On Spatial Database Integration. *International Journal of Geographical Information Science* 12 (4): 335–52.
Goodchild, M., F. and Proctor, J. 1997. Scale in a Digital Geographic World. *Geographical and Environmental Modelling* 1 (1): 5–23.
Goodchild, M.F., Egenhofer, M., and Fegeas, R. 1997. Interoperating GISs: Report of a Specialist Meeting Held Under the Auspices of the Varenius Project.
Gregory, D. 1994. Pragmatism. In *The Dictionary of Human Geography*. ed. by R.J. Johnston, D. Gregory and D.M. Smith. Oxford, Blackwell: 471–2.
Kashyap, V., and Sheth, A. 1996. Semantic and Schematic Similarities between Database Objects: A Context-Based Approach. *The VLDB Journal* 5: 276–304.
Kraak, M.J., and Ormeling, F.J. 1996. *Cartography: Visualization of Spatial Data*. Toronto: Prentice Hall.

Laurini, R. 1998. Spatial Multi-Database Topological Continuity and Indexing: A Step Towards Seamless GIS Data Interoperability. *Geographical Information Science* 12 (4): 373–402.

Logan, C., H.A.J. Russell, et al. 2001. Regional Three-Dimensional Stratigraphic Modelling of the Oak Ridges Moraine Areas, Southern Ontario. *Geological Survey of Canada Current Research* 2001-D1.

Mark, D.M. 1993. Towards a Theoretical Framework for Geographic Entity Types. In *Spatial Information Theory: A Theoretical Basis for GIS* ed. by A.U. Frank and I. Campari. Berlin: Springer-Verlag, 270–83.

National Desk, 2001. *U.S. Will Not Adjust 2000 Census Figures*, Wednesday, March 7.

O'Connor, D.R. 2002. Report of the Walkerton Inquiry: The Events of May 2000 and related issues. Toronto, Ontario Ministry of the Attorney General. www.walkertoninquiry.com/report1/index.html#summary. Accessed Nov. 8, 2002.

Office of Research and Statistics, 2002. www.ors.state.sc.us/digital/census.asp. Accessed September 4, 2002.

Pima County Association of Governments, 2002.

Russell, H.A.J., C. Logan, et al. 1996. Geological Investigations: Subsurface Data, Geological Survey of Canada. 2001.

Schuurman, N. 1999. Critical GIS: Theorizing an Emerging Discipline. *Cartographica* Monograph 36 (4): 1–109.

Schuurman, N. 2002. Reconciling Social Constructivism and Realism in GIS. *ACME: An International E-Journal for Critical Geographies* 1 (1): 75–90.

http://www.pagnet.org/Population/census/Default.htm. Accessed September 2, 2002.

제4장

Adriaans, P., and D. Zantinge. 1996. *Data Mining*. New York: Addison-Wesley.

Atkinson, P. M. and N. Tate, J. 2000. Spatial Scale Problems and Geostatistical Solutions: A Review. *The Professional Geographer* 52 (4): 607–23.

Bernhardsen, Tor. 1999. *Geographic Information Systems: An Introduction*. Toronto: John Wiley & Sons, Inc.

Blom, T., and R. Savolainen-Mdntyjdrvi. 2001. *GIS and Health*. 2001 [cited June 13 2001]. Available from www.shef.ac.uk/uni/academic/D-H/gis/healrepo. html.

Chen, F., and J. Delaney. 1998. Expert Knowledge Acquisition: A Methodology for GIS Assisted Industrial Land Suitability Assessment. *Urban Policy and Research* 16 (4): 301–15.

Chen, F., and J. Delaney. 1999. Integrating GIS and Environmental Pollution Modeling for Industrial Land-use Planning. Paper read at Thirteenth Annual Conference on Geographic Information Systems, at Vancouver, BC.

Chrisman, N. 1997. *Exploring Geographic Information Systems*. New York: John Wiley & Sons, Inc.

Cloud, J. and K. Clark. June 20–2, 1999. *The Fubini Hypothesis: The Other History of Geographic Information Science*. Geographic Information and Society, University of Minnesota.

Crampton, Jeremy. 2002. Guest editorial. *Environment and planning D: Society and Space* 20: 631–5

Csillag, Ferenc, Marie-Josée Fortin, and Jennifer L. Dungan. 2000. On the Limits and Extensions of the Definition of Scale. *Bulletin of the Ecological Society of America* 81 (3): 230–2.

Curry, M. 1997. The Digital Individual and the Private Realm. *Annals of the Association of American Geographers* 87 (4): 681–99.

Curry, M. 1998. *Digital Places: Living With Geographic Information Technologies*. New York: Routledge.

DeMers, M.N. 2000. *Fundamentals of Geographic Information Systems*. 2nd edn Toronto: Wiley & Sons, Inc.

Dobson, J. 1993. Automated Geography. *Professional Geographer* 35: 135–43.

Dragicevic, S., N. Schuurman, and M. Fitzgerald. 2003. The Utility of Exploratory Spatial Data Analysis in the Study of Tuberculosis Incidences in an Urban Canadian Population. *Cartographica*: forthcoming.

Dunn, J.R. and M.V. Hayes. 2000. Social Inequality, Population Health, and Housing: A Study of Two Vancouver Neighborhoods. *Social Science and Medicine* 51: 563–87.

Dye, C., Williams, B. G., Espinal, M., A., and Raviglione, M. C. 2002. Erasing the World's Slow Stain: Strategies to beat Multidrug-resistant Tuberculosis. *Science* 295: 2042–2046

The Economist. 2003. The Best Thing Since the Bar-Code. *The Economist* February 8, 2003: 57–8.

Floyd, K., Blanc, L., Raviglione, M.C., and Lee, J.-W. 2002. Resources Required for Global Tuberculosis Control. *Science* 295: 2020–41.

Foucault, M. 1979. *Discipline and Punish*. New York, Vintage Books.

Frye, N. 1982. *Divisions on a Ground: Essays on Canadian Culture*. Toronto, Anansi.

Gahegan, M. 1999. Characterizing the Semantic Content of Geographic Data, Models, and Systems. In *Interoperating Geographic Information Systems*, ed. by M. Goodchild, M. Egenhofer, R. Fegeas, and C. Kottman. Boston: Kluwer Academic Publishers.

GVRD. 2003. *Garbage and Recycling – An Introduction*. GVRD, September 12, 2002 2002 [cited February 10, 2003 2003]. Available from http://www.gvrd.bc.ca/services/garbage/index.html.

Harley, B. 1989. Deconstructing the Map. *Cartographica* 26: 1–20.

Heywood, I., S. Cornelius, and S. Carver. 1998. *An Introduction to Geographical Information Systems*. New York: Addison Wesley Longman.

Keylock, C.J., D.M. McClung, and M.M. Magnusson. 1999. Avalanche Risk Mapping by Simulation. *Journal of Glaciology* 45 (150): 303–14.

Longley, P.A., M.F. Goodchild, D.J. Maguire, and D.W. Rhind, eds 2001. *Geographical Information Systems and Science*. New York: John Wiley & Sons, Inc.

MacEachren, A.M. 1994. Visualization in Modern Cartography: Setting the Agenda. In *Visualization in Modern Cartography*, ed. by A.M. MacEachren and D.R.F. Taylor. Tarrytown, NY: Elsevier Science Inc.

MacEachren, A.M., M. Wachowicz, R. Edsall, D. Haug, and R. Masters. 1999. Constructing Knowledge from Multivariate Spatiotemporal Data: Integrating

Geographical Visualization with Knowledge Discovery in Databases. *International Journal of Geographical Information Systems* 13 (4): 311–34.

Martin, D. 1996. An Assessment of Surface and Zonal Models of Population. *International Journal of Geographical Information Systems* 10 (8): 973–89.

Openshaw, S. and C. Openshaw 1997. *Artificial Intelligence in Geography*. New York, John Wiley & Sons.

Poster, M. 1996. Databases as Discourse, or Electronic Interpellations. In *Computers, Surveillance and Privacy*, ed. by D. Lyon and E. Zureik. Minneapolis: University of Minnesota Press.

Schuurman, N. 1999. Critical GIS: Theorizing an Emerging Discipline. *Cartographica 36* (4): 1–109.

Schuurman, N. 2002. Reconciling Social Constructivism and Realism in GIS. *ACME: An International E-Journal for Critical Geographies* 1 (1): 75–90.

Shaw, M., D. Dorling, and R. Mitchell. 2002. *Health, Place and Society*. New York: Prentice Hall.

Shrader-Frechette, K. 2000. Reading the Riddle of Nuclear Waste: Idealized Geological Models and Positivist Epistemology. In *Earth Matters: The Earth Sciences, Philosophy, and the Claims of Community*, ed. by R. Frodeman. Upper Saddle River, NJ: Prentice Hall.

Syme, S.L. 1994. The Social Environment and Health. *Daedalus* 123 (4): 79–86.

Tate, N., J. 2000. Guest Editorial: Surfaces for GIScience. *Transactions in GIS* 4(4): 301–3.

Visvalingam, M. 1994. Visualization in GIS, Cartography and ViSc. In *Visualization in Geographical Information Systems*, ed. by H. M. Hearnshaw and D. Unwin. Toronto: John Wiley & Sons.

제5장

Cova, T.J. and M.F. Goodchild, 2002. Extending Geographical Representation to include Fields of Spatial Objects. *International Journal of Geographical Information Science* 16 (6): 509–32.

Davis, D. 2002. *When Smoke Ran Like Water: Tales of Environmental Deception and the Battle Against Pollution*. New York: Basic Books.

Egenhofer, M.J., and D.M. Mark, 2002. *Geographic Information Science*. In *Lecture Notes in Computer Science* ed. by G. Goos, J. Hartmanis and J. van Leeuwen. Berlin: Springer-Verlag.

Elwood, S. 2000. Information for Change: The Social and Political Impacts of Geographic Information Technologies. Dissertation, Geography, University of Minnesota, Minneapolis.

Fonesca, F.T., M. J. Egenhofer, et al. 2002. Using Ontologies for Integrated Information Systems. *Transactions in GIS* 6 (3): 231–57.

Gruber, T. 1995. Toward Principles for the Design of Ontologies Used for Knowledge Sharing. *International Journal of Human-Computer Studies* 43: 907–28.

Hunter, G. 2002. Understanding Semantics and Ontologies: They're Quite Simple Really – If You Know What I Mean! *Transactions in GIS* 6 (2): 83–7.

Kuhn, Werner. 2001. Ontologies in Support of Activities in Geographical Space. *International Journal of Geographical Information Science* 15 (7): 613–31.
Kwan, M. 1998. Space–Time and Integral Measures of Individual Accessibility: A Comparative Analysis Using a Point-based Framework. *Geographical Analysis* 30 (3): 191–216.
Kwan, M. 1999. Gender and Individual Access to Urban Opportunities: A Study Using Space–Time Measures. *Professional Geographer* 51 (2): 210–27.
Kwan, M. 1999. Gender, the Home–Work Link, and Space–Time Patterns of Nonemployment Activities. *Economic Geography* 75 (4): 370–94.
Kwan, M. 2000a. Gender differences in space-time constraints. *Area* 32 (2): 145–56.
Kwan, M. 2000b. Interactive Geovisualization of Activity-Travel Patterns Using Three-Dimensional Geographical Information Systems: A Methodological Exploration with a Large Data Set. *Transportation Research Part C* 8: 185–203.
Kwan, M. 2001. Quantitative Methods and Feminist Geographic Research. In *Feminist Geography in Practice: Research and Methods*, ed. by P. Moss. Oxford: Blackwell, 160–73.
Kwan, M. 2002a. Is GIS for Women? Reflections on the Critical Discourse in the 1990s. *Gender, Place and Culture* 9 (3): 271–9.
Kwan, M. 2002b. Other GISs in Other Worlds: Feminist Visualization and Reenvisioning GIS. *Annals of the Association of American Geographers* 92 (4): 645–61.
McLafferty, S.L. 2002. Mapping Women's Worlds: Knowledge, Power and the Bounds Of GIS. *Gender, Place and Culture* 9 (3): 263–9.
National Research Council. 1997. *Rediscovering Geography: New Relevance for Science and Society*. Washington DC: National Academy Press.
Openshaw, S. 1991. A View on the GIS Crisis in Geography, Or, Using GIS to Put Humpty-Dumpty Back Together Again. *Environment and Planning* A 23: 621–8.
Smith, B., and D.M. Mark. 1998. Ontology and Geographic Kinds. In *Proceedings from the 8th International Symposium on Spatial Data Handling*, ed. by T. K. Poiker and N. Chrisman: 308–20.
Raubal, M. 2001. Ontology and Epistemology for Agent-Based Wayfinding Simulation. *International Journal of Geographical Information Science* 15 (7): 653–65.
Smith, B., and D.M. Mark, 2001. Geographical Categories: An Ontological Investigation. *International Journal of Geographical Information Science* 15 (7): 591–612.
Shariff, A. R. B. M., M. J. Egenhofer, et al. 1998. Natural-language spatial relations between linear and areal objects: the topology and mteric of English-language terms. *International Journal of Geographical Information Science* 12 (3): 215–45.
Warren, S. 2003. The Utopian Potential of GIS. *Cartographica*. forthcoming.
Winter, S. 2001. Ontology: Buzzword or Paradigm Shift in GIScience? *International Journal of Geographical Information Science* 15 (7): 587–90.
Worboys, M. F. 2001. Nearness Relations in Environmental Space. *International Journal of Geographical Information Science* 15 (7): 633–651.

찾아보기

ㅊ

기타

Σ 시그마프레스

짧은 지리학 개론 시리즈

짧은 지리학 개론 시리즈 : 영역

데이비드 딜레니 지음 | 박배균, 황성원 옮김

2013년 1월 발행 | 292쪽 | 값 12,000원
ISBN 978-89-97927-67-8

이 짧은 개론서는 '영역' 이라는 복잡한 용어를 이해하기 쉽게 소개함으로써 영역에 대한 다양한 연구경향들을 다학제적인 방식으로 탐구한다. 좀더 구체적으로는 영역적 구조에 대한 해석, 영역과 스케일 간의 관계, 영역의 타당성과 유동성, 영역 재편과 관련된 실질적 사회과정 등과 같은 주제들을 다루고 있다.

짧은 지리학 개론 시리즈 : 장소

팀 크레스웰 지음 | 심승희 옮김

2012년 6월 발행 | 264쪽 | 값 12,000원
ISBN 978-89-97927-01-2

장소는 인문지리학에서 가장 기본적인 개념 중 하나이다.

이 짧은 개론서는 일상적으로 친숙하게 사용되는 장소 개념과 이를 둘러싸고 발달해온 복잡한 이론적 논쟁을 결합시키고 있다.